高等职业院校精品教材系列

集成电路验证与应用

居水荣　主　编

袁琦睦　徐　振　副主编

電子工業出版社

Publishing House of Electronics Industry

北京·BEIJING

美丽中国——广西桂林漓江风光

内 容 简 介

近年来集成电路行业取得高速发展，本书按集成电路行业岗位技能要求，由学校教师与企业技术人员共同编写完成。本书共分为6章，第1章介绍集成电路验证和应用相关的基础知识；第2章介绍集成电路验证和应用过程中需要用到的各种仪器及其使用方法；第3章介绍常见集成电路的参数及其测试方法；第4章～第5章介绍集成电路验证系统的设计与制作过程，并结合汽车音响功放集成电路和低压差线性可调稳压集成电路两种典型芯片，制作其验证系统，以及这两种集成电路的验证过程和验证结果分析；并通过典型案例介绍目前比较热门的LED照明驱动电路和无线充电系统这两个完整应用方案；第6章结合全国职业院校技能大赛的赛项相关要求介绍数字、模拟集成电路的开发及综合应用电路。

本书为高等职业本专科院校相应课程的教材，也可作为开放大学、成人教育、自学考试、中职学校、培训班的教材，以及参加大赛师生与工程技术人员的参考用书。

本书配有免费的电子教学课件与习题答案等，详见前言。

图书在版编目（CIP）数据

集成电路验证与应用 / 居水荣主编. —北京：电子工业出版社，2022.4
高等职业院校精品教材系列
ISBN 978-7-121-43250-7

Ⅰ. ①集…　Ⅱ. ①居…　Ⅲ. ①集成电路－高等职业教育－教材　Ⅳ. ①TN4

中国版本图书馆CIP数据核字（2022）第054406号

责任编辑：陈健德（E-mail:chenjd@phei.com.cn）
印　　刷：北京七彩京通数码快印有限公司
装　　订：北京七彩京通数码快印有限公司
出版发行：电子工业出版社
　　　　　北京市海淀区万寿路173信箱　邮编：100036
开　　本：787×1 092　1/16　印张：14.25　字数：365千字
版　　次：2022年4月第1版
印　　次：2025年2月第4次印刷
定　　价：54.00元

凡所购买电子工业出版社图书有缺损问题，请向购买书店调换。若书店售缺，请与本社发行部联系，联系及邮购电话：（010）88254888，88258888。

质量投诉请发邮件至zlts@phei.com.cn，盗版侵权举报请发邮件至dbqq@phei.com.cn。

本书咨询联系方式：chenjd@phei.com.cn。

前言

近年来集成电路行业取得高速发展，本书按照集成电路行业岗位技能要求进行编写。在集成电路开发流程中验证和应用是集成电路完成封装和测试后很重要的两项工作。在集成电路开发流程中，集成电路的验证和应用是完成封装和测试后很重要的两项工作。所谓集成电路验证就是通过搭建专门的验证系统，使用专业的仪器和工具，模拟电路实际的使用条件对其进行功能和性能的验证，确保该电路使用到整机系统中没有问题；而集成电路应用是根据该电路设计时针对的应用领域和该电路所提供的功能，设计该电路的典型应用图和外围元器件的各种参数等，并采用专业工具进行验证，最终把完整、准确的参考应用方案提供给客户。

集成电路验证与应用密切相关且非常接近，已成为集成电路行业企业多个工作岗位的基本能力要求。2019 年“集成电路开发与应用”成为全国职业院校技能大赛的赛项，该赛项主要考察高职院校电子信息大类专业学生的核心技能 ——集成电路芯片的程序编写、测试及应用能力。本书结合行业企业集成电路系统应用岗位的职责和能力要求以及职业技能大赛要点构建内容，注重实践能力的培养和提高。

本书共分为 6 章，第 1 章介绍集成电路验证和应用相关的基础知识；第 2 章介绍集成电路验证和应用过程中需要用到的各种仪器及其使用方法；第 3 章介绍常见集成电路的参数及其测试方法；第 4 章～第 5 章介绍集成电路验证系统的设计与制作过程，并结合汽车音响功放集成电路和低压差线性可调稳压集成电路两种典型芯片，制作其验证系统，以及这两种集成电路的验证过程和验证结果分析；并通过典型案例介绍目前比较热门的 LED 照明驱动电路和无线充电系统这两个完整应用方案；第 6 章结合全国职业院校技能大赛的赛项相关要求介绍数字、模拟集成电路的开发及综合应用电路。

本书是校企合作、产教融合的成果，全面体现职业教育特色，同时融入课程思政内容。课程老师在传授知识与技能的过程中，结合各章思政要点，介绍行业著名的全国劳动模范、五一劳动奖章获得者等大国工匠事迹，学习他们的劳动精神、敬业精神、创新精神等，培养学生正确的人生观、劳动观、担当意识、职业素养等；通过书眉的高铁、大飞机、空间站，扉页的美丽中国风景、封面的电路等图片，培养学生的制度自信、文化自信、奉献精神、爱国情怀等，使其成为德、智、体、美、劳全面发展的社会主义建设者和接班人。

本书为高等职业本专科院校相应课程的教材，也可作为开放大学、成人教育、自学考试、中职学校、培训班的教材，以及参加大赛师生与工程技术人员的参考用书。

本书由江苏信息职业技术学院居水荣任主编、由袁琦睦和杭州朗迅科技有限公司徐振任副主编。在本书的编写过程中，华润微电子有限公司陈远明等行业企业专家提供了素材并参与了内容审核，本书由全国计算机基础教育学会名誉副会长、原教育部高职电子信息教指委主任、北京联合大学副校长高林教授主审，在此表示衷心的感谢。

由于编者水平有限，编写时间仓促，书中难免有疏漏、不当之处，敬请广大读者批评指正。

为方便师生的教与学，本书配有微课视频、动画视频、虚拟仿真、教学课件等资源。读者可以扫描书中二维码进行查看或下载，也可登录华信教育资源网免费注册后下载。如有问题，请在网站留言或联系电子工业出版社（E_mail：hxedu@phei.com.cn）。

编　者

扫一扫看本
课程练习题
及答案

目 录

第1章 常用元器件及集成电路分类

集成电路验证与应用的基础是能够识别各种元器件并能够正确地使用各种元器件，本章介绍电阻、电容、电感、半导体器件（包括二极管、晶体管、MOS 场效晶体管）和集成电路的识别和使用。

1.1 电阻的分类和选用

电阻器简称电阻，是电子线路中最常用的元件，其在电路中主要用来调节和稳定电流与电压，既可以作为分流器件和分压器件，也可以作为电路匹配的负载、放大电路的反馈元件、电压-电流转换元件及输入过载时的电压/电流保护元件，还可以与下面将要介绍的电容组成 RC 振荡器等。电阻的主要物理特征是变电能为热能，也可以说它是一个耗能元件，电流经过它就产生热能。

1.1.1 表征电阻的参数

表征电阻的参数包括标称阻值及其允许偏差、电阻温度系数、额定功率、负荷特性等。

1. 标称阻值

在物理学中通常用电阻的标称阻值来表示该电阻对电流阻碍作用的大小，标称阻值越大，表示其对电流的阻碍作用越大。

电阻的标称阻值主要与材料和几何尺寸有关，其中材料通过电阻率参数 ρ 来表示，而几何尺寸主要是指电阻的长度 L 和横截面面积 S，因此通常电阻可以用以下表达式来表示：$R=\rho L/S$。电阻的单位是欧姆（ohm），简称欧，符号是 Ω，比较大的单位有千欧（kΩ）、兆欧（MΩ）。对于薄膜电阻（如各种半导体材料的电阻），其阻值可以表示为 $R=R_{s}L/W$，其中 R_{s} 称为方块电阻，L、W 分别为薄膜电阻的长度和宽度。

理想的电阻特性是线性变化的，即通过其的瞬时电流和外加电压成正比。也有些特殊的电阻，如热敏电阻、压敏电阻等，其电压和电流的关系是非线性的。

实际阻值与标称阻值间通常存在一定的偏差，这就是电阻的允许偏差，用百分比表示。常用的电阻值允许偏差有±5%、±10%、±20%，精密的小于±1%，高精密的可达0.001%。

2. 电阻温度系数

电阻温度系数是指在规定的环境温度范围内，温度每改变 1 ℃时阻值的平均相对变化，阻值随温度升高而增大的为正温度系数，反之为负温度系数。

3. 额定功率

电阻的额定功率是指电阻在额定温度（最高环境温度）下连续工作所允许耗散的最大功率，它决定了电阻能安全通过的电流大小。对每种电阻同时还规定最高工作电压，即允许加到电阻两端的最大连续工作电压。当使用电阻时即使并未达到额定功率，也不能超过其最高工作电压。常用电阻的功率有1/8 W、1/4 W、1/2 W、1 W、2 W、5 W、10 W等。

4. 负荷特性

当工作环境温度低于电阻的额定温度时，电阻也不能超过其额定功率使用；当超过额定温度时，必须降低负荷功率，即对每种电阻都有规定的负荷特性。此外，在低气压下负荷应做相应的降低。在脉冲负荷下，脉冲平均功率远低于额定功率，一般另有规定。

除以上几种参数外，还有非线性（电流与所加电压特性偏离线性关系的程度）、电压系数（所加电压每改变 1 伏时阻值的相对变化率）、电流噪声指数（电阻体内因电流流动所产生的噪声电势的有效值与测试电压之比）、高频特性（由于电阻自身的分布电容和分布电感的影响，使阻值随工作频率增高而下降的关系曲线）、长期稳定性（电阻在长期使用或贮存过程中受环境条件影响阻值发生的不可逆变化）等技术指标。

1.1.2 电阻的分类和选用原则

扫一扫看动画视频：电阻的分类

1. 按照其阻值是否变化分类

（1）固定电阻：阻值不能改变的电阻。

（2）可变电阻：阻值可以变化的电阻，也称电位器。

可变电阻有 3 个引脚，其中两个引脚之间的阻值固定，并将该阻值称为这个可变电阻的阻值，第三个引脚与另外两个引脚间的阻值可以随着轴臂的旋转而改变。可变电阻的一般标识方法如图 1-1 所示。

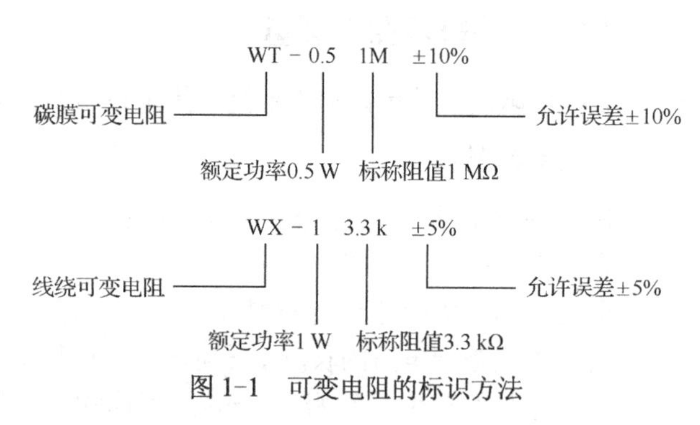

图 1-1 可变电阻的标识方法

2. 按电阻的材料分类

（1）线绕电阻：用高阻值的合金线绕在绝缘骨架上，外面涂有耐热的釉绝缘层或绝缘漆。其具有较低的温度系数，阻值精度高，稳定性好，耐热、耐腐蚀，主要作为精密大功率电阻使用。其缺点是高频性能差，时间常数大。

（2）碳合成电阻：由碳及合成塑胶压制而成，它的电性能和稳定性较差，一般不用作通用电阻。但由于它容易制成高阻值的膜，主要用作高阻高压电阻。

（3）碳膜电阻：将结晶碳沉积在陶瓷棒骨架上制成。碳膜电阻的成本低、性能稳定、阻值范围宽、温度系数和电压系数低，是目前应用最广泛的电阻。

（4）金属膜电阻：用真空蒸发的方法将合金材料蒸镀于陶瓷棒骨架表面上制成。这种电阻比碳膜电阻的精度高、稳定性好、噪声和温度系数小，在仪器仪表及通信设备中大量采用。

（5）金属氧化膜电阻：在陶瓷绝缘棒上沉积一层金属氧化物制成。由于其本身是氧化物，因此在高温下阻值稳定，耐热冲击，负载能力强。

此外，还有多种应用中不常见的电阻如有机实心电阻等。

3. 几种特殊的电阻

1）熔断电阻

熔断电阻在正常情况下起着电阻和熔丝的双重作用，当电路出现故障而使其功率超过额定功率时，它会像熔丝一样熔断使连接电路断开。熔断电阻的电阻值一般都较小（0.33 Ω～10 kΩ），功率也较小。熔断电阻的常用型号有 RF10 型、RF111-5 型、RRD0910 型、RRD0911 型等。

2）敏感电阻

敏感电阻是指其阻值对于某种物理量（如温度、湿度、光照、电压、机械力、气体浓度等）具有敏感特性，当这些物理量发生变化时，敏感电阻的阻值就会随物理量变化而发生改变，呈现不同的阻值。根据对物理量的不同敏感特性，敏感电阻可分为热敏、湿敏、光敏、压敏、力敏、磁敏和气敏等类别。敏感电阻所用的材料大多是半导体材料，这类电阻也称为半导体电阻。

（1）光敏电阻。光敏电阻又称光导管，是利用半导体的光电导效应制成的一种阻值随入射光的强弱而改变的电阻。入射光强，阻值减小；入射光弱，阻值增大。

光敏电阻的主要参数包括以下几个。

① 亮电阻（kΩ）：指光敏电阻受到光照射时的阻值。

② 暗电阻（MΩ）：指光敏电阻在无光照射（黑暗环境）时的阻值。

③ 最高工作电压（V）：指光敏电阻在额定功率下所允许承受的最高电压。

④ 灵敏度：指光敏电阻在有光照射和无光照射时阻值的相对变化。

除此之外，还有亮电流、暗电流、时间常数和电阻温度系数等。

（2）热敏电阻。热敏电阻的阻值随温度的变化而变化，温度升高时阻值减小的热敏电阻称为负温度系数（negative temperature coefficient，NTC）热敏电阻。应用较多的是负温度系数热敏电阻，其又可分为普通型负温度系数热敏电阻、稳压型负温度系数热敏电阻和测温型负温度系数热敏电阻等。选用热敏电阻时不仅要注意其额定功率、最大工作电压、标称阻值，更要注意最高工作温度和电阻温度系数等参数，并注意阻值的变化方向。

（3）湿敏电阻。湿敏电阻是指对湿度变化非常敏感的电阻，能在各种湿度环境中使用。选用时应根据不同型号的不同特点，以及湿敏电阻的精度、湿度系数、响应速度、湿度量程等进行选用。

（4）压敏电阻。压敏电阻是对电压变化很敏感的非线性电阻。当电阻上的电压小于标

称电压时，电阻上的阻值呈无穷大状态；当电压略高于标称电压时，其阻值很快下降，使电阻处于导通状态；当电压再次减小到标称电压以下时，其阻值又开始增加。选用时，压敏电阻的标称电压应是实际加在压敏电阻两端电压的 2～2.5 倍，另需注意压敏电阻的温度系数。辨别压敏电阻的方法，一种方法是看标称电压后面是否标有“V”，如果有就是压敏电阻；另一种方法是看透明外壳封装的一端是否标有一个黑点，如果有就是压敏电阻。

① 根据使用的目的不同，可将压敏电阻分为两大类：保护用压敏电阻和电路功能用压敏电阻。对于保护用压敏电阻，可分为电源保护用压敏电阻、信号线和数据线保护用压敏电阻，它们要满足不同的技术标准要求。

② 根据施加在压敏电阻上的连续工作电压的不同，可将压敏电阻分为交流用或直流用两种类型，压敏电阻在这两种电压下的老化特性不同。

③ 根据压敏电阻承受的异常过电压特性的不同，可将压敏电阻分为浪涌抑制型、高功率型和高能型这三种类型。浪涌抑制型压敏电阻是指用于抑制雷电过电压和操作过电压等瞬态过电压的压敏电阻，这种瞬态过电压的出现是随机的、非周期的，电流电压的峰值可能很大，绝大多数的压敏电阻属于这一类。高功率型压敏电阻是指用于吸收周期出现的连续脉冲群的压敏电阻，如并联在开关电源变换器上的压敏电阻。这里的冲击电压周期性出现，且周期可知，能量值一般可以计算出来，电压的峰值并不大，但因出现频率高，其平均功率相当大。高能型压敏电阻是指用于吸收发电机励磁线圈、起重电磁铁线圈等大型电感线圈中的磁能的压敏电压，这类应用的主要技术指标是能量的吸收能力。

压敏电阻的保护功能在绝大多数应用场合下，是可以多次反复作用的，但有时也将它制作成如电流熔丝一样的一次性保护元件。例如，并联在某些电流互感器负载上的带短路接点的压敏电阻。

3）贴片电阻

贴片电阻具有体积小、质量轻、安装密度高、抗震性强、抗干扰能力强、高频特性好等优点，广泛应用于计算机、手机、电子词典、医疗电子产品、摄像机、电子电度表等。贴片电阻按其形状可分为矩形、圆柱形和异形三类。

4. 电阻的选用原则

1）总体原则

（1）选择通过认证机构认证的生产线制造出的执行高水平标准的电阻。

（2）选择具备功能优势、质量优势、效率优势、功能价格比优势、服务优势的制造商生产的电阻。

通常要选择能满足上述要求的型号目录中的电阻，并向其制造商直接订购电阻。

2）固定电阻的选用原则

选择哪一种材料和结构的电阻，应根据应用电路的具体要求而定。高频电路应选用分布电感和分布电容小的非线绕电阻，如碳膜电阻、金属膜电阻和金属氧化膜电阻等。高增益小信号放大电路应选用低噪声电阻，如金属膜电阻、碳膜电阻和线绕电阻，而不能使用噪声较大的碳合成电阻和有机实心电阻。

所选电阻的阻值应接近应用电路中计算值的一个标称值，应优先选用标准系列的电

阻。一般电路使用的电阻允许误差为±5%～±10%。精密仪器及特殊电路中使用的电阻，应根据不同要求选用精密度为 0.01%、0.1%、0.5%、1%等量级的精密电阻。所选电阻的额定功率，要符合应用电路中对电阻功率的要求，一般不应随意加大或减小电阻的功率。

若电路要求是功率型电阻，则其额定功率可高于实际应用电路要求功率的 1～2 倍。

3）熔断电阻的选用原则

熔断电阻具有保护功能，选用时应考虑其双重性能，根据电路的具体要求选择其阻值和功率等参数。既要保证它在过载时能快速熔断，又要保证它在正常条件下能长期稳定地工作。其阻值过大或功率过大，均不能起到保护作用。

1.1.3　电阻的外形和辨别

如图 1-2 所示为常见的多种类型电阻的外形，根据这些外形可以进行不同电阻的辨别。

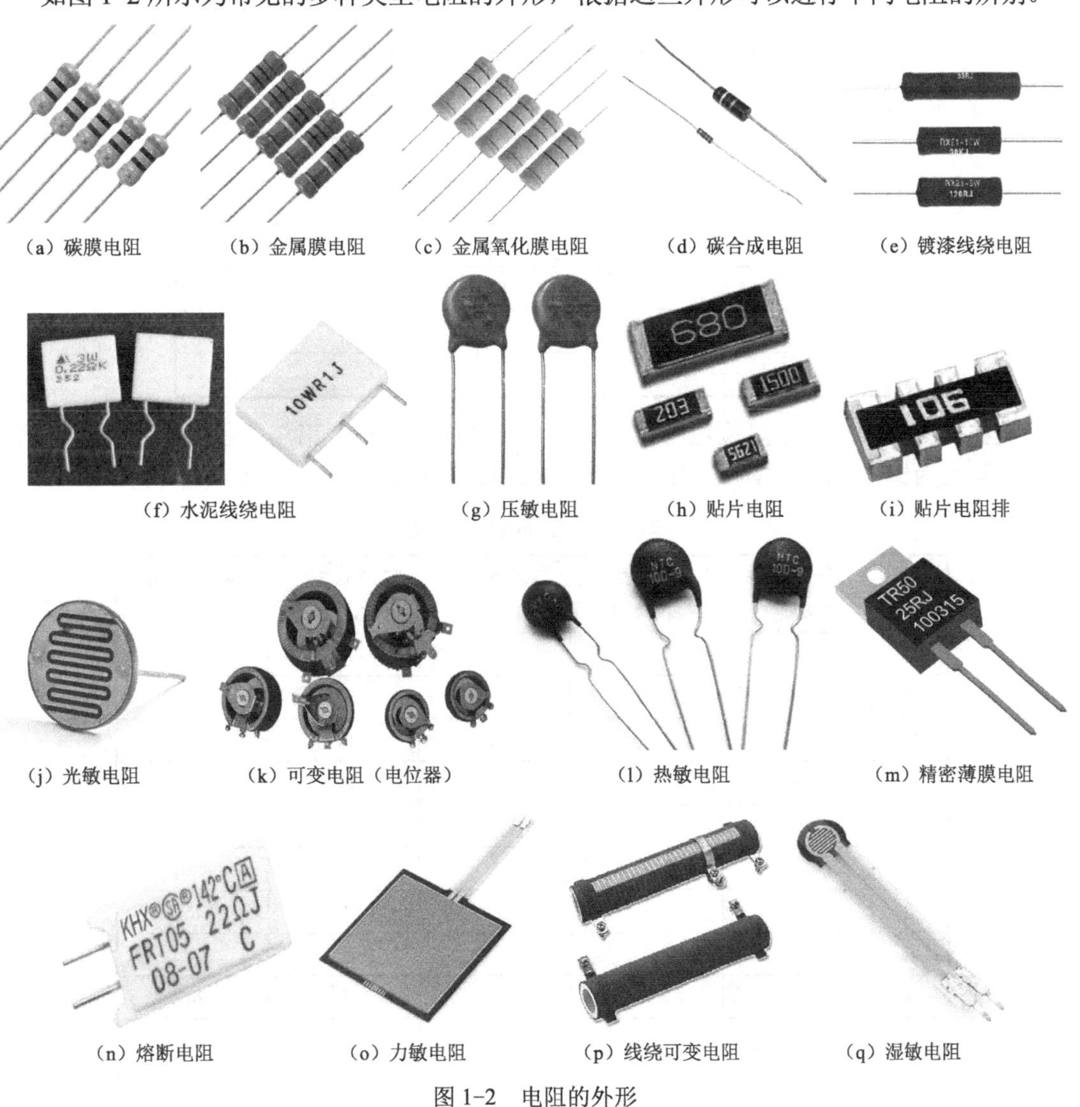

（a）碳膜电阻　（b）金属膜电阻　（c）金属氧化膜电阻　（d）碳合成电阻　（e）镀漆线绕电阻

（f）水泥线绕电阻　（g）压敏电阻　（h）贴片电阻　（i）贴片电阻排

（j）光敏电阻　（k）可变电阻（电位器）　（l）热敏电阻　（m）精密薄膜电阻

（n）熔断电阻　（o）力敏电阻　（p）线绕可变电阻　（q）湿敏电阻

图 1-2　电阻的外形

1.1.4 电阻值的确定

1. 色标法

色标法是指用色环、色点或色带在电阻表面标出标称阻值和允许误差。目前主要有四环电阻色标法和五环电阻色标法两种，分别如表 1-1 和表 1-2 所示。

表 1-1 四环电阻色标法

颜色	第一条色环（有效数字）	第二条色环（有效数字）	第三条色环（倍乘数）	第四条色环（允许偏差）
黑	0	0	10^0	—
棕	1	1	10^1	—
红	2	2	10^2	—
橙	3	3	10^3	—
黄	4	4	10^4	—
绿	5	5	10^5	—
蓝	6	6	10^6	—
紫	7	7	10^7	—
灰	8	8	10^8	—
白	9	9	10^9	—
金	—	—	10^{-1}	±5%
银	—	—	10^{-2}	±10%

例如，一个第一条色环颜色为橙、第二条色环颜色为灰、第三条色环颜色为红、第四条色环颜色为银的电阻，其阻值为 $38\times10^2\ \Omega=3.8\ \text{k}\Omega$、允许偏差为±10%。

表 1-2 五环电阻色标法

颜色	第一条色环（有效数字）	第二条色环（有效数字）	第三条色环（有效数字）	第四条色环（倍乘数）	第五条色环（允许偏差）
黑	0	0	0	10^0	—
棕	1	1	1	10^1	1%
红	2	2	2	10^2	2%
橙	3	3	3	10^3	—
黄	4	4	4	10^4	—
绿	5	5	5	10^5	0.5%
蓝	6	6	6	10^6	0.25%
紫	7	7	7	10^7	0.1%
灰	8	8	8	10^8	±20%
白	9	9	9	10^9	—
金	—	—	—	10^{-1}	±5%
银	—	—	—	10^{-2}	±10%

例如，一个第一条色环颜色为橙、第二条色环颜色为灰、第三条色环颜色为黄、第四条色环颜色为红、第五条色环颜色为金的电阻，其阻值为 38.4×10^2 Ω=3.84 kΩ、允许偏差为±5%。

2. 数字字母表示法

这是一种使用 3 位数字表示电阻的阻值，再外加一个字母表示该电阻允许偏差的方法。其中，数字和字母按从左到右的顺序，第一、二位数字为电阻的有效值，第三位数字为其后零的个数，电阻的单位是 Ω。例如，106 J 的标称阻值为 10×10^6 Ω=10 MΩ，J 表示该电阻的允许偏差为±5%。允许偏差的字母代号与对应数值如表 1-3 所示。

表 1-3　允许偏差的字母代号与对应数值

字母代号	B	C	D	F	G	J	K	M	N	R	S	W	Z
允许偏差/%	±0.1	±0.2	±0.5	±1	±2	±5	±10	±20	±30	+100 −10	+50 −10	±0.05	+80 −20

3. 直接标示法

直接标示法是指用阿拉伯数字和符号在电阻的表面直接标出标称阻值和允许偏差，其优点是直观、易于判读。例如，图 1-2 中熔断电阻表面印有“22 ΩJ”的字样，表示这个电阻的阻值为 22 Ω，J 表示允许偏差为±5%。

1.1.5　电阻的检测

电阻在使用前要先进行外观检查，对于固定电阻首先查看标志是否清晰，保护漆是否完好，是否无烧焦、无伤痕、无裂痕、无腐蚀，电阻体与引脚是否紧密接触等。对于可变电阻还应检查转轴灵活、松紧适当、手感舒适。有开关的要检查开关动作是否正常。

以上外观检查有时候还不能完全确定电阻的好坏，这时就需要对其进行测量，看看实际测量得到的阻值和标称值是否相符、允许偏差是否在标示范围之内。测量的方法主要有以下两种。

1. 使用万用表电阻挡测量

1）固定电阻的检测

使用万用表的电阻挡对电阻进行测量，对于测量不同阻值的电阻选择万用表的不同倍乘挡。对于指针式万用表，由于电阻挡的示数是非线性的，阻值越大，示数越密，选择合适的量程，应使表针偏转角大些，指示于 1/3～2/3 满量程时读数更为准确。若测得阻值超过该电阻的允许偏差范围、阻值无限大、阻值为 0 或阻值不稳，说明该电阻已坏。

在测量中注意拿电阻的手不要与电阻的两个引脚相接触，否则会使手的电阻与被测电阻并联，影响测量的准确性。另外，不能在电路带电的情况下使用万用表的电阻挡检测电路中电阻的阻值。在检测电路时应首先断电，再将电阻从电路中断开出来，然后进行测量。

2）熔断电阻的检测

熔断电阻的阻值一般只有几到几十欧，若测得阻值为无限大，则说明已熔断。也可在

线检测熔断电阻的好坏，分别测量其两端对地电压，若一端为电源电压，一端的电压为0 V，则说明熔断电阻已熔断。

3）敏感电阻的检测

敏感电阻的种类较多，以热敏电阻和光敏电阻为例说明。热敏电阻又分为正温度系数和负温度系数热敏电阻。对于正温度系数热敏电阻，常温下一般阻值不大，在测量中使用烧热的电烙铁靠近电阻，这时阻值应明显增大，说明该电阻正常；若无变化，说明元件损坏。负温度系数热敏电阻的阻值变化则相反。

光敏电阻在无光照射（用手或物遮住光）的情况下万用表测得的阻值较大，有光照射时表针指示的阻值有明显减小；若无变化，则说明元件损坏。

4）可变电阻的检测

首先测量两固定端之间阻值是否正常，若为无限大或为零欧，或与标称值相差较大，超过允许偏差的范围，都说明已损坏。若电阻的阻值正常，再将万用表的一只表笔接可变电阻的滑动端，另一只表笔接可变电阻的任一固定端，缓慢旋动轴柄，观察表针是否平稳变化。当从一端旋向另一端时，阻值从零欧变化到标称值（或相反），并且无跳变或抖动等现象，则说明可变电阻正常；若在旋转过程中有跳变或抖动现象，说明滑动点处的电阻接触不良。

在使用指针式万用表进行电阻测量时要注意以下两点。

（1）要根据被测电阻值确定量程，使指针指示在刻度线的中间偏大一段，这样便于观察。

（2）确定电阻挡量程后，要进行调零，方法是两表笔短路（直接相碰），调节“调零”旋钮使指针准确地指在 Ω 刻度线的“0”上，然后测电阻的阻值。另外，还要注意人手不要碰电阻两端或接触表笔的金属部分，否则会引起测量误差。

使用万用表测出的阻值若接近标称值，则可以认为电阻基本上质量是好的；如果相差太多或根本不通，则说明是坏的。

2. 使用电桥进行测量

若要求精确测量电阻的阻值，可通过电桥（数字式）进行测试。将电阻插入电桥元件的测量端，选择合适的量程，即可从显示器上读出电阻的阻值。例如，使用电阻丝自制的电阻或对固定电阻想获得某一较为精确的阻值时，就必须使用电桥测量其阻值。

1.2 电容的识别和检测

扫一扫看教学课件：电容的识别和检测

电容器简称为电容，是电子线路中另外一种常用的元件，在其内部可储存电荷（容纳电荷），储存的电荷也可以释放，因此电容的基本工作原理就是充放电。而从结构上看，两块相互平行且互不接触的导体（如金属板），以及夹在中间的绝缘介质就构成了一个最简单的电容。

扫一扫看动画视频：电容的作用

1.2.1 电容的功能

和电阻一样，大多数的电子电路都离不开电容，电容在电路中具有以下功能。

1. 隔直流、通交流

隔直流、通交流是指阻止直流通过，但交流可以通过。在电容通电后，两个极板带电，形成电压，但由于两个极板之间是绝缘层，因此电容不导电。但是当电容两个极板之间的电压达到一定程度时，电容将被击穿，这时电容就不再是绝缘体了，此时电容两端的电压称为击穿电压。在交流电路中，电流的方向是随时间呈一定的函数关系变化的，而电容在充放电时两个极板间形成的电场也是随时间变化的函数，因此电流是通过电场的形式在电容间通过的。经常可以看到电容连接在两部分电路之间，其允许交流信号通过并传输到下一级电路，即利用电容的隔直流、通交流的特性。

2. 旁路

电容的主要功能是为本地器件提供能量，就像小型可充电电池一样。旁路电容能够被充电，并向器件进行放电，它能使稳压器的输出均匀化，降低负载需求。为尽量减小阻抗，旁路电容要尽量靠近负载器件的供电电源引脚和地引脚，这样可以很好地防止输入值过大而导致的地电位抬高和噪声（即把输入信号的干扰作为滤除对象）。电容的旁路作用主要体现在高频电路中，也就是给高频的开关噪声提供一条低阻抗途径。高频旁路电容的容量一般比较小，根据谐振频率常取 0.1 μF、0.01 μF 等。

3. 去耦

任何电路总是可以分为驱动电路和被驱动的负载，如果负载电容较大，驱动电路要把电容充电、放电才能完成信号的跳变。而在上升沿很陡时，电流就会较大，这样的大驱动电流就会吸收很大的电源电流，因此这种大电流相对于正常情况来说实际上就是一种噪声，从而影响前级电路的正常工作，这就是所谓的“耦合”。而去耦电容就是起到一个“电池”的作用，满足驱动电路电流的变化，避免相互间的耦合干扰，在电路中进一步减小电源与参考地之间的高频干扰阻抗。去耦电容的容量一般较大，可能是 10 μF 或更大，根据电路中的分布参数、驱动电流的变化大小来确定。与旁路电容最本质的区别在于，去耦是把输出信号的干扰作为滤除对象，防止干扰信号返回电源。

4. 滤波

通常电容的容量越大，阻抗越小，高频信号越容易通过。但实际上，超过 1 μF 的电容大多为电解电容，其电感特性也日趋明显，所以频率高后反而阻抗会增大，因此实际应用时会在一个容量较大的电解电容中并联一个小电容，这时大电容（1 000 μF）过滤低频信号，小电容（20 pF）过滤高频信号。由于电容的两端电压不会突变，因此信号频率越高则衰减越大，电容把电压的变化转化为电流的变化，频率越高，峰值电流就越大，从而缓冲了电压。

5. 调谐回路

调谐回路对与频率相关的电路进行系统调谐，经常使用在手机、电视机等接收器中。

6. 温度补偿

补偿其他元器件对温度适应性的差别，从而改善电路的稳定性。

7. 计时

电容与电阻配合可用于计时，来确定电路的时间常数。

8. 整流

电容可用于整流，以便在预定的时间打开或关闭电路中的开关元件。

9. 储存能量

电容能够储存能量，可在需要时释放能量，经常使用在相机闪光灯等场合。储能型电容通过整流器收集电荷，并将储存的能量通过变换器引线传送至电源的输出端。在这种应用中，通常使用额定电压为 40～450 VDC、容量为 220～150 000 μF 的铝电解电容。根据不同的电源要求，有时会采用串联、并联或其组合的形式，而对于功率超过 10 kW 的电源，通常采用体积较大的罐形螺旋端子电容。

1.2.2 表征电容的参数

1. 标称容量

电容用 C（capacitor）表示，其最重要的参数是电容量（简称容量），这是一个基本的物理量。容量的基本单位是法拉（F），常用单位还有毫法（mF）、微法（μF）、纳法（nF）、皮法（pF）和法法（fF），它们之间的换算关系为 1 F=10^3 mF=10^6 μF=10^9 nF=10^{12} pF=10^{15} fF。

电容产品标出的容量值根据其分类有很大的区别，如云母和陶瓷介质电容的容量较低（大约在 5 000 pF 以下）；纸、塑料和一些陶瓷介质电容的容量适中（为 0.005～1.0 μF）；通常电解电容的容量较大。

电容的容量计算公式为 $C=Q/U$，其中 Q 为电容所带的电量，U 为电容两极板之间的电势差。一个电容，如果带 1 C 的电量时两极板间的电势差是 1 V，则这个电容的容量就是 1 F。

常见的平行板电容容量的计算公式为 $C=\varepsilon S/d$，其中 ε 为极板间绝缘介质的介电常数，S 为极板面积，d 为极板间的距离。

多电容并联的计算公式为 $C=C_1+C_2+C_3+\cdots+C_n$；多电容串联的计算公式为 $1/C=1/C_1+1/C_2+\cdots+1/C_n$。

2. 额定电压

电容的额定电压是指在规定的温度范围内，可以连续可靠工作时加在电容上的最大直流电压或交流电压的有效值。当电容工作在交流电路时，实际交流电压的峰值不得超过额定电压。对于所有的电容，在使用中应保证直流电压与交流峰值电压之和不得超过电容的额定电压。该参数一般直接标记在电容上以便选用，它的大小与介质厚度、种类有关。常用电容的额定电压有 6.3 V、10 V、16 V、25 V、63 V、100 V、160 V、250 V、400 V、630 V、1 000 V、1 600 V、2 500 V 等。

3. 绝缘电阻

绝缘电阻是指电容两引出端间的直流电阻值，既表示电容所用的绝缘介质材料的绝缘性能，又表示其外壳或外部保护层的绝缘质量。它随温度增高而按指数关系下降，单位为欧（Ω）或兆欧（MΩ）。容量较大（大于 0.1 μF）的电容用时间常数来表征绝缘质量，其值等于绝缘电阻与容量的乘积，单位为兆欧微法（MΩ·μF）或秒（s）。这样可消除大容量电容由于所用极板面积增大而必然导致绝缘电阻下降所带来的假象，以表示其内在质量。电解电容的绝缘质量用漏电流来表示，单位为微安（μA）或毫安（mA）。

4. 温度特性

当环境温度升高时，电容的绝缘电阻急剧下降，容量也将随温度而变化，且因所用的绝缘介质材料而异。一般来说，非极性有机材料和结构紧密的优质无机材料，容量受温度的影响较小且按规律变化。对这类电容常用电容温度系数（在规定的正温度区间内，每一摄氏度引起的容量的相对变化率，以 ppm/℃为单位）来表示。其他类型的电容的容量随温度变化较大，一般只规定在允许使用的正、负极限温度（称类别温度范围）下的容量与室温下的容量间的相对变化率。

电容在低频下使用时，可视为由一个电容和一个电阻相并联的电路。当使用频率增高时，其固有的电感和由电极与引线等形成的高频电阻及接触电阻所产生的影响便非常突出，这时电容可视为由电阻、电感、电容组成的等效串联网络。容量将随频率的增高而下降，这与介电材料和电容的结构、尺寸有关。当使用频率升高时，将出现充电或放电速率延缓、高频旁路能力减弱、高频功率损耗增大等情况。有些电容在低频下使用时性能良好，但在高频下性能就变坏，甚至根本不能使用。电解电容只能用于脉动直流电路。在使用电解电容时，不能超过技术条件规定的直流电压和纹波电压峰值，两者之和不能超过额定电压，两者之差不能使电容处于反向工作状态。

扫一扫看动画视频：电容的分类

1.2.3 电容的分类和选用原则

根据电容的两个电极及填充的绝缘介质（包括空气）不同，电容的应用场合不同，结构不同，材料不同，它的品种规格也是多种多样的。

1. 按结构分类

按结构分类，电容可分为固定电容、可变电容两大类。固定电容是指容量不变的电容，而可变电容同可变电阻一样是容量在一定范围内可以变化的电容。固定电容在电路中主要用来作为耦合、滤波、积分、微分，以及与电阻一起构成 RC 充放电电路；可变电容可以与电感一起构成 LC 振荡回路，这个回路的谐振频率可以随着容量的变化而变化，通常接收机电路就是利用这个原理来改变其接收频率的。也有的把可变电容中容量变化较小的一部分单独分成一类——微调电容。

2. 按绝缘介质类别分类

按绝缘介质类别分类，电容可分为有机介质电容、无机介质电容、电解电容、电热电容和空气介质电容等。

3. 按绝缘介质材料分类

按绝缘介质材料分类，电容可分为陶瓷电容、涤纶电容、铝电解电容、钽电解电容，还有先进的聚丙烯电容等。

4. 按用途分类

按用途分类，电容可分为高频旁路电容（主要指陶瓷电容、云母电容、玻璃膜电容、涤纶电容、玻璃釉电容）、低频旁路电容（主要指纸质电容、陶瓷电容、铝电解电容、涤纶电容）、滤波电容（主要指铝电解电容、纸质电容、复合纸质电容、液体钽电解电容）、调谐电容（主要指陶瓷电容、云母电容、玻璃膜电容、聚苯乙烯电容）、耦合电容（主要指纸质电容、陶瓷电容、铝电解电容、涤纶电容、固体钽电解电容）和小型电容（主要指金属化纸质电容、陶瓷电容、铝电解电容、聚苯乙烯电容、固体钽电解电容、玻璃釉电容、金属化涤纶电容、聚丙烯电容、云母电容）等类型。

5. 常用电容的选用

1）铝电解电容

这种电容是用浸有糊状电解质的吸水纸夹在两条铝箔中间卷绕而成的，其使用薄的氧化膜作为绝缘介质。因为氧化膜有单向导电性质，所以铝电解电容具有极性。这种电容的优点是容量大，能耐受大的脉动电流；缺点是容量误差大，泄漏电流大。普通的铝电解电容不适合在高频和低温下应用，不宜在 25 kHz 以上频率的电路使用，其主要用于低频旁路、信号耦合、电源滤波等。

2）钽电解电容

这种电容用烧结的钽块作为正极，电解质使用固体二氧化锰，其温度特性、频率特性和可靠性均优于铝电解电容，特别是漏电流极小，储存性良好，寿命长，容量误差小，而且体积小，单位体积下能得到最大的容量电压乘积。但这种电容的缺点有对脉动电流的耐受能力差、若损坏易呈短路状态等。通常这种电容多用在超小型高可靠性产品中。

3）聚苯乙烯电容

这种电容的结构与纸质电容相似，但使用聚酯、聚苯乙烯等低损耗塑材作为绝缘介质。其优点是频率特性好、介电损耗小，但容量较小（通常为 10 pF～1 μF）、耐热能力差，其主要用在滤波、积分、振荡、定时电路中。

与以上聚苯乙烯电容相似的是聚丙烯电容，这种电容的容量通常为 1 000 pF～10 μF，其额定电压为 63～2 000 V。与聚苯乙烯电容相比，聚丙乙烯电容的体积小、稳定性略差，可以代替大部分聚苯乙烯电容或云母电容。

4）陶瓷电容

这种电容使用高介电常数的电容陶瓷（钛酸钡一氧化钛）挤压成圆管、圆片或圆盘作为介质，并用烧渗法将银镀在陶瓷上作为电极制成。它又分为高频陶瓷电容和低频陶瓷电容两种。这类电容的优点是具有小的正电容温度系数，用于高稳定振荡回路中，作为回路电容。其中低频陶瓷电容限于在工作频率较低的回路中作为旁路或隔直流用，或对稳定性和损耗要求不高的场合，不宜使用在脉冲电路中，因为它们易于被脉冲电压击穿。

陶瓷电容中还有一类多层陶瓷电容，也称为独石电容，这种电容在若干片陶瓷薄膜坯上被覆以电极浆材料，叠合后一次绕结成一块不可分割的整体，外面再用树脂包封而成。其一般是用两条铝箔作为电极，中间以厚度为 0.008～0.012 mm 的电容纸隔开重叠卷绕而成。其制造工艺简单、价格便宜，具有体积小、容量大、可靠性高和耐高温等优点。高介电常数的低频独石电容也具有稳定的性能、体积极小等优点，但其容量误差较大，通常用在噪声旁路以及滤波、积分、振荡电路中。

5）玻璃釉电容

这是一种常用的电容，介质是玻璃釉粉加压制成的薄片，主要用于半导体电路和小型电子仪器中的交、直流电路或脉冲电路。因釉粉有不同的配制工艺方法，因而可获得不同性能的介质，也就可以制成不同性能的玻璃釉电容。玻璃釉电容具有绝缘介质的介电系数大、体积小、损耗较小等特点，耐高温性和抗湿性也较好。

6）云母电容

云母电容使用金属箔或在云母片上喷涂银层制成电极板，极板和云母一层一层地叠合后，再压铸在胶木粉或封固在环氧树脂中制成。它的特点是绝缘介质损耗小、绝缘电阻大、温度系数小。云母电容是性能优良的高频电容之一，广泛应用于对电容的稳定性和可靠性要求较高的场合。其体积小、质量轻、结构牢固、安装方便、性能稳定，可用在无线电接发设备、精密电子仪器、现代通信仪器仪表及设备、收音机、功放机、电视机等设备中。

7）涤纶电容

涤纶电容也称聚酯电容，它使用两片金属箔制成电极，夹在极薄的绝缘介质中，卷成圆柱形或扁柱形芯子，绝缘介质是涤纶。涤纶薄膜电容的介电常数较高、体积小、容量大、稳定性较好，适宜作为旁路电容，其容值通常为 470 pF～4.7 μF，额定电压通常为 63～630 V。

8）空气介质/薄膜介质可变电容

空气介质可变电容是指以空气为介质的电容，由多片可转动 180° 的动片与多片固定的定片组成，它的容量在一定范围内连续可调。当将动片全部旋进定片间时，其容量最大；反之，将动片全部旋出定片间时，容量最小。空气介质可变电容具有能精确调节容量、绝缘介质损耗小、稳定性好、寿命长、体积较大、绝缘电阻高等特点。其一般用在收音机、电子仪器、通信设备及有线广播电视等电子设备中。

与空气介质可变电容类似的还有薄膜介质可变电容，它使用很薄的塑料膜来代替空气间隙，可使电容体积变小。薄膜介质可变电容除用于调幅收音机外，还可制成调幅调频两用的型式。其缺点是长期稳定性、使用寿命等方面均比空气介质可变电容的差，容量也较小。

9）微调电容

微调电容分为空气介质和无机材料介质两类。前者主要用于辅助主调可变电容而达到精密调节容量的目的，容量的变化范围很窄，但连续可变。后者以圆片形陶瓷微调电容的应用最为广泛。此外还有管形微调电容，是用可微调的金属杆作为内电极，以银层作为外电极，介质是玻璃或陶瓷管。它的微调精度很高，常用于精密电子仪器中。

1.2.4　电容的外形和辨别

如图 1-3 所示为几种常见电容的外形，根据这些外形可以进行不同电容的辨别。

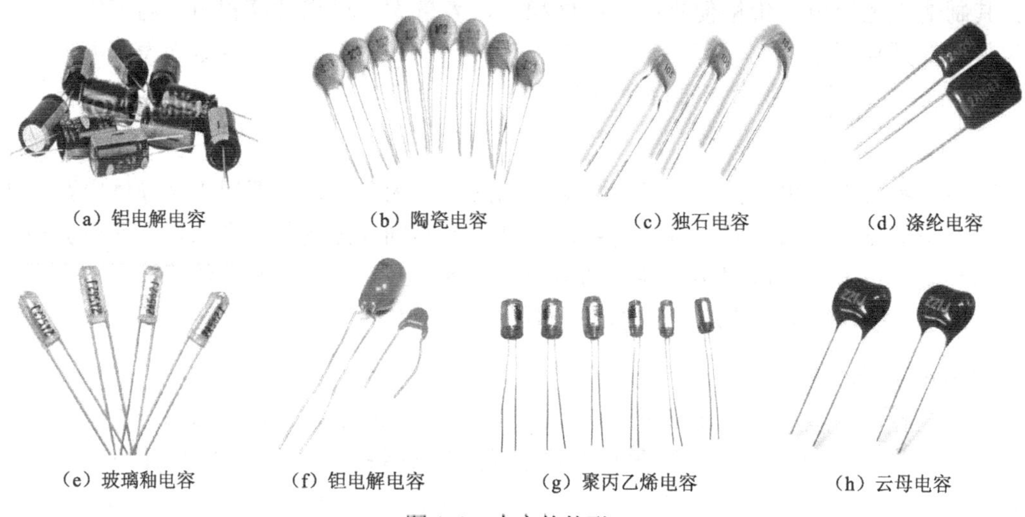

（a）铝电解电容　（b）陶瓷电容　（c）独石电容　（d）涤纶电容

（e）玻璃釉电容　（f）钽电解电容　（g）聚丙乙烯电容　（h）云母电容

图 1-3　电容的外形

1.2.5　电容的型号命名及容量标示

对于固定电容，其型号一般由以下 4 部分组成。

（1）第一部分：名称，用字母表示，电容使用 C 表示。

（2）第二部分：材料，用字母表示；A 代表钽电解、B 代表聚苯乙烯等非极性薄膜、C 代表高频陶瓷、D 代表铝电解、E 代表其他材料电解、G 代表合金电解、H 代表复合介质、I 代表玻璃釉、J 代表金属化纸质、L 代表涤纶等极性有机薄膜、N 代表铌电解、O 代表玻璃膜、Q 代表漆膜、T 代表低频陶瓷、V 代表云母纸、Y 代表云母、Z 代表纸质。

（3）第三部分：分类，一般用数字表示，个别用字母表示。

（4）第四部分：序号，用数字表示，以区别电容的外形尺寸及性能指标，如 1 表示圆形、2 表示管形、3 表示叠片、8 表示高压、G 表示高功率、W 表示微调等。

电容的标称容量的标示方法与电阻相同，同样有直标法、文字符号法、色标法和数码表示法。

1. 直标法

直标法使用数字和单位符号直接标出，如 1 μF 表示 1 微法，有些电容使用“R”表示小数点，如 R47 表示 0.47 微法。

2. 文字符号法

文字符号法使用数字和文字符号有规律的组合来表示容量，如 p10 表示 0.1 pF、1p0 表示 1 pF、6p8 表示 6.8 pF、2u2 表示 2.2 μF。

3. 色标法

色标法使用色环或色点表示电容的主要参数，这种色标法与电阻相同。另外，容量的允许偏差有具体的标志符号：+100%～0 用 H 表示、+100%～10%用 R 表示、+50%～10%用 T 表示、+30%～10%用 Q 表示、+50%～20%用 S 表示、+80%～20%用 Z 表示。

4. 数码标示法

数码标示法一般是 3 位数字，第一位和第二位数字为容量的有效数字，第三位数字为其后零的个数，单位为 pF。例如，标值为 101，容量为 10×10^1 pF=100 pF；如果标值为 104，则容量为 10×10^4 pF=0.1 μF；如果标值为 474，则容量为 47×10^4 pF=0.47 μF。

1.2.6 电容的检测和使用注意事项

1. 数字万用表测量电容容量

20 pF 以下容量可用数字万用表测量，测量方法：两个表笔按照测电压时的方法插好（即黑色表笔插到“COM”端，红色表笔插到“VΩmA”端），电容的两个引脚插入万用表 CX 孔，将表盘挡位拨到 CX 即可读数。不同挡位的测量值不同，越接近测量值量程的挡位，测量误差越小。

2. 电解电容的检测

（1）因为电解电容的容量较一般固定电容大得多，所以测量时应针对不同容量选用合适的量程。根据经验，在一般情况下，1～47 μF 之间的电容，可用 $R\times1$ kΩ 挡测量，大于 47 μF 的电容可用 $R\times100$ kΩ 挡测量。

（2）将万用表红表笔接负极，黑表笔接正极，在刚接触的瞬间，万用表指针即向右偏转较大偏度（对于同一电阻挡，容量越大，摆幅越大），接着逐渐向左回转，直到停在某一位置。此时的阻值便是电解电容的正向漏电阻，此值略大于反向漏电阻。根据经验，电解电容的漏电阻一般应在几百 kΩ 以上，否则，将不能正常工作。在测试中，若正向、反向均无充电的现象，即表针不动，则说明容量消失或内部断路；如果所测阻值很小或为零，说明电容漏电或已击穿损坏，不能再使用。

（3）对于正、负极标志不明的电解电容，可利用上述测量漏电阻的方法加以判别，即先任意测一下漏电阻，记住其大小，然后交换表笔再测出一个阻值。两次测量中阻值大的那一次便是正向接法，即黑表笔接的是正极，红表笔接的是负极。使用万用表电阻挡，采用给电解电容进行正、反向充电的方法，根据指针向右摆动幅度的大小，可估测出电解电容的容量。

3. 可变电容的检测

（1）用手轻轻旋动转轴，应感觉十分平滑，不应感觉有时松时紧甚至有卡滞现象。将转轴向前、后、上、下、左、右等各个方向推动时，转轴不应有松动的现象。

（2）用一只手旋动转轴，另一只手轻摸动片组的外缘，不应感觉有任何松脱现象。转轴与动片之间接触不良的可变电容，是不能再继续使用的。

（3）将万用表置于 $R\times10$ kΩ 挡，一只手将两个表笔分别接可变电容的动片和定片的引出端，另一只手将转轴缓缓旋动几个来回，万用表指针都应在无穷大位置不动。在旋动转轴的过程中，如果指针有时指向零，说明动片和定片之间存在短路点；如果碰到某一角度，万用表读数不为无穷大而是出现一定阻值，说明可变电容动片与定片之间存在漏电现象。

由于电容的两极具有剩余残留电荷的特点，首先应设法将其电荷放尽，否则容易发生触电事故。处理故障电容时，首先应拉开电容组的断路器及其上下隔离开关，如采用熔断

器保护，则应先取下熔丝管。此时，电容组虽然已经过放电电阻自行放电，但仍会有部分残留电荷，因此，必须进行人工放电。放电时，要先将接地线的接地端与接地网固定好，再用接地棒多次对电容放电，直至无火花和放电声为止，最后将接地线固定好。同时，还应注意，电容如果有内部断线、熔丝熔断或引线接触不良时，其两极间还可能会有残留电荷，而在自动放电或人工放电时，这些残留电荷是不会被放掉的。因此在接触故障电容前，还应戴好绝缘手套，并用短路线短接故障电容的两极以使其放电。另外，对采用串联接线方式的电容还应单独进行放电。

4. 使用电容时的注意事项

（1）在使用电容之前，应对电容的质量进行检查，以防不符合要求的电容装入电路。

（2）在设计元件安装电路时，应使电容远离热源，否则会使电容温度过高而过早老化。在安装小容量电容及高频回路的电容时，应采用支架将电容托起，以减少分布电容对电路的影响。

（3）将电解电容装入电路时，一定要注意它的极性不可接反，否则会造成很严重的后果（如电容爆炸、冒烟、产生火球等）。

（4）焊接电容的时间不宜太长，因为过长时间的焊接温度会通过电极引脚传到电容的内部绝缘介质上，从而使介质的性能发生变化。

（5）电解电容经长期储存后需要使用时，不可直接加上额定电压，否则会有爆炸的危险。正确的使用方法是，先加较小的工作电压，再逐渐升高电压直到额定电压，并在此电压下保持一个不太长的时间，然后投入使用。

（6）在电路中安装电容时，应使电容的标志安装在易于观察的位置，以便核对和维修。

（7）电容并联使用时，其总的电容量等于各容量的总和，但应注意电容并联后的工作电压不能超过其中最低的额定电压。

（8）电容的串联可以增加耐压。如果两只容量相同的电容串联，其总耐压可以增加 1 倍；若两只容量不等的电容串联，容量小的电容所承受的电压要高于容量大的电容。

（9）有极性的电解电容不允许在负电压下使用，若超过此规定时，应选用无极性的电解电容或将两个同样规格的电容的负极相连，两个正极分别接在电路中，此时实际的容量为两个电容串联后的等效容量。

（10）当电解电容在较宽频带内作为滤波或旁路使用时，为了改变高频特性，可为电解电容并联一只小容量的电容，它可以起到旁路电解电容的作用。

（11）在 500 MHz 以上的高频电路中，应采用无引线的电容。若采用有引线的电容，其引出线应越短越好。

（12）几只大容量电容串联用于滤波或旁路电路时，电容的漏电流会影响电压的分配，有可能会导致某个电容击穿。此时可在每只电容的两端并联一阻值小于电容绝缘电阻的电阻，以确保每只电容的分压均匀。电阻的阻值一般为 100 kΩ～1 MΩ 之间。

（13）使用可变电容时，转动转轴时松紧的程度应适中，不要使用有过紧或松动现象的电容。除此之外，也不应使用有短路的电容。

（14）使用微调电容时，要注意微调机构的松紧程度，调节过松时电容的容量不稳定，而调节过紧时电容极易发生调节损坏。

1.3　电感的识别和检测

扫一扫看教学课件：电感的识别和检测

扫一扫看动画视频：电感的介绍

电感器简称电感，是用漆包线、纱包线或塑皮线等在绝缘骨架或磁芯、铁芯上绕制成的一组串联的同轴线圈，其结构类似于变压器，但只有一个线圈。电感是一种储能元件，即把电能转化为磁能而储存起来。

在电路中，电感起“通直流、阻交流”作用，它只阻碍电流的变化，如果电感在没有电流通过的状态下，电路接通时它将试图阻碍电流流过它；如果电感在有电流通过的状态下，电路断开时它将试图维持电流不变。

电感多与电阻、电容构成滤波或谐振回路，对交流信号多是扼流滤波和滤除高频杂波的作用，起到筛选信号、过滤噪声、稳定电流及抑制电磁波干扰等作用，因此电感又称扼流器、电抗器、动态电抗器。另外，还可以起到振荡、延迟等作用。

电感是闭合回路的一种属性，即当通过闭合回路的电流改变时，会出现电动势来抵抗电流的改变。这种电感称为自感，是闭合回路自己本身的属性。假设一个闭合回路的电流改变，由于感应作用而产生电动势于另外一个闭合回路，这种电感称为互感。

1.3.1　表征电感的参数

1. 电感量

电感量是反映电感线圈自感应能力的物理量，也称为自感系数。电感量的大小与线圈的形状、结构和材料有关，取决于线圈匝数、绕制方法、有无磁芯及磁芯的材料等。线圈匝数越多、越密，电感量就越大；有磁芯的线圈比无磁芯的线圈电感量大，磁芯导磁率越大电感量也越大。在电路中，电感量用大写字母 L 表示，单位是亨利 H，实际中电感量也常用 mH 和 μH 作为单位，它们之间的换算关系为 $1\ \text{H}=10^3\ \text{mH}=10^6\ \mu\text{H}$。

2. 允许偏差

允许偏差是指电感上标称的电感量与实际电感量的允许误差值。一般用于振荡或滤波等电路中的电感要求精度较高，允许偏差为±（0.2%～0.5%）；而用于耦合、高频阻流等电路中的电感要求精度不高，允许偏差为±（10%～15%）。通常根据允许偏差将电感分成一般电感和精密电感。其中，对于一般电感，若其允许偏差值为 20%，则用 M 表示；若允许偏差值为 10%，则用 K 表示。对于精密电感，若其允许偏差值为 5%，则用 J 表示；若其允许偏差值为 1%，则用 F 表示。

例如，电感上标示 100 M 时，电感量为 10 μH，允许偏差为 20%。

3. 品质因数

品质因数也称为 Q 值，用来表示电感线圈损耗的大小。它是指电感在某一频率的交流电压下工作时，所呈现的感抗与损耗电阻之比。电感的 Q 值越高，其损耗越小，效率越高。电感品质因数的高低与线圈导线的直流电阻、线圈骨架的介质损耗及铁芯、屏蔽罩等引起的损耗等有关。

4. 分布电容

分布电容是指电感线圈的匝与匝之间、线圈与磁芯之间、线圈与地之间、线圈与金属之间存在的电容。电感的分布电容越小，其稳定性越好。分布电容能使等效耗能电阻变大、品质因数变小。减小分布电容时，常使用丝包线或多股漆包线，有时也使用蜂窝式绕线法等。这些分布电容可以等效成一个与电感线圈并联的电容，实际上是指由 *L*、*R* 和 *C* 组成的并联谐振电路。

5. 额定电流

额定电流是指电感在允许的工作环境下能承受的最大电流值。若工作电流超过额定电流，则电感就会因发热而使性能参数发生改变，甚至还会因过电流而烧毁。

扫一扫看动画视频：电感的分类

1.3.2 电感的分类和选用原则

电感可由电导材料盘绕磁芯制成，典型的如铜线，也可以把磁芯去掉或用铁磁性材料代替。电感有很多种，大多以外层瓷釉线圈环绕铁氧体线轴制成，而有些防护电感把线圈完全置于铁氧体内，另外一些电感元件的芯可以调节，而电感量小的电感也可以使用和制造晶体管同样的工艺制造在集成电路中。电感可分为以下几种。

1. 固定电感

这种电感通常是用漆包线在磁芯上直接绕制而成的，主要用在滤波、振荡、陷波、延迟等电路中，它有密封式和非密封式两种封装形式，两种形式又都有立式和卧式两种外形结构。

1）立式密封固定电感

立式密封固定电感采用径向型引脚，通常国产的电感量为 0.1～2 200 μH（直接标示在外壳上），额定电流为 0.05～1.6 A，允许偏差范围为±（5%～10%）；进口的电感量、额定电流值更大，允许偏差则更小。

2）卧式密封固定电感

卧式密封固定电感采用轴向型引脚，国产的有 LG1、LGA、LGX 等系列。

LG1 系列电感的电感量通常为 0.1～22 000 μH（直接标注在外壳上）。

LGA 系列电感采用超小型结构，外形与 1/2 W 色环电阻相似，通常其电感量为 0.22～100 μH（用色环标注在外壳上），额定电流为 0.09～0.4 A。

LGX 系列电感也为小型封装结构，通常其电感量为 0.1～10 000 μH，额定电流分为 50 mA、150 mA、300 mA 和 1.6 A 这 4 种规格。

2. 可调电感

常用的可调电感有半导体收音机用振荡线圈、电视机用行振荡线圈、行线性线圈、中频陷波线圈、音响用频率补偿线圈、阻波线圈等。

（1）半导体收音机用振荡线圈：此振荡线圈在半导体收音机中与可变电容等组成本机振荡电路，用来产生一个输入调谐电路接收的电台信号高出 465 kHz 的本振信号。其外部为金属屏蔽罩，内部由尼龙衬架、工字形磁芯、磁帽及引脚座等构成，在工字磁芯上有用高

强度漆包线绕制的线圈。磁帽装在屏蔽罩内的尼龙架上，可以上下旋转，通过改变它与线圈的距离来改变线圈的电感量。电视机中频陷波线圈的内部结构与此线圈相似，只是磁帽可调磁芯。

（2）电视机用行振荡线圈：行振荡线圈用在早期的黑白电视机中，它与外围的阻容元件及行振荡晶体管等组成自激振荡电路（三点式振荡器或间歇振荡器、多谐振荡器），用来产生频率为 15 625 Hz 的矩形脉冲电压信号。

该线圈的磁芯中心有方孔，行同步调节旋钮直接插入方孔内，旋动行同步调节旋钮，即可改变磁芯与线圈之间的相对距离，从而改变线圈的电感量，使行振荡频率保持为 15 625 Hz，与自动频率控制电路送入的行同步脉冲产生同步振荡。

（3）行线性线圈：行线性线圈是一种非线性磁饱和电感线圈（其电感量随着电流的增大而减小），它一般串联在行偏转线圈回路中，利用其磁饱和特性来补偿图像的线性畸变。

行线性线圈是用漆包线在工字形铁氧体高频磁芯或铁氧体磁棒上绕制而成的，线圈的旁边装有可调节的永久磁铁。通过改变永久磁铁与线圈的相对位置来改变线圈电感量的大小，从而达到线性补偿的目的。

3. 阻流电感

阻流电感是指在电路中用以阻碍交流电流通路的电感线圈，它分为高频阻流线圈和低频阻流线圈。

（1）高频阻流线圈：高频阻流线圈也称高频扼流线圈，它用来阻止高频交流电流的通过。

高频阻流线圈工作在高频电路中，多为空心或采用铁氧体高频磁芯，骨架用陶瓷材料或塑料制成，线圈采用蜂房式分段绕制或多层平绕分段绕制。

（2）低频阻流线圈：低频阻流线圈也称低频扼流圈，它用于电流电路、音频电路或场输出等电路，其作用是阻止低频交流电流通过。

通常，将用在音频电路中的低频阻流线圈称为音频阻流线圈，将用在场输出电路中的低频阻流线圈称为场阻流线圈，将用在电流滤波电路中的低频阻流线圈称为滤波阻流线圈。

低频阻流线圈一般采用 E 形硅钢片铁芯、坡莫合金铁芯或铁淦氧磁芯。为防止通过较大直流电流引起磁饱和，安装时在铁芯中要留有适当空隙。

1.3.3　电感的结构和外形

电感一般由骨架、线圈、屏蔽罩、封装材料、磁芯或铁芯等组成。

（1）骨架，泛指绕制线圈的支架。一些体积较大的固定电感或可调电感（如振荡线圈、阻流线圈等），大多数是将漆包线（或纱包线）环绕在骨架上，再将磁芯或铜芯、铁芯等装入骨架的内腔，以提高其电感量。骨架通常是采用塑料、胶木、陶瓷制成的，根据实际需要可以制成不同的形状。小型电感（如色码电感）一般不使用骨架，而是直接将漆包线绕在磁芯上。空心电感（也称脱胎线圈或空心线圈，多用于高频电路中）不用磁芯、骨架和屏蔽罩等，而是先在模具上绕好后再脱去模具，并将线圈各圈之间拉开一定的距离。

（2）线圈，是指具有规定功能的一组线圈，它是电感的基本组成部分。线圈有单层和多层之分。单层线圈又有密绕（绕制时导线一圈挨一圈）和间绕（绕制时每圈导线之间均隔一定的距离）两种形式；多层线圈有分层平绕、乱绕、蜂房式绕线法等多种。

（3）磁芯与磁棒，一般采用镍锌铁氧体（NX 系列）或锰锌铁氧体（MX 系列）等材料，它有工字形、柱形、帽形、E 形、罐形等多种形状。

（4）铁芯，其材料主要有硅钢片、坡莫合金等，其外形多为 E 形。

（5）屏蔽罩，为避免有些电感在工作时产生的磁场影响其他电路及元器件正常工作，就为其增加了金属屏幕罩（如半导体收音机的振荡线圈等）。采用屏蔽罩的电感，会增加线圈的损耗，使 Q 值降低。

（6）封装材料，有些电感（如色码电感、色环电感等）绕制好后，用封装材料将线圈和磁芯等密封起来。封装材料采用塑料或环氧树脂等。

电感的外形也多种多样，常见的电感外形如图 1-4 所示。

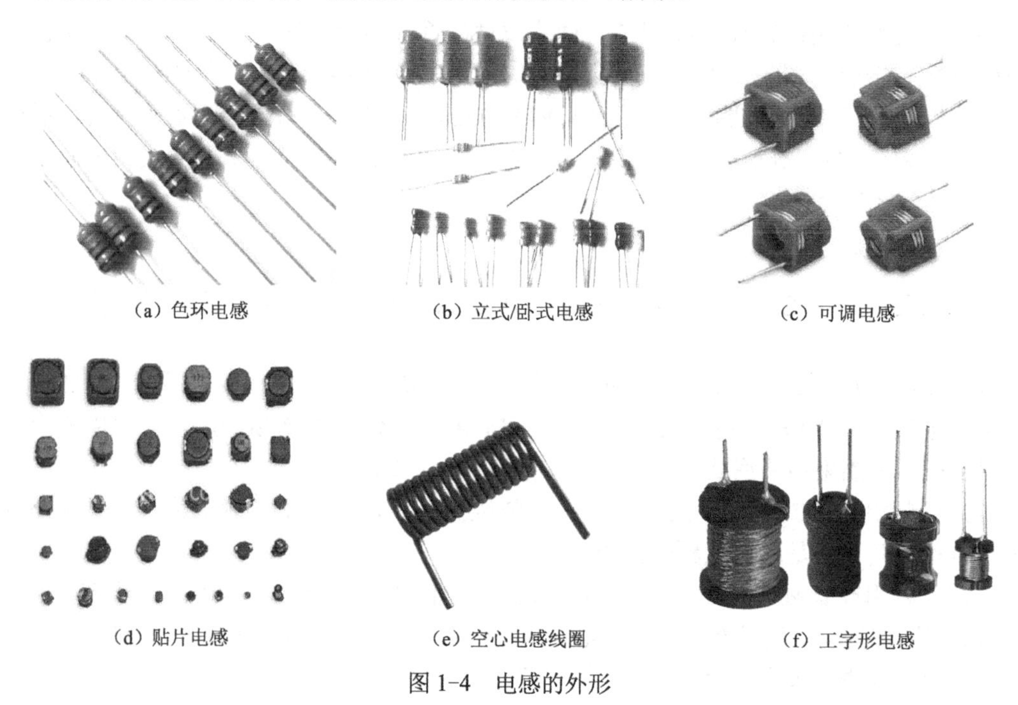

（a）色环电感　（b）立式/卧式电感　（c）可调电感

（d）贴片电感　（e）空心电感线圈　（f）工字形电感

图 1-4　电感的外形

1.3.4　电感的型号命名及电感量标示

标称电感量与电阻一样也有 4 种标示法，通常使用直标法和色标法进行标示。

（1）直标法：在电感线圈的外壳上直接使用数字和文字标出电感线圈的电感量、允许偏差及额定电流等主要参数。

（2）色标法：使用色环表示电感量，单位为 mH，第一位和第二位表示电感量的有效数字，第三位表示其后零的个数，第四位为允许偏差。

色环颜色代表的数字：棕 1、红 2、橙 3、黄 4、绿 5、蓝 6、紫 7、灰 8、白 9、黑 0；

色环颜色代表的零的个数：棕×10（10^1）、红×100（10^2）、橙×1 k（10^3）、黄×10 k（10^4）、绿×100 k（10^5）、蓝×1 M（10^6）、紫×10 M（10^7）、灰×100 M（10^8）、白×1 000 M（10^9）、黑×1（10^0）、金×0.1（10^{-1}）、银 0.01（10^{-2}）。

色环颜色代表的允许偏差：金 5%、银 10%、棕 1%、红 2%、绿 0.5%、蓝 0.25%、紫 0.1%、灰 0.05%、无色 20%；

1.3.5 电感量的计算

1. 圆柱形缠绕电感元件

$$L=\frac{u_o u_r N^2 A}{l}$$

式中，L 为电感，单位为亨利（H）；u_o 为真空中的磁导率，为 $4\pi\times10^{-7}$，单位为亨利每米（H/m）；u_r 为芯材料的相对磁导率；N 为匝数；A 为缠绕线圈的横断面积，单位为平方米（m^2）；l 为缠绕长度，单位为米（m）。

2. 直线导体的电感元件

$$L=l\left(\frac{4l}{d}-1\right)200\times10^{-9}$$

式中，L 为电感，单位为亨利（H）；l 为导体长度，单位为米（m）；d 为导体直径，单位为米（m）。

3. 短圆柱缠绕无芯（空气）电感元件

$$L=\frac{r^2N^2}{9r+10l}$$

式中，L 为电感，单位为亨利（H）；r 为缠绕的外环半径，单位为 in（英寸）（1 in=2.54 cm）；l 为缠绕长度，单位为 in；N 为匝数。

4. 多层空气芯电感元件

$$L=\frac{0.8r^2N^2}{6r+9l+10d}$$

式中，L 为电感，单位为亨利（H）；r 为缠绕的外环半径，单位为 in；l 为缠绕长度，单位为 in；N 为匝数；l 为缠绕深度，单位为 in（即外环半径减去内环半径）。

5. 平螺旋型空心电感元件

$$L=\frac{r^2N^2}{(2r+2.8d)\times10^5}$$

式中，L 为电感，单位为亨利（H）；r 为缠绕平均半径，单位为米（m）；N 为匝数；d 为缠绕深度，单位为米（m）（即外环半径减去内环半径）。

6. 环形铁芯的线圈电感元件

$$L=u_o u_r\frac{N^2r}{D}$$

式中，L 为电感，单位为亨利（H）；u_o 为真空中的磁导率为 $4\pi\times10^{-7}$，单位为亨利每米（H/m）；u_r 为核心物料的圆形横切面的相对磁导率；N 为匝数；r 为缠绕平均半径，单位为米（m）；D 为缠绕线圈的总直径，单位为米（m）。

1.3.6 电感的检测和使用注意事项

1. 使用万用表测量

1）测电感量

使用万用表的电感挡直接测电感量，若所用的万用表有电感刻度盘，则对电感量的测量更为简单。只要把电感元件的两根引脚插入万用表的相应孔中，就可以根据指针在刻度盘上所指的位置直接读出该电感量。

2）性能检测

在业余条件下，电感的电感量比较小时是难以准确地测定其电感量值的大小的。但使用万用表的电阻挡，测量电感的通断及电阻值大小，通常是可以对其好坏做出鉴别判断的。将万用表置于 $R\times1\Omega$ 挡，红、黑表笔各接电感的任一引出端，此时指针应向右摆动。根据测出的电阻值大小，可具体分下述 3 种情况进行鉴别：被测电感的电阻值为零、被测电感有电阻值、被测电感的电阻值为无穷大。对于电感线圈匝数较多、线径较细的线圈，读数会达到几十到几百欧姆，在通常情况下线圈的直流电阻只有几欧姆。

2. 使用电感测量仪

电感测量仪具有简单实用的分选功能，此功能的参数设置简便易行，结果显示直观，可以满足进货检验和电感生产线的快速分选测量要求。

电感测量仪通常具有以下功能：

（1）不拆线测量并联及单只电感量或整组电感量。

（2）不拆线测量电抗器、阻波器的电感量。

（3）不拆线测量变压器的入口容量、发电机的入口容量等。

（4）具有并联（放电）电阻值测量功能。

（5）能弥补电容表输出电压低而导致故障检出率低的问题。

（6）同步显示电压及电流波形和相位，计算被测电容的功率损耗。

3. 采用电桥测量

采用电桥测量电感的原理是，通过桥臂平衡，然后用比较的方法得出被测电感的交流阻抗。

自动平衡电桥法根据运算放大器原理来计算电感的阻抗，其实质也是一个基于伏安法测试原理的阻抗电桥，但该电桥能处理相位信息，操作比较容易，精度也很好。

4. 使用电感的注意事项

（1）在使用电感的场合中，要注意潮湿与干燥、环境温度的高低、高频或低频环境、要让电感表现的是感性还是阻抗特性等。

（2）电感的频率特性在低频时，电感一般呈现电感特性，即只起储能、过滤高频信号的特性。但在高频时，它的阻抗特性表现得很明显、有耗能发热、感性效应降低等现象。不同电感的高频特性都不一样。

（3）电感设计要承受的最大电流及相应的发热情况。

（4）使用磁环时，对照上面的磁环部分，找出对应的电感量值，对应材料的使用范围。

（5）注意导线（漆包线、纱包或裸导线）常用的漆包线，要找出最适合的线径。

（6）在检修时，不要随便改变线圈的形状、大小及线圈的距离，否则会影响原线圈的电感量，尤其是频率高、圈数少的线圈。

（7）在装配线圈时，应先用万用表检查线圈是否断路，还应注意电感之间的相互位置，以及与其他元件的位置应该符合要求，否则产生的分布电容会导致整机不能正常工作。

（8）注意正确接线，如果误接入高压电路，会烧坏线圈及其他元件。

（9）带屏蔽罩的线圈检修完后还应焊好屏蔽罩，另外还应特别注意，屏蔽罩与线圈不能短路，否则整机不能工作。

（10）收音机中的振荡线圈的专用性强，需要更换时最好选用原型号的。

1.4　二极管的识别和检测

扫一扫看教学课件：二极管的分类和选择

二极管是一种具有两个电极、只允许电流单向流过的电子器件，这种电流方向性就是二极管的“整流”功能。大部分二极管的使用都是应用其整流功能，形成整流电路、稳压电路、检波电路和各种调制电路。当然二极管也有其他用途，如变容二极管可作为电子式的可调电容等。

早期的二极管是真空电子二极管，现在则普遍采用半导体材料，用 P 型半导体和 N 型半导体烧结形成 PN 结界面，在其界面的两侧形成空间电荷层，构成自建电场。这种器件按照外加电压的方向具备单向电流的传导性，当外加电压为零时，由于 PN 结两边载流子的浓度差引起扩散电流和自建电场引起的漂移电流相等而处于电平衡状态。

1.4.1　二极管的特性

1. 正向特性

当二极管外加正向电压时，在正向特性的起始部分，正向电压很小，不足以克服 PN 结内电场的阻挡作用，正向电流几乎为零；当正向电压逐步加到一定值时，PN 结内的电场被克服，二极管开始导通，这个电压就是二极管的阈值电压 V_T。在二极管正向导通后，电流随电压增大而迅速上升，在正常使用的电流范围内，导通时二极管的端电压几乎维持不变，这个电压称为二极管的正向导通电压。硅二极管的阈值电压约为 0.5 V，锗二极管的阈值电压约为 0.1 V，而相应硅二极管的正向导通压降为 0.6～0.8V，锗二极管的正向导通压降为 0.2～0.3 V。

2. 反向特性和击穿特性

对二极管施加反向电压时，通过二极管的电流是少数载流子漂移运动所形成的反向电流，由于反向电流很小，二极管处于截止状态，这个反向电流又称为反向饱和电流或漏电流。二极管的反向饱和电流受温度影响很大。一般硅二极管的反向电流比锗二极管的反向电流小得多，小功率硅二极管的反向饱和电流在 nA 数量级，小功率锗二极管的反向饱和电流在 μA 数量级。当温度升高时，半导体受热激发，少数载流子数目增加，反向饱和电流也随之增加。

当外加反向电压超过某一数值时，反向电流会突然增大，这种现象称为电击穿。引起

电击穿的临界电压称为二极管的反向击穿电压。电击穿时二极管会失去单向导电性。如果二极管没有因电击穿而引起过热，则单向导电性不一定会被永久破坏，在撤除外加电压后，其性能仍可恢复，否则二极管就损坏了，因而使用时应避免二极管外加的反向电压过高。

以上反向击穿通常有齐纳击穿和雪崩击穿两种。在高掺杂浓度的情况下，因势垒区宽度很小，反向电压较大时，破坏了势垒区的结构，产生电子-空穴对，致使电流急剧增大，这种击穿称为齐纳击穿。如果掺杂浓度较低，势垒区宽度较宽，不容易产生齐纳击穿。另一种击穿为雪崩击穿。当反向电压增加到较大数值时，外加电场使电子漂移速度加快，产生新的电子-空穴对。新产生的电子-空穴被电场加速后又撞出其他电子，载流子雪崩式地增加，致使电流急剧增加，这种击穿称为雪崩击穿。

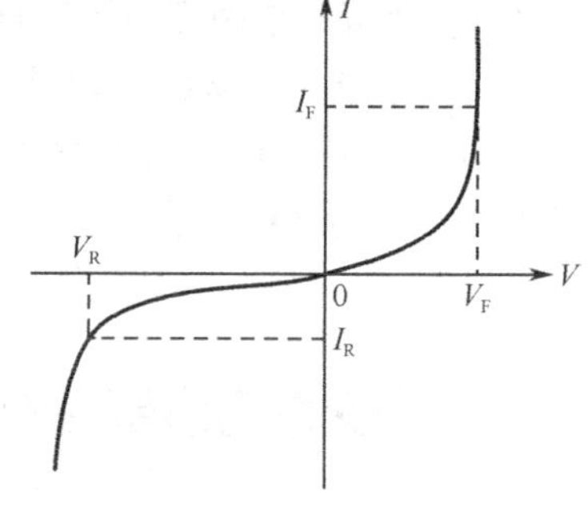

图 1-5　二极管的特性曲线

如图 1-5 所示为二极管的特性曲线。

3. 频率特性

由于结电容的存在，当频率高到某一程度时，容抗小到使 PN 结短路，导致二极管失去单向导电性，不能工作。PN 结的面积越大，结电容也越大，越不能在高频情况下工作。

1.4.2　二极管的参数

用来表示二极管的性能好坏和适用范围的技术指标，称为二极管的参数。不同类型的二极管有不同的特性参数，通常主要有以下几个。

1. 最大整流电流 I_F

最大整流电流是指二极管长期连续工作时允许通过的最大正向平均电流值。因为电流通过管子时会使管芯发热、温度上升，温度超过允许限度（硅管为 141 ℃左右，锗管为 90 ℃左右）时，就会使管芯过热而损坏，因此该值与 PN 结面积及外部散热条件有关。所以在规定的散热条件下，使用二极管时不要超过二极管的最大整流电流。例如，常用的 IN4001-4007 型硅二极管的最大整流电流为 1 A。

2. 最高反向工作电压 V_R

当加在二极管两端的反向电压高到一定值时，会将二极管击穿，使二极管失去单向导电能力。为了保证使用安全，规定了最高反向工作电压。例如，IN4001 二极管的最大反向工作电压为 50 V，IN4007 的最大反向工作电压为 1 000 V。对于稳压二极管，是经常工作在反向击穿状态的，在产生反向击穿以后，稳压管的电流有较大的变化，稳压管两端的电压（稳压电压值）变化也极小，因而起到稳压作用。

3. 反向电流 I_R

反向电流是指二极管在规定的温度（通常是常温 25 ℃）和最高反向电压作用下，流过二极管的反向电流。反向电流越小，二极管的单方向导电性能越好。值得注意的是，反向电流与温度有着密切的关系，大约温度每升高 10 ℃，反向电流增大 1 倍。例如，2AP1 型锗二极管，在 25 ℃时若反向电流为 250 μA，当温度升高到 35 ℃时，反向电流将上升到

500 μA；以此类推，在 75 ℃时，它的反向电流已达 8 mA，不仅失去了单向导电特性，还会使管子过热而损坏。又如，2CP10 型硅二极管，25 ℃时反向电流仅为 5 μA，温度升高到 75 ℃时，反向电流仅为 160 μA。可以看出，硅二极管比锗二极管在高温下具有较好的稳定性。

4. 最高工作频率 F_M

这是指二极管工作的最高频率，当工作频率超过此值时，由于结电容的作用，二极管将不能很好地体现单向导电性。因为二极管与 PN 结一样，其结电容由势垒电容组成，所以最高工作频率主要取决于 PN 结结电容的大小。

5. 电压温度系数

电压温度系数是指温度每升高 1 ℃时的稳定电压的相对变化量。电压为 6 V 左右的稳压二极管的温度稳定性较好。

6. 反向恢复时间 t_{rr}

这个参数主要是针对开关二极管的，是用来反映开关二极管特性好坏的一个参数。开关二极管的开关时间为开通时间和反向恢复时间的总和。开通时间是指开关二极管从截止至导通所需的时间，开通时间很短，一般可以忽略；反向恢复时间是指导通至截止所用的时间，反向恢复时间远大于开通时间，因此反向恢复时间为开关二极管的主要参数。一般硅开关二极管的反向恢复时间为 3～10 ns；锗开关二极管的反向恢复时间要长一些。

7. 结电容及其变化范围、Q 值

这三个参数主要是针对变容二极管的。其中结电容是指在一个特定的反向偏置电压下，变容二极管内部 PN 结的电容；结电容的变化范围指反向偏置电压从零伏变化到某一值时，结电容值所变化的范围；电容储存的能量与损耗能量的比值为该电容的 Q 值，大多数变容二极管具有很高的 Q 值。由于变容二极管的容量与反向偏置电压呈反方向变化，因此 Q 值随着反向偏置电压的增加而增加。

8. 稳定电压和动态电阻

这两个参数主要是针对稳压二极管的。当稳压二极管起稳定电压作用时，其两端的反向电压值，称为稳定电压。不同型号的稳压二极管，稳定电压是不同的。稳压二极管在直流电压的基础上，再加上一个增量电压，稳压二极管就会有一个增量电流。增量电压与增量电流的比值，就是稳压二极管的动态电阻。动态电阻反映了稳压二极管的稳压特性，其值越小，稳压二极管的性能越好。

1.4.3 二极管的分类和识别

二极管的种类有很多，按所采用的半导体材料可分为硅二极管和锗二极管，上面已经提到过。除此之外还有以下几种分类方法。

1. 按二极管的构造分

1）点接触型二极管

点接触型二极管是在锗或硅材料的单晶片上压触一根金属针后，再通过电流而形成的，因此其 PN 结的容量小，适用于高频电路。但是与下面将要介绍的面接触型二极管相比

较，点接触型二极管的正向特性和反向特性都较差，因此不能使用于大电流和整流应用场合。由于其构造简单，价格便宜。

点接触型二极管根据其正向和反向特性又分成以下几种。

（1）普通点接触型二极管。这种二极管通常被使用于检波和整流电路中，其正向和反向特性不是特别好，但也不是特别差，如 SD34、SD46、1N34A 等属于这一类。

（2）高反向耐压点接触型二极管。这种二极管的最大峰值反向电压和最大直流反向电压很高，使用于高压电路的检波和整流中。这种二极管的正向特性一般不太好。

（3）高反向电阻点接触型二极管。这种二极管的正向电压特性和一般的二极管相同，虽然其反向工作电压特别高，但其反向电流小，因此其特点是反向电阻高，使用于高输入电阻的电路和高负载电阻电路中。锗材料高反向电阻二极管 SD54、1N54A 等属于这一类二极管。

（4）高传导点接触型二极管。它与高反向电阻点接触型二极管相反，其反向特性尽管很差，但其正向电阻变得足够小。高传导点接触型二极管有 SD56、1N56A 等。这类二极管，在负载电阻特别低的情况下，整流效率较高。

2）面接触型（或称面结型）二极管

这种二极管的 PN 结是用合金法或扩散法制成的。由于这种二极管 PN 结的面积大，可承受较大电流，但极间电容也大。这类器件适用于整流，但不宜用于高频率电路中。

3）键型二极管

键型二极管是在锗或硅的单晶片上熔金或银的细丝而制成的，其特性介于点接触型二极管和下面介绍的合金型二极管之间。与点接触型二极管相比较，虽然键型二极管 PN 结的容量稍有增加，但其正向特性特别优良，在大部分场合作为开关使用，有时也被应用于检波和电源整流。在键型二极管中，熔接金丝的二极管有时被称为金键型二极管，熔接银丝的二极管有时被称为银键型二极管。

4）台面型二极管

这种二极管 PN 结的制作方法虽然与下面介绍的扩散型二极管相同，但只保留 PN 结及其必要的部分，把不必要的部分用药品腐蚀掉，其剩余的部分便呈现出台面形，因而得名。初期生产的台面型二极管，是对半导体材料使用扩散法而制成的。因此又把这种台面型二极管称为扩散台面型二极管。对于这种类型的二极管来说，大电流整流用的产品型号很少，而小电流开关用的产品型号却很多。

5）平面型二极管

这种二极管在半导体 N 型硅单晶片上扩散 P 型杂质，利用硅片表面氧化膜的屏蔽作用，在 N 型硅单晶片上仅选择性地扩散一部分而形成 PN 结，不需要为调整 PN 结面积而进行腐蚀。由于半导体表面被制作得平整故而得名，并且 PN 结合的表面因被氧化膜所覆盖，因此稳定性好、寿命长。最初使用的半导体材料是采用外延法形成的，故又把平面型二极管称为外延平面型二极管。对平面型二极管，大电流整流用的型号很少，而小电流开关用的型号有很多。

6）扩散型二极管

在高温的 P 型杂质气体中，加热 N 型锗或硅的单晶片，使单晶片表面的一部分变成 P

型从而形成 PN 结。因其 PN 结的正向电压降小，适用于大电流整流。

7）合金型二极管和合金扩散型二极管

这是在 N 型锗或硅的单晶片上，通过加入合金铟、铝等金属的方法制作 PN 结而形成的。其正向电压降小，适用于大电流整流。因其 PN 结反向时容量大，不适于高频检波和高频整流。合金扩散型二极管是合金型二极管的一种，因为合金材料是容易被扩散的材料，把难以制作的材料通过巧妙地掺配杂质，就能与合金一起通过扩散使已经形成的 PN 结获得杂质恰当的浓度分布。此种方法适用于制造高灵敏度的变容二极管。

8）外延型二极管

外延型二极管是用外延生长过程制造 PN 结而形成的。制造时需要非常高超的技术，因为能随意地控制杂质的不同浓度的分布，所示适用于制造高灵敏度的变容二极管。

2. 按用途分类

1）检波二极管

从输入信号中取出调制信号就是所谓的检波，以整流电流的大小（100 mA）作为界线，通常把输出电流小于 100 mA 的称为检波。用于检波的二极管通常是锗材料点接触型二极管，其工作频率可达 400 MHz，正向压降小，结容量小，检波效率高，频率特性好。

2）整流二极管

整流二极管主要用于各种低频半波整流电路，利用二极管的单向导电性，将交流电变为直流电。由于整流二极管的正向电流较大，整流二极管多为面接触型二极管，结面积大能通过较大电流，结容量大，但工作频率较低。

3）限幅二极管

在二极管正向导通后，它的正向压降基本保持不变（硅二极管为 0.7 V，锗二极管为 0.3 V）。利用这一特性，在电路中作为限幅器件，可以把信号幅度限制在一定范围内。

4）调制二极管

调制二极管通常指的是环形调制专用的二极管，即正向特性一致性好的 4 个二极管的组合件。

5）混频二极管

使用二极管混频方式时，在 500～10 000 Hz 频率范围内，多采用肖特基型二极管和点接触型二极管。

6）放大二极管

放大二极管通常是指隧道二极管、体效应二极管和变容二极管。

7）开关二极管

开关二极管在正向电压作用下电阻很小，处于导通状态，相当于一只接通的开关；在反向电压作用下，电阻很大，处于截止状态，如同一只断开的开关。利用二极管的开关特性，可以组成各种逻辑电路。

8）变容二极管

变容二极管是指利用 PN 结空间电荷具有电容特性的原理制成的特殊二极管。变容二极管为反偏二极管，其结电容就是耗尽层的电容，可以近似把耗尽层看作为平行导电板电容，且导电板之间有介质。在一般情况下，多数二极管结电容量很小，不能有效利用。变容二极管的结构特殊，它具有相当大的内部电容量，并可像电容一样应用于电子电路中。

9）倍频二极管

倍频二极管的频率倍增作用分为变容二极管的频率倍增和阶跃二极管的频率倍增。

10）稳压二极管

这种二极管是利用二极管的反向击穿特性制成的。在电路中其两端的电压保持基本不变，起到稳定电压的作用。

11）可变阻抗二极管（PIN 二极管）

这是在 P 区和 N 区之间夹一层本征半导体（或低浓度杂质的半导体）构造的晶体二极管。PIN 中的 I 是 Intrinsic（本征）的英文略语。当其工作频率超过 100 MHz 时，由于少数载流子的储存效应和“本征”层中的渡越时间效应，其二极管失去整流作用而变成阻抗元件，并且其阻抗值随偏置电压而改变。在零偏置或直流反向偏置时，“本征”区的阻抗很高；在直流正向偏置时，由于载流子注入“本征”区，而使“本征”区呈现出低阻抗状态。因此，可以把这种二极管作为可变阻抗元件使用。它常被应用于高频开关（微波开关）、移相、调制、限幅等电路中。

12）雪崩二极管

这是一种在外加电压作用下可以产生高频振荡的二极管。其原理为，利用雪崩击穿对晶体注入载流子，因载流子渡越晶片需要一定的时间，所以其电流滞后于电压，出现延迟时间，若适当地控制渡越时间，那么，在电流和电压关系上就会出现负阻效应，从而产生高频振荡。它常被应用于微波领域的振荡电路中。

13）隧道二极管

它是以隧道效应电流为主要电流分量的晶体二极管，其基底材料是砷化镓和锗，而 P 型区的 N 型区是高浓度杂质的。这种二极管可以被应用于低噪声高频放大器及高频振荡器中（其工作频率可达毫米波段），也可以被应用于高速开关电路中。

14）快速关断（阶跃恢复）二极管

这种二极管的结构特点是，在 PN 结边界处具有陡峭的杂质分布区，从而形成“自助电场”。由于 PN 结在正向偏压下，以少数载流子导电，并在 PN 结附近具有电荷储存效应，使其反向电流需要经历一个“储存时间”后才能降至最小值（反向饱和电流值）。这种二极管的“自助电场”缩短了储存时间，使反向电流快速截止，并产生丰富的谐波分量。利用这些谐波分量可设计出梳状频谱发生电路，因此其被用于脉冲和高次谐波电路中。

15）肖特基二极管

在金属（如铝）和半导体（N 型硅片）的接触面上，形成肖特基势垒区，从而具备 PN 结特性。肖特基二极管的耐压只有 40 V 左右。其突出的优点是开关速度非常快，反向恢复

时间短，因此能制作开关二极管和低压大电流整流二极管。

这种具有肖特基特性 PN 结的二极管的正向起始电压较低，其金属层还可以采用金、钼、镍、钛等材料，而其半导体材料采用硅或砷化镓，多为 N 型半导体。这种器件是由多数载流子导电的，所以其反向饱和电流比以少数载流子导电的 PN 结器件大得多。由于肖特基二极管中少数载流子的储存效应甚微，其频率响仅受 *RC* 时间常数限制，因而，它是高频和快速开关的理想器件。肖特基二极管的工作频率可达 100 GHz，而 MIS（金属-绝缘体-半导体）肖特基二极管可以用来制作太阳能电池或发光二极管（light emitting diode，LED）。另外，它还可以作为续流二极管，在开关电源的电感和继电器等感性负载中起续流作用。

16）阻尼二极管

阻尼二极管多用在高频电压电路中，具有较高的反向工作电压和峰值电流，正向压降较小，高频高压整流二极管用在电视机行扫描电路作为阻尼和升压整流使用。常用的阻尼二极管有 2CN1、2CN2、BSBS44 等。

17）瞬变电压抑制二极管

在规定的反向应用条件下，当承受一个高能量的瞬时过压脉冲时，其工作阻抗能立即降至很低的导通值，允许大电流通过，并将电压钳制到预定水平，从而有效地保护电子线路中的精密元器件免受损坏。

瞬变电压抑制二极管能承受的瞬时脉冲功率可达上千瓦，其箝位响应时间仅为 1 ps（10^{-12} s）。瞬变电压抑制二极管允许的正向浪涌电流在温度为 25 ℃、时间为 10 ms 的条件下，可达 50～200 A。

双向瞬变电压抑制二极管可在正反两个方向吸收瞬时大功率脉冲，并把电压钳制到预定水平。双向瞬变电压抑制二极管适用于交流电路，单向瞬变电压抑制二极管一般用于直流电路。

18）双基极二极管（单结晶体管）

双基极二极管是指两个基极、一个发射极的三端负阻器件，用于张弛振荡电路、定时电压读出电路中，它具有频率易调、温度稳定性好等优点。

19）LED

LED 是近年来技术发展最快、使用最为广泛的一个门类，在下一节单独进行介绍。

20）硅功率开关二极管

硅功率开关二极管具有高速导通与截止的能力。它主要用于大功率开关或稳压电路、直流变换电路、高速电动机调速电路、高频整流及钳位驱动电路中，具有恢复特性软、过载能力强的优点，广泛用于计算机、雷达电源、步进电动机调速等方面。

21）快恢复二极管

快恢复二极管（简称 FRD）是一种具有开关特性好、反向恢复时间短等特点的半导体二极管，主要应用于开关电源、脉宽调制（pulse-width moulation，PWM）器、变频器等电子电路中，作为高频整流二极管、续流二极管或阻尼二极管使用。快恢复二极管的内部结构与普通 PN 结二极管不同，它属于 PIN 二极管。因为其基区很薄，反向恢复电荷很小，所以快恢复二极管的反向恢复时间较短，正向压降较低，反向击穿电压（耐压值）较高。

3. 常见二极管的符号和外形

常见二极管的符号如图 1-6 所示。

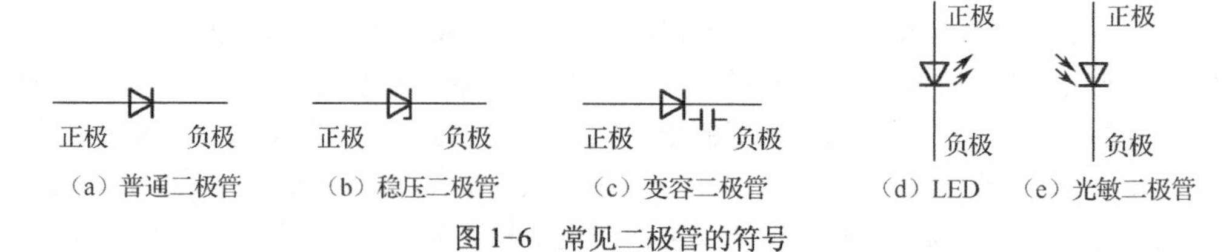

（a）普通二极管　（b）稳压二极管　（c）变容二极管　（d）LED　（e）光敏二极管

图 1-6　常见二极管的符号

二极管型号命名的一般方法如图 1-7 所示。

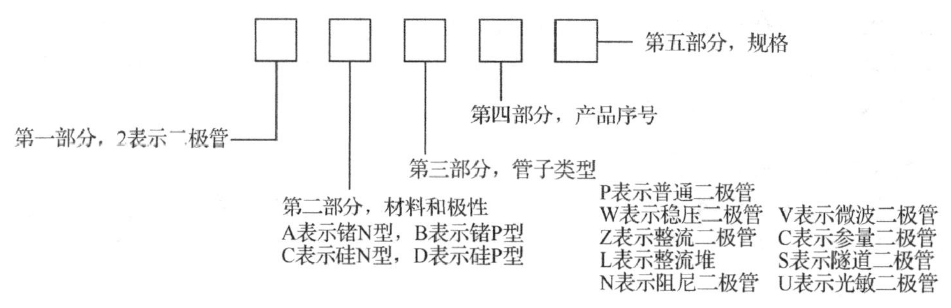

图 1-7　二极管的命名一般方法

部分二极管的外形如图 1-8 所示。二极管有两个引脚，有的二极管外壳上会标出二极管的负极。

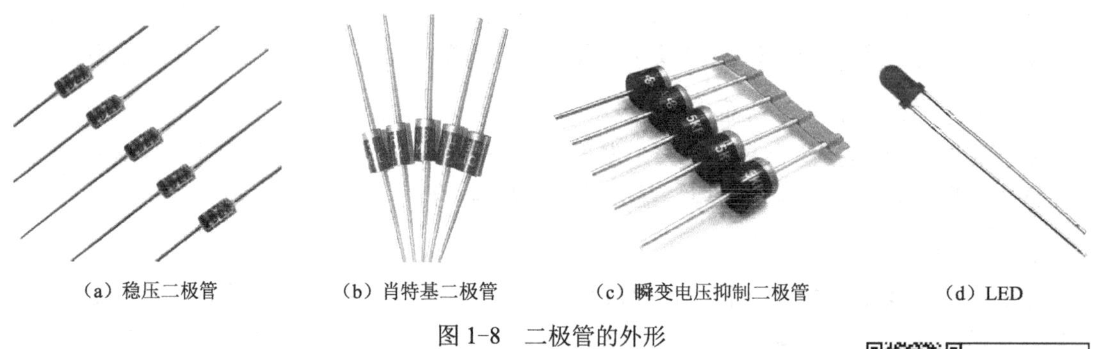

（a）稳压二极管　（b）肖特基二极管　（c）瞬变电压抑制二极管　（d）LED

图 1-8　二极管的外形

扫一扫看动画视频：发光二极管

1.4.4 发光二极管

LED 使用砷化镓、磷化镓、碳化硅和氮化镓等材料制成，把电能转化为光能，分别可发出红、黄、绿、蓝单色光。这种二极管的体积小，正向驱动发光，工作电压低，工作电流小，发光均匀，寿命长，广泛应用于电路及仪器中作为指示灯，或者组成文字或数字显示，还可用于 DVD、计算器等显示器上。

LED 与普通二极管一样也是由 PN 结组成的，具有单向导电性。当给 LED 加上正向电压后，从 P 区注入 N 区的空穴和由 N 区注入 P 区的电子，在 PN 结附近数微米内分别与 N 区的电子和 P 区的空穴复合，会把多余的能量以光的形式释放出来，产生自发辐射的荧光。不同的半导体材料中电子和空穴所处的能量状态不同。当电子和空穴复合时，释放出的能量多少不同，释放出的能量越多，则发出的光的波长越短，可以发出从紫外到红外不同颜色的光线，光的强弱与电流有关。当 PN 结加反向电压时，少数载流子难以注入，故不发光。

LED 的反向击穿电压大于 5 V。它的正向伏安特性曲线很陡，使用时必须串联限流电阻以控制通过二极管的电流。限流电阻 R 可用下式计算：

$$R=(E-V_F)/I_F$$

式中，E 为电源电压；V_F 为 LED 的正向压降；I_F 为 LED 的正常工作电流。

1. LED 的特性

与白炽灯泡和氖灯相比，LED 的特点是，工作电压很低（有的仅一点几伏）；工作电流很小（有的仅零点几毫安即可发光）；抗冲击和抗震性能好，可靠性高，绿色环保，寿命长（可达 10 万小时，反复开关无损寿命）；体积小、发热少、亮度高、坚固耐用；另外电光转换效率可达 60%，色彩多样、光束集中稳定、启动无延时。通过调制流过的电流强弱可以方便地调制发光的强弱。由于有这些特点，LED 在一些光电控制设备中用作光源，在许多电子设备中用作信号显示器；还可把它的管芯制作成条状，用 7 个条状的发光管组成 7 段式半导体数码管，每个数码管可显示 0～9 这 10 个阿拉伯数字及 A、B、C、D、E、F 等部分字母。随着新型光学设计的突破，LED 在照明领域的前景非常广阔。当然 LED 也有一些缺点，如起始成本高、显色性差、大功率 LED 效率低、恒流驱动（需专用驱动电路）等。

2. LED 的光学参数

1）发光效率

发光效率就是光通量与电功率之比，单位一般为 lm/W。发光效率代表了光源的节能特性，这是衡量现代光源性能的一个重要指标。

2）发光强度和光强分布

LED 的发光强度表征它在某个方向上的发光强弱。由于 LED 在不同的空间角度光强相差很多，因此 LED 的光强分布参数的实际意义很大，直接影响到 LED 显示装置的最小观察角度。例如，体育场馆的 LED 大型彩色显示屏，如果选用的 LED 单管光强分布范围很窄，那么面对显示屏处于较大角度的观众将看到失真的图像。交通信号灯也要求较大范围的人能够准确识别。

3）波长

对于 LED 的光谱特性我们主要看它的单色性是否优良，而且要注意到红、黄、蓝、绿、白色 LED 等主要的颜色是否纯正。因为在许多场合下，如交通信号灯对颜色的要求比较严格。

3. LED 的分类

LED 作为一个重要的二极管大类有以下几种分类方法。

1）按发光颜色分类

最常见的普通单色 LED，可分为红色、黄色、绿色（又细分为黄绿、标准绿和纯绿）、

蓝色 LED 等。普通单色 LED 的发光颜色与发光的波长有关，而发光的波长又取决于制造 LED 所用的半导体材料。普通单色 LED 正向管压降会随不同发光颜色而不同，主要有 3 种颜色，具体压降参考值如下：红色 LED 的压降为 2.0～2.2 V，黄色 LED 的压降为 1.8～2.0 V，绿色 LED 的压降为 3.0～3.2 V，正常发光时的额定电流约为 20 mA。

电压控制型 LED 是将 LED 和限流电阻集成制作的，使用时可直接并联在电源两端。

红外 LED 也称红外线发射二极管，它是可以将电能直接转换成红外光（不可见光）并能辐射出去的发光器件，主要应用于各种光控及遥控发射电路中。红外 LED 的结构、原理与普通 LED 相近，只是使用的半导体材料不同。红外 LED 通常使用砷化镓、铝砷化镓等材料，采用全透明或浅蓝色、黑色树脂封装。

2）按出光面特征分类

按出光面特征分类，LED 可分为圆形灯、方形灯、面发光管、侧向发光管、表面安装用微型管等，其中圆形灯按直径分为 2 mm、4.4 mm、5 mm、8 mm、10 mm 及 20 mm 等。

3）从发光强度角分布图来分类

（1）高指向性，一般为尖头环氧封装，或是带金属反射腔封装。半功率角一般为 5°～20°，具有很高的指向性，可作为局部照明光源使用，或与光检出器联用以组成自动检测系统。

（2）标准型，通常作为指示灯使用，其半功率角一般为 20°～45°。

（3）散射型，其视角较大，半功率角一般为 45°～90°，适合作为指示灯使用。

1.4.5 二极管的检测

1. 普通二极管的检测

1）用万用表测试二极管的导电特性

普通二极管（包括检波二极管、整流二极管、阻尼二极管、开关二极管、续流二极管）是由一个 PN 结构成的半导体器件，具有单向导电特性。通过用万用表检测其正、反向电阻值，可以判别出二极管的电极，还可以估测出二极管是否损坏。

测试前先把指针式万用表的转换开关拨到欧姆挡的 $R\times100\ \Omega$ 或 $R\times1\ \text{k}\Omega$ 挡位，再将红、黑两根表笔短路，进行欧姆调零。

（1）正向特性测试。两表笔分别接二极管的两个电极，测出一个结果后，对调两表笔，再测出一个结果。在两次测量结果中，有一次测量出的阻值较大（为反向电阻），另一次测量出的阻值较小（为正向电阻）。在阻值较小的一次测量中，黑表笔接的是二极管的正极，红表笔接的是二极管的负极。

锗材料二极管的正向电阻值为 1 kΩ 左右，反向电阻值为 300 kΩ 左右。硅材料二极管的正向电阻值为 5 kΩ 左右，反向电阻值为∞（无穷大）。正向电阻越小越好，反向电阻越大越好。正、反向电阻值相差越悬殊，说明二极管的单向导电特性越好。若测得二极管的正、反向电阻值均接近 0 或阻值较小，则说明该二极管内部已击穿短路或漏电损坏；若测得二极管的正、反向电阻值均为无穷大，则说明该二极管已开路损坏。

（2）反向特性测试。把万用表的红表笔接二极管的正极，黑表笔接二极管的负极，若表针指在无穷大值或接近无穷大值，二极管就是合格的。

2）用晶体管图示仪测量二极管特性曲线

使用晶体管图示仪可以方便地测量二极管，且可测量二极管的有关数据。其方法是，测量二极管时，应将测试表的“NPN/PNP”选择键设置为 NPN 状态，再将被测二极管的正极接测试表的“C”插孔内，负极插入测试表的“E”插孔，然后按“V（BR）”键，测试表即可指示出二极管的反向击穿电压值。如图 1-9 所示为二极管正向特性测试结果。

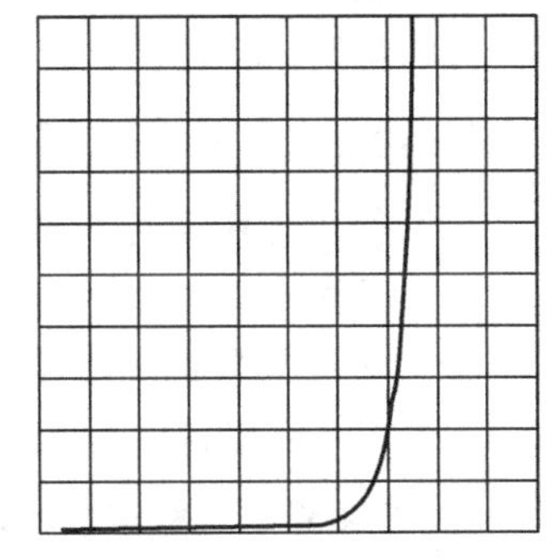

图 1-9　二极管正向特性测试结果

2. 小功率二极管的检测

1）判别正、负电极

（1）观察外壳上的符号标记。通常在二极管的外壳上标有二极管的符号，带有三角形箭头的一端为正极，另一端是负极。

（2）观察外壳上的色点。在点接触型二极管的外壳上，通常标有极性色点（白色或红色），一般标有色点的一端即为正极。还有的二极管上标有色环，带色环的一端则为负极。

（3）以阻值较小一次测量为准，黑表笔所接的一端为正极，红表笔所接的一端为负极。

（4）观察二极管的外壳，带有银色带的一端为负极。

2）检测最高反向工作电压

对于交流电因为在不断变化，最高反向工作电压也就是二极管承受的交流峰值电压。

3. 稳压二极管的检测

1）正负极性判断

从外形上看金属封装稳压二极管的正极一端为平面形，负极一端为半圆面形。塑封稳压二极管上印有彩色标记的一端为负极，另一端为正极。对标志不清楚的稳压二极管，也可以使用万用表判别其极性，测量的方法与普通二极管相同。若测得稳压二极管的正、反向电阻均很小或均为无穷大，则说明该二极管已击穿或开路损坏。

2）可调直流电源测试稳压值

稳压二极管稳压值的测量使用 0～30 V 连续可调直流电源。对于 13 V 以下的稳压二极管，可将稳压电源的输出电压调至 15 V，将电源正极串联 1 只 1.5 kΩ 限流电阻后与被测稳压二极管的负极相连接，电源负极与稳压二极管的正极相接，再用万用表测量稳压二极管两端的电压值，所测的读数即为稳压二极管的稳压值。若稳压二极管的稳压值高于 15 V，则应将稳压电源调至 20 V 以上。

4. 双向触发二极管的检测

使用万用表 $R\times1$ kΩ 或 $R\times10$ kΩ 挡可测量双向触发二极管正、反向电阻值。正常时，其正、反向电阻值均应为无穷大。若测得正、反向电阻值均很小或为 0，则说明该二极管已击穿损坏。

使用 0～50 V 连续可调直流电源，将电源的正极串联 1 只 20 kΩ 电阻后与双向触发二极管的一端相接，将电源的负极串联万用表电流挡（将其置于 1 mA 挡）后与双向触发二极管

的另一端相接。逐渐增加电源电压，当电流表指针有较明显摆动时（几十微安以上），则说明此双向触发二极管已导通，此时电源的电压值即是双向触发二极管的转折电压。

5. 瞬变电压抑制二极管的检测

（1）使用万用表可测量单极型瞬变电压抑制二极管并辨别好坏，按照测量普通二极管的方法，可测出其正、反向电阻，一般正向电阻为4 kΩ左右，反向电阻为无穷大。

（2）对双极型瞬变电压抑制二极管，任意调换红、黑表笔测量其两引脚间的电阻值均应为无穷大，否则说明管子性能不良或已经损坏。

6. 高频阻尼二极管的检测

高频阻尼二极管与普通二极管在外观上的区别是其色标颜色不同，普通二极管的色标颜色一般为黑色，而高频阻尼二极管的色标颜色则为浅色。其极性规律与普通二极管相似，即带绿色环的一端为负极，不带绿色环的一端为正极。

7. 变容二极管的检测

正、负极的判别：有的变容二极管的一端涂有黑色标记，这一端为负极，而另一端为正极；还有的变容二极管的管壳两端分别涂有黄色环和红色环，红色环的一端为正极，黄色环的一端为负极。使用数字万用表的二极管挡，通过测量变容二极管的正、反向电压降可判断出其正、负极性。正常的变容二极管，在测量其正向电压降时，表的读数为0.58～0.65 V；测量其反向电压降时，表的读数显示为溢出符号“1”。在测量正向电压降时，红表笔接的是变容二极管的正极，黑表笔接的是变容二极管的负极。

使用指针式万用表的 $R\times10$ kΩ 挡可以测量变容二极管的正、反向电阻值。正常的变容二极管，其正、反向电阻值均为∞（无穷大）。若被测变容二极管的正、反向电阻值均有一定阻值或均为0，则该二极管漏电或击穿损坏。

8. 单色LED的检测

单色LED正、负极的判别：将LED放在一个光源下，观察两个金属片的大小，通常金属片大的一端为负极，金属片小的一端为正极。在万用表外部连接一节1.5 V干电池，将万用表置 $R\times10$ Ω 或 $R\times100$ Ω 挡，这种接法就相当于给万用表串联了1.5 V的电压，使检测电压增加至3 V（LED的开启电压为2 V）。检测时，使用万用表两表笔轮换接触LED的两引脚。若管子性能良好，必定有一次能正常发光，此时，黑表笔所接的为正极，红表笔所接的为负极。

用万用表 $R\times10$ kΩ 挡，测量LED的正、反向电阻值。LED正常时，正向电阻值（黑表笔接正极时）为10～20 kΩ，反向电阻值为250 kΩ～∞（无穷大）。较高灵敏度的LED，在测量正向电阻值时，管内会发微光。若用万用表 $R\times1$ kΩ 挡测量LED的正、反向电阻值，则会发现其正、反向电阻值均接近∞（无穷大），这是因为LED的正向压降大于1.6 V（高于万用表 $R\times1$ kΩ 挡内电池的电压值1.5 V）。

9. 红外LED的检测

（1）判别红外LED的正、负电极。红外LED有两个引脚，通常长引脚为正极，短引脚为负极。因为红外LED呈透明状，所以管壳内的电极清晰可见，内部电极较宽较大的一个

为负极，而较窄且小的一个为正极。

（2）测量红外 LED 的正、反向电阻，通常正向电阻为 30 kΩ 左右，反向电阻在 500 kΩ 以上。

10. 红外接收二极管的检测

（1）识别引脚极性。常见的红外接收二极管外观颜色呈黑色。识别引脚时，面对受光窗口，从左至右，分别为正极和负极。在红外接收二极管的管体顶端有一个小斜切平面，通常带有此斜切平面一端的引脚为负极，另一端为正极。另外一种方法是用万用表判别普通二极管正、负极的方法进行检查，即交换红、黑表笔两次测量管子两引脚间的电阻值，正常时所得阻值应为一大一小。以阻值较小的一次为准，红表笔所接的引脚为负极，黑表笔所接的引脚为正极。

（2）使用万用表电阻挡测量红外接收二极管正、反向电阻，根据正、反向电阻值的大小，即可初步判定红外接收二极管的好坏。

11. 激光二极管的检测

使用万用表 $R\times1$ kΩ 或 $R\times10$ kΩ 挡测量其正、反向电阻值。正常时，正向电阻值为 20～40 kΩ，反向电阻值为∞（无穷大）。若测得正向电阻值已超过 50 kΩ，则说明激光二极管的性能已下降；若测得的正向电阻值大于 90 kΩ，则说明该二极管已严重老化，不能再使用。

12. 双基极二极管的检测

电极的判别：将万用表置于 $R\times1$ kΩ 挡，用两表笔测量双基极二极管 3 个电极中的任意两个电极间的正、反向电阻值，会测出有两个电极之间的正、反向电阻值均为 2～10 kΩ，这两个电极即是基极 B_1 和基极 B_2，另一个电极即是发射极 E。再将黑表笔接发射极 E，用红表笔依次去接触另外两个电极，一般会测出两个不同的电阻值。在阻值较小的一次测量中，红表笔接的是基极 B_2，另一个电极即是基极 B_1。

双基极二极管性能的好坏可以通过测量其各极间的电阻值是否正常来判断。使用万用表的 $R\times1$ kΩ 挡，将黑表笔接发射极 E，红表笔依次接两个基极（B_1 和 B_2），正常时均应有几千欧至十几千欧的电阻值。再将红表笔接发射极 E，黑表笔依次接两个基极，正常时阻值为无穷大。双基极二极管两个基极（B_1 和 B_2）之间的正、反向电阻值均为 2～10 kΩ 范围内，若测得某两极之间的电阻值与上述正常值相差较大，则说明该二极管已损坏。

13. 可变阻抗二极管的检测

使用万用表 $R\times10$ kΩ 挡测量变阻二极管的正、反向电阻值，正常的高频可变阻抗二极管的正向电阻值（黑表笔接正极时）为 4.5～6 kΩ，反向电阻值为无穷大。若测得其正、反向电阻值均很小或均为无穷大，则说明被测可变阻抗二极管已损坏。

14. 肖特基二极管的检测

二端型肖特基二极管可以使用万用表 $R\times1$ kΩ 挡测量。正常时，其正向电阻值（黑表笔接正极）为 2.5～3.5 Ω，反向电阻值为无穷大。若测得正、反向电阻值均为无穷大或均接近 0，则说明该二极管已开路或击穿损坏。三端型肖特基二极管应先测出其公共端，判别出是共阴对管，还是共阳对管，然后分别测量两个二极管的正、反向电阻值。

1.4.6 二极管的选用

在二极管的选用过程中，通常要考虑以下 3 条基本原则。

1. 根据具体电路的要求选用不同类型、不同特性的二极管

二极管的种类繁多，同一种类的二极管又有不同型号或不同系列。在电子电路中作检波使用，就要选用检波二极管，并且要注意不同型号的管子的参数和特性差异。在电路中作整流使用，就要选用整流二极管，并且要注意功率的大小、电路的工作频率和工作电压。在电路中作电子调谐使用，可选用变容二极管和开关二极管。选用变容二极管要特别注意零偏置电压时的结电容和电容变化范围等参数，并且根据不同的频率覆盖范围，选用不同特性的变容二极管；选用开关二极管时，只要最高反向工作电压高于电子调谐器的开关电压，最大整流电流大于工作电流就可以，对反向恢复时间的要求并不严格。电源稳压等稳压电路就要选用稳压二极管，并注意稳压值的选用。另外，在一些特殊电路中，还要选用 LED、光敏二极管、磁敏二极管等。

2. 在选好二极管类型的基础上，要选好二极管的各项主要技术参数

必须使所选二极管的技术参数和特性符合电路要求，并且要注意不同用途的二极管对哪些参数要求更严格，这些都是选用二极管的依据。例如，选用整流二极管时，要特别注意最大整流电流，2AP1 型二极管的最大整流电流为 16 mA，2CP1A 型二极管的最大整流电流为 500 mA 等，使用时通过二极管的电流不能超过这个数值。并且对于整流二极管来说，反向电流越小，说明二极管的单向导电性能越好。

在选用稳压二极管时，除要注意稳定电压、最大工作电流等参数外，还要注意选用动态电阻较小的稳压二极管，因为动态电阻越小，稳压二极管的性能越好。例如，2CW53 型稳压二极管的动态电阻 $R_z \leqslant 50\ \text{m}\Omega$，2CW55 型二极管的 $R_z \leqslant 10\ \text{m}\Omega$。在选用开关二极管时，开关时间很重要，这主要由反向恢复时间这个参数决定。选用时，要注意此参数的对比，选用更符合要求的开关二极管。例如，2CK19 型开关二极管的反向恢复时间小于 5 ns；CAK6 型开关二极管的反向恢复时间为 150 ns。

在选用二极管的各项主要参数时，除了从有关的资料和相关手册查出相应的参数值满足电路要求后，最好使用万用表及其他仪器复测一次，使选用的二极管参数符合要求，并留有一定的余量。

3. 根据电路的要求和电子设备的尺寸，选好二极管的外形、尺寸大小和封装形式

二极管的外形、尺寸大小及封装形式多种多样，外形有圆形的、方形的、片状的、小型的、超小型的、有大中型的；封装形式有全塑封装、金属外壳封装等。在选择时，可根据性能要求和使用条件（包括整机的尺寸）选用符合条件的二极管。

1.5 晶体管的分类和检测

扫一扫看动画视频：晶体管管的介绍

晶体管是在半导体基片上制作两个相距很近的 PN 结，这两个 PN 结把整块半导体分成 3 部分，中间部分是基区，两侧部分是发射区和集电区，根据这三个区域的排列方式，晶体

管可以分为 PNP 和 NPN 两大类。晶体管是一种电流控制型半导体器件，是各种电子设备的关键器件，在电路中能起放大、振荡、调制和无触点开关等多种作用。

上面提到的晶体管是指双极型晶体管，这是与单极型晶体管相对应的。单极型晶体管是电压控制多子导电（电流）的器件，也称为场效应晶体管（field effect transistor，FET）。场效应晶体管可分为 3 类：第一类是结型场效应晶体管（junction FET，JFET）；第二类是肖特基势垒栅场效应晶体管（metal-semiconductor FET，MESFET）；第三类是绝缘栅场效应晶体管（insulated gate FET，IGFET），这类单极型晶体管的管子使用 SiO_2 作为金属下面的绝缘物，因此称为金属-氧化物-半导体场效应晶体管（metal-oxide-semiconductor FET，MOS FET）（以下简称 MOS 管）。下面将针对双极型晶体管和 MOS 管进行相关的介绍。

扫一扫看动画视频：晶体管的原理

1.5.1　晶体管的工作原理和工作状态

1. 工作原理

晶体管按材料可分为锗管和硅管两种，而每一种又有 NPN 和 PNP 两种结构形式，但使用最多的是硅 NPN 和锗 PNP 这两种晶体管。其中，N 表示在高纯度硅中加入磷，是指取代一些硅原子，在电压刺激下产生自由电子导电，而 P 是加入硼取代硅，产生大量空穴利于导电。两者除电源极性不同外，其工作原理都是相同的。下面以 NPN 硅管为例介绍工作原理。

如图 1-10（a）所示的 NPN 晶体管由两块 N 型半导体中间夹着一块 P 型半导体组成，发射区与基区之间形成的 PN 结称为发射结，而集电区与基区之间形成的 PN 结称为集电结，3 条引线分别称为发射极 E（emitter）、基极 B（base）和集电极 C（collector）。

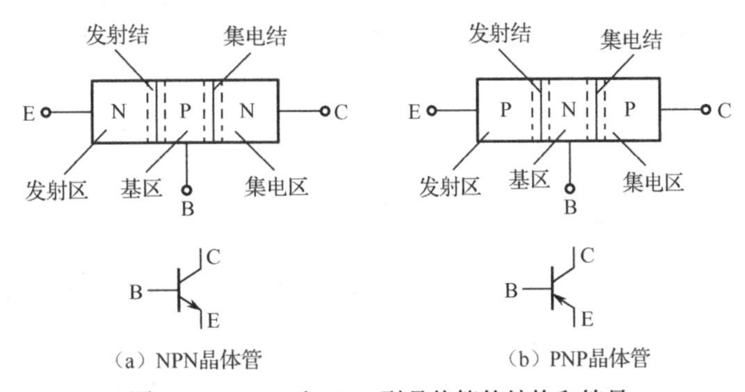

图 1-10　NPN 和 PNP 型晶体管的结构和符号

当 B 的电位高于 E 的电位零点几伏时，发射结处于正偏状态，而 C 的电位高于 B 的电位几伏时，集电结处于反偏状态。

在制造晶体管时，通常会使发射区的多数载流子浓度大于基区的，同时基区做得很薄，而且严格控制杂质含量。这样一旦接通电源后，由于发射结正偏，发射区的多数载流子（电子）及基区的多数载流子（空穴）很容易地越过发射结互相向对方扩散，但因为前者的浓度大于后者，所以通过发射结的电流基本上是电子流，这股电子流称为发射极电流 I_E。由于基区很薄，加上集电结的反偏，注入基区的电子大部分越过集电结进入集电区而形成集电极电流 I_C，只剩下很少的电子与基区的空穴进行复合，被复合掉的基区空穴由基极电源重新补给，从而形成了基极电流 I_B。

根据电流连续性原理得 $I_E=I_B+I_C$。这就是说，在基极补充一个很小的 I_B，就可以在集电极上得到一个较大的 I_C，这就是电流放大作用，I_C 与 I_B 是维持一定的比例关系的，即 $\beta_D=I_C/I_B$，式中 β_D 就称为直流放大倍数；与之相对应的是交流放大倍数 β_A，是指集电极电

流的变化量 ΔI_C 与基极电流的变化量 ΔI_B 之比，即 $\beta_A=\Delta I_C/\Delta I_B$。由于低频时 β_D 和 β_A 的数值相差不大，有时为了方便起见，对两者不进行严格区分，统一用 β 来表示，通常 β 值约为几十至一百多。晶体管的电流放大作用实际上是利用基极电流的微小变化去控制集电极电流的巨大变化，因此是一种电流放大器件，但在实际使用中常利用晶体管的电流放大作用，通过电阻转变为电压放大作用。

很多放大电路都是由晶体管组成的，晶体管组成放大电路的基本原则如下。

（1）保证放大电路的核心器件晶体管工作在放大状态，即有合适的偏置，也就是说发射结正偏，集电结反偏。

（2）输入回路的设置应当使输入信号耦合到晶体管的输入电极，形成变化的基极电流，从而产生晶体管的电流控制关系，引起集电极电流的变化；在电路结构中通常连接一个基极偏置电阻。

（3）输出回路的设置应保证将晶体管放大以后的电流信号转变成负载需要的电量形式（输出电压或输出电流）。

扫一扫看 Multisim 虚拟仿真：晶体管特性曲线仿真

2. 工作状态

根据以上工作原理分析可以知道，一个晶体管有以下几种工作状态。

1）截止状态

当加在晶体管发射结的电压小于 PN 结的导通电压时，基极电流为零，集电极电流和发射极电流都为零，晶体管这时失去了电流放大作用，集电极和发射极之间相当于开关的断开状态，称晶体管处于截止状态。

2）放大状态

当加在晶体管发射结的电压大于 PN 结的导通电压，并处于某一恰当的值时，晶体管的发射结正向偏置，集电结反向偏置。这时基极电流对集电极电流起着控制作用，使晶体管具有电流放大作用，其电流放大倍数 $\beta=\Delta I_C/\Delta I_B$，这时晶体管处于放大状态。

3）饱和导通状态

当加在晶体管发射结的电压大于 PN 结的导通电压，并当基极电流增大到一定程度时，集电极电流不再随着基极电流的增大而增大，而是处于某一数值附近基本不变。这时晶体管失去电流放大作用，集电极与发射极之间的电压很小，集电极和发射极之间相当于开关的导通状态，晶体管的这种状态称为饱和导通状态。以上三种状态如图 1-11 所示。

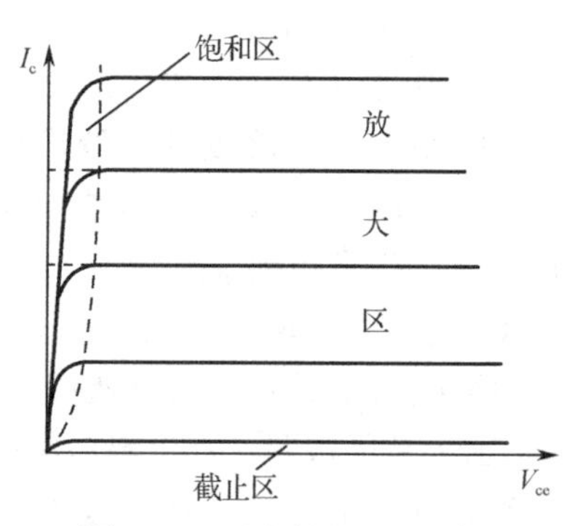

图 1-11　晶体管的工作状态

根据晶体管工作时各个电极的电位高低，就能判别晶体管的工作状态。另外，利用以上特性，可以把晶体管来当作开关使用：当基极电流为 0 时，晶体管集电极电流为 0（即晶体管截止），相当于开关断开；当基极电流很大，以至于晶体管饱和时，相当于开关闭合。如果晶体管主要工作在截止和饱和状态，则把这种晶体管称为开关晶体管。

1.5.2 晶体管的参数

晶体管的参数说明了晶体管的特性和使用范围，下面是晶体管的几个主要技术参数。

1. 电流放大倍数 β

在共射极放大电路中，若交流输入信号为零，则晶体管各极间的电压和电流都是直流量，此时的集电极电流 I_C 和基极电流 I_B 的比称为共射直流电流放大系数。

当共射极放大电路有交流信号输入时，因交流信号的作用，必然会引起 I_B 的变化，相应地也会引起 I_C 的变化，两电流变化量的比称为共射交流电流放大系数。

上述两个电流放大系数的含义虽然不同，但工作在输出特性曲线放大区平坦部分的晶体管，两者的差异极小，可做近似相等处理。

同一型号晶体管的 β 值差异较大，常用的小功率晶体管的 β 值一般为 20～100。β 过小，晶体管的电流放大作用小；β 过大，晶体管工作的稳定性差，一般选用 β 在 40～80 之间的晶体管较为合适。

2. 极间反向饱和电流 I_{CBO} 和 I_{CEO}

（1）集电结反向饱和电流 I_{CBO} 是指发射极开路，集电结加反向电压时测得的集电极电流。常温下硅管的 I_{CBO} 在 nA（10^{-9}）的量级，通常可忽略。

（2）集电极-发射极反向电流 I_{CEO} 是指基极开路时，集电极与发射极之间的反向电流，即穿透电流，穿透电流的大小受温度的影响较大，穿透电流小的晶体管热稳定性好。

3. 反向击穿电压 V_{CEO}

反向击穿电压 V_{CEO} 是指基极开路时，加在集电极与发射极之间的最大允许电压。使用中如果晶体管两端的电压大于 V_{CEO}，集电极电流 I_C 将急剧增大，这种现象称为击穿。晶体管击穿将造成晶体管永久性的损坏，不能正常使用。在一般情况下，晶体管电路的电源电压应小于 $V_{CEO}/2$。

4. 特征频率 f_T

由于极间电容的影响，频率增加时晶体管的电流放大倍数下降，f_T 是晶体管的 β 值下降到 1 时（即晶体管失去电流放大功能）的频率。高频率晶体管的特征频率可达 1 000 MHz。

5. 集电极最大允许电流 I_{CM}

晶体管的集电极电流 I_C 在相当大的范围内 β 值基本保持不变，但当 I_C 的数值大到一定程度时，电流放大系数 β 值将下降。使 β 明显减少的 I_C 即为 I_{CM}。为使晶体管在放大电路中能正常工作，I_C 不应超过 I_{CM}。

6. 集电极最大允许功耗 P_{CM}

当晶体管工作时，集电极电流在集电结上将产生热量，产生热量所消耗的最大功率就是集电极最大允许功耗 P_{CM}。功耗与晶体管的结温有关，结温又与环境温度、晶体管是否有散热器等条件相关。通常晶体管手册上给出的 P_{CM} 值是在常温下 25 ℃时测得的。常用小功率晶体管的主要参数如表 1-6 所示。

表 1-6　常用小功率晶体管的主要参数

晶体管的型号	P_{CM}/mW	f_T/MHz	I_{CM}/mA	V_{CEO}/V	I_{CBO}/μA	β/min	类型
3DG4A	300	200	30	15	0.1	20	NPN
3DG12B	700	200	300	45	1	20	NPN
JE9011	400	150	30	30	0.1	20～700	NPN
3CG14	100	200	15	35	0.1	40	PNP
JE9015	450	100	450	45	0.05	60～600	PNP
3AX31A	100	0.5	100	12	12	40	PNP

1.5.3　晶体管的分类和外形

晶体管除按材料分为硅管和锗管，按结构分为 NPN、PNP 两种外，还有以下分类方法。

1. 按照功能分类

1）开关晶体管

开关晶体管工作于截止区（发射极、集电极均处于反偏状态）和饱和区（发射极、集电极均处于正偏状态，与晶体管处于放大状态时，发射极处于正偏状态、集电极处于反偏状态不同），相当于电路的切断和导通。由于它具有完成断路和接通的作用，被广泛应用于各种开关电路中，如常用的开关电源电路、驱动电路、高频振荡电路、模/数转换电路、脉冲电路及输出电路等。

开关晶体管具有寿命长、安全可靠、没有机械磨损、开关速度快、体积小等特点。开关晶体管可以用很小的电流，控制大电流的通断，有较广泛的应用。小功率开关晶体管（常见型号为 3AK1-5、3AK11-15、3AK19-3AK20、3AK20-3AK22、3CK1-4、3CK7、3CK8、3DK2-4、3DK7-9 等）可以用于电源电路、驱动电路、开关电路等；大功率开关晶体管可用于彩色电视机、通信设备的开关电源，也可用于低频功率放大电路、电流调整电路等；高反压大功率开关晶体管（常见型号为 2JD1556、2SD1887、2SD1455、2SD1553、2SD1497、2SD1433、2SD1431、2SD1403、2SD850 等，它们的最高反压都在 1 500 V 以上）可用于彩色电视机行输出晶体管。

除常见的晶体管参数外，对于开关晶体管，开通时间 T_{on}、关断时间 T_{off} 是衡量开关晶体管响应速度的一个重要参数。

2）功率晶体管

功率晶体管可作为放大器，应用在电源串联调压电路、音频和超声波放大电路等；也可作为大功率半导体开关，应用于电视机行输出电路、电机控制电路、不间断电源电路和汽车电子电路；还可应用于 GTR（power transistor，电力晶体管）模块、交流传动、逆变器和开关电源等电路中。功率晶体管的放大作用表现为，用较小的基极电流控制较大的集电极电流；或者将较小的功率按比例放大为较大的功率。

3）达林顿晶体管

达林顿晶体管是两个晶体管串联组合的，这种组合方式有四种，NPN 晶体管和 NPN 晶

体管、PNP 晶体管和 PNP 晶体管、NPN 晶体管和 PNP 晶体管、PNP 晶体管和 NPN 晶体管，如图 1-12 所示。

图 1-12　达林顿晶体管的结构

达林顿晶体管的电流放大倍数是两个晶体管各自放大倍数的乘积，这个数字很可能过万。很明显，与一般的开关晶体管相比较，达林顿晶体管的驱动电流很小，在驱动信号微弱的地方是较好的选择。达林顿晶体管的缺点是输出压降比一般开关晶体管多了一个级数，它是两个晶体管输出压降的相加值。由于第一级晶体管的功率较小，一般输出压降较大，因此造成了达林顿晶体管是一般开关晶体管输出压降的 3 倍左右。使用时要特别注意是否会产生高温。另外，高放大倍数带来的不良作用就是容易受干扰，在设计电路时要注意相关的保护措施。

4）光敏晶体管

光敏晶体管在原理上类似于晶体管，只是它的集电结为光敏二极管结构。由于基极电流可由光敏二极管提供，一般没有基极外引线（有基极外引线的产品是为了便于调整静态工作点）。若在光敏晶体管集电极 C 和发射极 E 之间加上电压，使集电结上为反向偏置电压，则在无光照时，C、E 间只有漏电流 I_{CEO}，称为暗电流，大小约为 0.3 μA。当有光照时将产生光电流 I_B，同时 I_B 被放大形成集电极电流 I_C，大小在几百微安到几毫安之间。

光敏晶体管的输出特性和晶体管类似，只是用入射光的照度来代替晶体管输出特性曲线中的 I_B。在光敏晶体管制成达林顿晶体管时，可获得很大的输出电流而能直接驱动某些继电器。光敏晶体管的缺点是响应速度（约 5～10 μs）比光敏二极管（几百毫微秒）慢，线性转换能力差，在低照度或高照度时，光电流的放大系数变小。

使用光敏晶体管时，除实际运行时的电参数不能超限外，还应考虑入射光的强度是否恰当，其光谱范围是否合适。过强的入射光将使晶体管的温度上升，影响工作的稳定性；不符合光谱要求的入射光，将得不到所希望的光电流。另外，在实际选用光敏晶体管时，应注意按参数要求选择管型。若要求的灵敏度高，则可选用达林顿光敏晶体管；若要求响应时间快、对温度敏感性小，则不选用光敏晶体管而选用光敏二极管。需要探测暗光时一定要选择暗电流小的晶体管，同时可考虑有基极外引线的光敏晶体管，通过偏置取得合适的工作点，提高光电流的放大系数。

2. 按照功率分类

按照晶体管的功率，通常可分为小功率晶体管、中功率晶体管和大功率晶体管几类。其中，大功率晶体管是指在高电压、大电流条件下工作的晶体管，是目前应用最为广泛的类型。

大功率晶体管一般称为功率器件，属于电力电子技术（功率电子技术）领域研究范畴。其实质就是要有效地控制功率电子器件合理工作，通过功率电子器件为负载提供大功率的输出。一般说来，功率器件通常工作于高电压、大电流条件下，普遍具备耐压高、工作电流大、自身耗散功率大等特点，因此在使用时与一般小功率器件存在一定的差别。

功率器件从整体上可以分为不可控器件、半可控器件和全可控器件。

1）不可控器件

不可控器件是指导通和关断无法通过控制信号进行控制，完全由其在电路中所承受的电流、电压情况决定的器件，它属于自然导通和自然关断，包括功率二极管。

2）半可控器件

半可控器件是指能用控制信号控制其导通，但不能控制其关断，其关断只能由其在主电路中承受的电压、电流情况决定的器件，它属于自然关断。半可控器件包括晶闸管（SCR）和由其派生出来的双向晶闸管（TRIAC）。

3）全可控器件

全可控器件是指能使用控制信号控制其导通和关断的器件，包括功率晶体管（GTR）、功率场效应晶体管（功率 MOSFET）、可关断晶闸管（GTO）、绝缘栅双极晶体管（IGBT）、MOS 控制晶闸管（MCT）、静电感应晶体管（SIT）、静电感应晶闸管（场控晶闸管，SITH）和集成门极换流晶闸管（IGCT）等。

全可控器件从控制形式上还可以分为电流控制型和电压控制型两大类。

属于电流控制型的器件有 GTR、SCR、TRIAC、GTO 等；属于电压控制型的器件有功率 MOSFET、IGBT、MCT 和 SIT。

在选择以上功率器件时，通常考虑以下三点：

（1）工作频率比较：SIT>MOSFET（3～10 MHz）>IGBT（50 KHz）>SITH>GTR（30 KHz）>MCT>GTO。

（2）功率容量比较：GTO（6 000 V/6 000 A）>SITH>MCT>IGBT（2 500 V/1 000 A）>GTR（1 800 V/400 A）>SIT>功率 MOSFET（1 000 V/100 A）。

（3）通态电阻比较：功率 MOSFET>SIT>SITH>GTO>IGBT>GTR>MCT。

高频大功率晶体管常用于电子设备的扫描电路中，如彩电、显示器、示波器、大型游戏机的水平扫描电路；视放电路；发射机的功率放大器，如对讲机；手机的射频输出电路；高频振荡电路和高速电子开关电路等。大功率晶体管由于发热量大必须安装在金属散热器上，且金属散热器的面积要足够大，否则达不到技术文档规定的技术性能。

3. 按照工作频率分类

按照工作频率分类，晶体管通常分为低频晶体管、高频晶体管和超高频晶体管几种。

高频晶体管的击穿电压较低，低频晶体管的击穿电压较高。

高频晶体管一般应用在 VHF、UHF、CATV、无线遥控、射频模块等高频宽带低噪声放大器上，这些使用场合大都用在低电压、小信号、小电流、低噪声条件下。

高频晶体管的几个频段及应用如下。

（1）27～40.68 MHz：用于医用治疗仪、高频焊接设备、模型遥控和传呼装置等。

（2）315～440 MHz：用于反向散射式射频识别系统、无线电话、遥测发射器（无线温度计等）、无线耳机、无线对讲机、无钥匙进入系统（汽车遥控、车库等）。

（3）868～932 MHz：用于反向散射式射频识别系统、通信系统等。

（4）750 MHz、860 MHz：用于上限规定为 1 GHz 的有线电视放大器。

（5）2.4 GHz：用于无绳电话、遥控器、PC 无线网络、蓝牙系统、反向散射式射频识别系统。

超高频低噪声晶体管是一种基于 N 型外延层的晶体管，具有高功率增益、低噪声的功率特性，以及大动态范围和理想的电流特性。

4. 按照工艺结构分类

1）合金晶体管

合金晶体管是指采用合金技术制成的晶体管。这种技术使金属与半导体融合，形成 PN 结，其基本特征是把杂质金属与半导体衬底放在一起加热，让局部熔化成为液相合金之后，然后冷却、再结晶来得到高掺杂的半导体区域。早期的晶体管大多是采用合金工艺制成的。

2）平面晶体管

平面晶体管是指采用半导体硅平面工艺，经过外延、氧化、光刻、扩散和蒸铝等工艺步骤制作而成的晶体管。

5. 按照封装形式分类

1）插件晶体管

插件晶体管是晶体管的一种传统封装形式，具有长的引脚和大的封装体积。

2）贴片晶体管

贴片晶体管和插件晶体管是一样的，只不过是封装不同而已。其贴片面积更小，省空间和免去人工插件工序。插件晶体管一般是 TO-92 封装，而贴片晶体管一般是 SOT-23 封装。两者在主要性能参数上基本是一样的。从功能上讲，无论是贴片晶体管还是插件晶体管，用途相同，主要是信号放大（工作在放大区）和开关（工作在饱和和截止区）。

6. 晶体管的外形和命名方法

如图 1-13 所示为部分晶体管的外形。

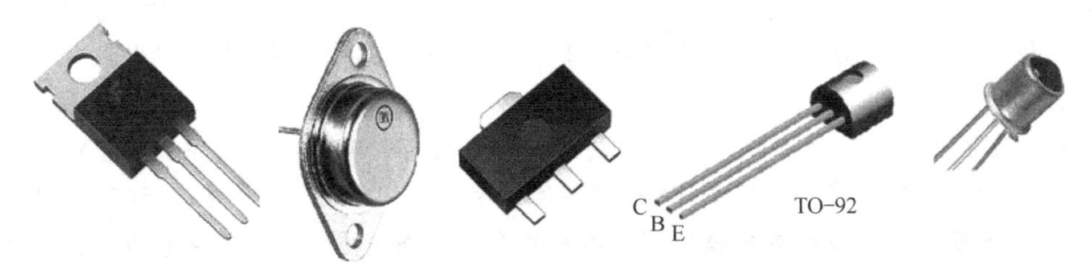

图 1-13　部分晶体管的外形

晶体管的命名方法如图 1-14 所示。

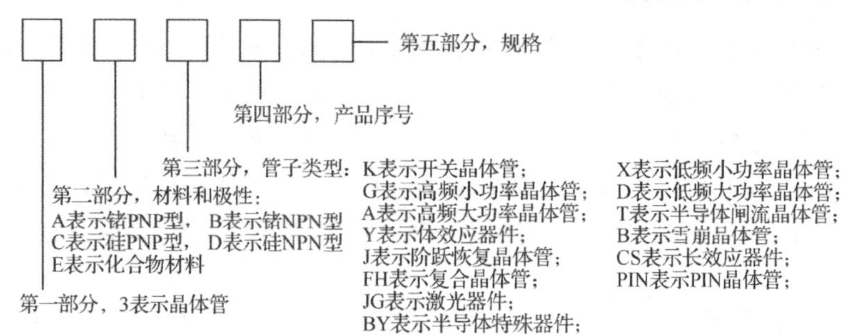

图 1-14　晶体管的命名方法

1.5.4　晶体管的检测

1. 检测已知型号和引脚排列的晶体管性能

1）测量极间电阻

将万用表置于 R×100 Ω 或 R×1 kΩ 挡，按照红、黑表笔的 6 种不同接法进行测试。其中，发射结和集电结的正向阻值比较低，其他 4 种接法测得的阻值都很高。质量良好的中、小功率晶体管，正向电阻一般为几百欧至几千欧，其余的极间阻值都很高，约为几百千欧至无穷大。但不管是低阻值还是高阻值，硅材料晶体管的极间阻值要比锗材料晶体管的极间阻值大些。

2）测量穿透电流 I_{CEO}

通过使用万用表电阻挡直接测量晶体管 E-C 极之间的阻值方法，可间接估计 I_{CEO} 的大小。具体方法为：万用表电阻挡的量程一般选用 R×100 Ω 或 R×1 kΩ 挡，对于 PNP 晶体管，黑表笔接 E 极，红表笔接 C 极；对于 NPN 晶体管，黑表笔接 C 极，红表笔接 E 极。要求测得的阻值越大越好。E-C 间的阻值越大，说明管子的 I_{CEO} 越小；反之，所测得的阻值越小，说明被测晶体管的 I_{CEO} 越大。一般说来，中、小功率硅晶体管，锗材料低频晶体管，其阻值分别在几百千欧、几十千欧及十几千欧，如果阻值很小或测试时万用表指针来回晃动，则表明 I_{CEO} 很大，晶体管的性能不稳定。

3）测量放大倍数 β

目前，有些型号的万用表具有测量晶体管 hFE 的刻度线及其测试插座，可以很方便地测量晶体管的放大倍数。先将万用表功能开关拨至 Ω 挡，将量程开关拨到 ADJ 位置，把红、黑表笔短接，调整调零旋钮，使万用表指针指示为零，然后将量程开关拨到 hFE 位置，并使两短接的表笔分开，把被测晶体管插入测试插座，即可从 hFE 刻度线上读出管子的放大倍数。

注意： 万用表上的晶体管插座一般为两个，一个标有 NPN 字样，供测 NPN 型晶体管使用，另一个标有 PNP 字样，供测 PNP 型晶体管使用，相应的管座旁边还标有 E、B、C 字样，如图 1-15 所示。测试时要根据被测晶体管的管型正确使用管座，并注意勿把引脚插错。

PNP结构-			
○ E	○ B	○ C	○ E

NPN结构+			
○ E	○ B	○ C	○ E

图 1-15　万用表上晶体管的引脚位置排列

2. 未知型号和引脚排列的极性判断

晶体管的引脚位置有两种封装排列形式，如图 1-16 所示。

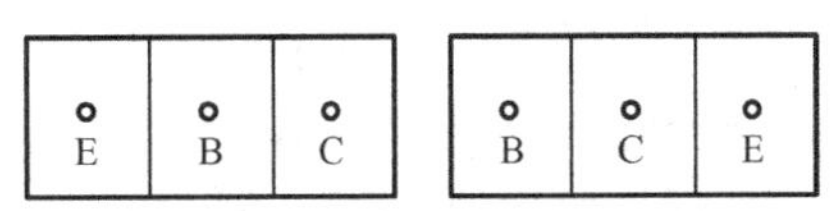

图 1-16　晶体管的引脚位置排列顺序

晶体管是一种结型电阻器件，它的 3 个引脚都有明显的阻值，正常的 NPN 型晶体管的基极（B）对集电极（C）、发射极（E）的正向阻值是 430～680 Ω（根据型号的不同，放大倍数的差异，这个值有所不同），反向阻值为无穷大；正常的 PNP 型晶体管的基极（B）对集电极（C）、发射极（E）的反向阻值是 430～680 Ω，正向阻值为无穷大。集电极 C 对发射极 E 在不加偏置电流的情况下，阻值为无穷大。基极对集电极的测试阻值约等于基极对发射极的测试阻值。在通常情况下，基极对集电极的测试阻值要比基极对发射极的测试阻值小 5～100 Ω（大功率晶体管比较明显）。如果超出这个值，说明这个器件的性能已经变坏，不能再使用，继续使用的话可能会导致整个或部分电路的工作点变坏。

如果不知道晶体管的型号及晶体管的引脚排列，可按下述方法进行极性的判断。

1）确定基极

先假设晶体管的某一个极为“基极”，将黑表笔接在假设的基极上，再将红表笔依次接到其余两个电极上，若两次测得的阻值都很大（约几千欧到几十千欧）或很小（几百欧至几千欧）；对换表笔重复上述测量，若测得的两个阻值与之相反（即都很小或都很大），则可确定假设的基极是正确的。否则假设另一极为“基极”，重复上述测试以确定基极。

当基极确定后，将黑表笔接基极，红表笔接其他两极，若测得的阻值都很少，则该晶体管为 NPN 型；反之若测得的阻值都很大，则为 PNP 型。

2）判定集电极 C 和发射极 E（以 PNP 型为例）

将万用表置于 R×100 Ω 或 R×1 kΩ 挡，红表笔接基极 B，用黑表笔分别接触另外两个引脚，所测得的两个阻值会是一个大一些、一个小一些。在阻值小的一次测量中，黑表笔所接引脚为集电极；在阻值较大的一次测量中，黑表笔所接引脚为发射极。

3. PCB 上晶体管的判别

在实际应用中，中、小功率晶体管多直接焊接在印制电路板（printed-circuit board，PCB）上，由于器件的安装密度大，拆卸比较麻烦，所以在检测时常常通过使用万用表直流电压挡，来测量被测晶体管各引脚的电压值，来推断其工作是否正常，进而判断其质量的好坏。

1.5.5　晶体管的选用

1. 选型与替换原则

（1）要进行参数对比，如果不知道参数可以先搜索其规格说明书。

（2）在知道参数 V_{CEO}、β、f_T 等后，在符合设备和电路要求的前提下，秉着节省成本的原则进行选择。

（3）如果要进行替换，则可以通过各个参数的比较，找相似的产品。当然以上各个参数是相互制约的，因此选择和替换要看主要因素。

2. 选用原则

（1）低频晶体管的特征频率 f_T 一般在 2.5 MHz 以下，而高频晶体管的 f_T 在几十 MHz 以上。选择时应使 f_T 为工作频率的 3～10 倍。原则上讲，高频晶体管可以替换低频晶体管，但是高频晶体管的功率一般比较小，动态范围窄，在替换时应注意功率条件。

（2）高频晶体管选用时要注意以下几点：

① 当晶体管使用的环境温度高于 30 ℃时，耗散功率 P_{CM} 应降额 60%～80%使用。

② 在晶体管参数中，有一些参数容易受温度的影响。例如温度每升高 6 ℃，硅管的 I_{CEO} 将增加 1 倍；温度每升高 10 ℃，锗管的 I_{CEO} 将增加 1 倍；硅管 V_{BEO} 随温度的变化量约为 1.7 mV/℃。因此晶体管的位置应尽量远离发热元件，以保证晶体管能稳定、正常地工作。

③ 如果晶体管使用在 3 V、5 V 的电压情况下，其击穿电压不要选择得太大，击穿电压过大时（高于 15 V），其在低压时的线性度会变差，反而影响使用。

④ 当输入信号较弱时，建议在初级放大电路中使用增益小一些的晶体管，次级放大电路中选用增益大一些的晶体管。

⑤ 在高频或微波电路中使用晶体管时，为减小寄生效应，引出线应尽量短，最好使用表面贴封装形式。

⑥ 为防止功率晶体管出现二次击穿，应尽量避免采用电抗成分过大的负载。

⑦ 在能满足整机要求放大倍数的前提下，选用增益与直流放大倍数 β 合适的晶体管，以防产生自激振荡。在一般情况下，初级放大电路要求的增益较小，其直流放大倍数 β 要选择大一些，次级放大电路要求的增益较大，其直流放大倍数 β 不宜过大。

⑧ 高频晶体管在接入电路时，应先接通基极。在集电极和发射极有电压时，不要断开基极电路。

（3）在一般情况下希望 β 选大一些，但不是越大越好。β 太大容易引起自激振荡，而且 β 大的晶体管工作时状态不稳定，受温度影响大。通常 β 选为 40～100，但低噪声、高 β 值的晶体管（如 1815、9011～9015 等），β 值达数百时温度稳定性仍较好。另外，对整个电路来说还应该从各级的配合来选择 β。例如，前级用 β 值高的，后级就用 β 较低的晶体管；反之，前级用 β 较低的，后级就用 β 较高的晶体管。

（4）集电极-发射极反向击穿电压 V_{CEO} 应选得大于电源电压。穿透电流越小，对温度的稳定性越好。普通硅管的稳定性比锗管要好很多，但普通硅管的饱和压降比锗管大。在某些电路中会影响电路的性能，应根据电路的具体情况选用。选用晶体管的耗散功率时应根据不同电路的要求留有一定的余量。

（5）对高频放大、中频放大、振荡器等电路用的晶体管，应选用特征频率 f_T 高、极间容量较小的晶体管，以保证在高频情况下仍有较高的功率增益和稳定性。

1.6 MOS 管的应用

扫一扫看动画视频：MOS管的介绍

随着半导体工艺技术的发展，现在越来越多的晶体管被 MOS 管所取代，特别是功率 MOS 管，由于驱动电路简单，需要的驱动功率小，开关速度快，工作频率高，其热稳定性优于 GTR，因此被广泛使用。

1.6.1　MOS 管的工作原理

前面介绍的双极型晶体管是把输入端电流的微小变化放大后，在输出端输出一个大的电流变化，是一种电流控制型器件，用放大倍数 β 来表示其输出电流和输入电流之比。MOS 管是把输入电压的变化转化为输出电流的变化，是一种电压控制型器件，用跨导 g_m 来表示输出电流变化和输入电压变化之比。

MOS 管和晶体管一样，也有 3 个极，分别为栅极 G（gate）、源极 S（source）和漏极 D（drain），如图 1-17 所示。

栅极 G 和其下的半导体衬底之间是由一层薄的二氧化硅绝缘层（称为栅介质）分隔开来的，而半导体材料有 P 型和 N 型之分，现以轻掺杂 P 型硅衬底为例来介绍 MOS 管的工作原理。在 P 型衬底上与栅极相对应区域的两边有两个选择性 N 型掺杂的区域——源区和漏区，分别连接到上面提到的源极和漏极，如图 1-18 所示。

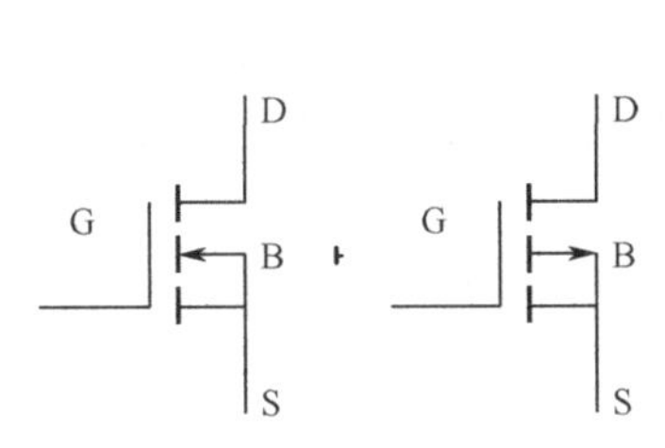

图 1-17　MOS 管符号

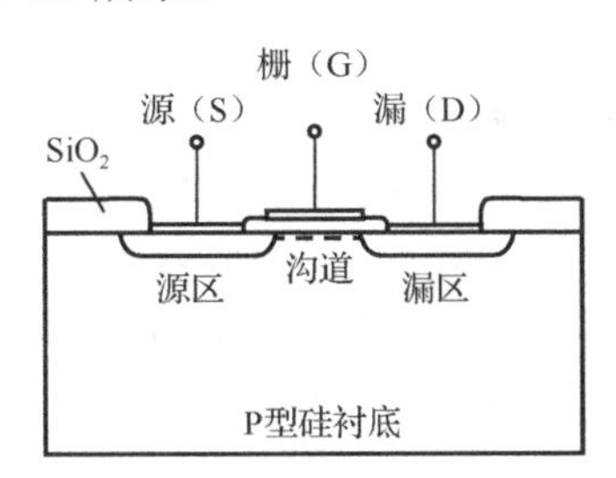

图 1-18　MOS 管纵向剖面图

开始时栅极的电位是 0 V，P 型硅衬底和源极接地，漏极接正电位。由于金属和半导体衬底的性能差异，会在栅介质上产生一个小电场，这个电场使金属栅极带轻微的正电位，P 型硅衬底为负电位。该电场把硅衬底中底层的电子吸引到表面来，同时把空穴排斥出表面。由于该电场很弱，载流子浓度的变化非常小，对器件整体特性的影响也很小。

当栅极相对于 P 型衬底加正向偏置电压时，穿过栅极的电场加强了，有更多的电子从衬底被拉了上来，同时空穴被排斥出表面。随着栅电压的升高会出现表面的电子比空穴多的情况。由于有过剩的电子，因此 P 型硅衬底表面看上去就像 N 型硅，即形成掺杂极性的反转，而反转的硅层成为沟道，形成沟道时的电压称为阈值电压 V_T。当栅极和衬底之间的电压差小于 V_T 时，不会形成沟道，这时漏极和衬底之间的 PN 结处于反向偏置状态，只有很小的电流从漏极流向衬底。只有当电压差超过 V_T，沟道才会形成，这个沟道就像一层薄的短接漏极和源极的 N 型硅，由电子组成的电流从源极通过沟道流向漏极。由此可见 MOS 管导通后是电阻特性，因此其一个重要的参数就是导通阻值。

以上形成 N 型沟道的 MOS 管称为 NMOS 管。与之相对应的是，在轻掺杂 N 型衬底上与栅极对应区域两边选择性地进行 P 型掺杂，形成源区和漏区。如果栅极相对于衬底加正向偏置电压，电子就被吸引到表面，空穴就被排斥出表面，没有沟道形成；如果栅极相对于衬底加反向偏置电压，空穴被吸引到表面，P 型沟道就形成了，这就是 PMOS 管。由此可见，PMOS 管的阈值电压是负的。

通过上面的分析可以看出，MOS 管只通过一种极性的载流子（电子或空穴）来传输电流，因此称为单极晶体管；而在 1.5 节中介绍的晶体管在电流传输过程中，两种极性的载流

子都起作用，因此称为双极型晶体管。

下面再通过分析 MOS 管的输出特性曲线来判断其所处的工作状态。

如图 1-19 所示的 MOS 管的电流-电压曲线（即输出特性曲线）中明确标明了 MOS 管的 3 种工作状态，分别对应晶体管的非饱和区、饱和区和截止区。

（1）非饱和区：当 V_{GS} 变化时，R_{on} 将随之变化，也称为可变电阻区。

（2）饱和区：V_{GS} 一定时，I_D 基本饱和，基本上不随 V_{DS} 变化，也称为恒流区。

（3）截止区：$V_{GS}<V_T$，管子处于截止状态。

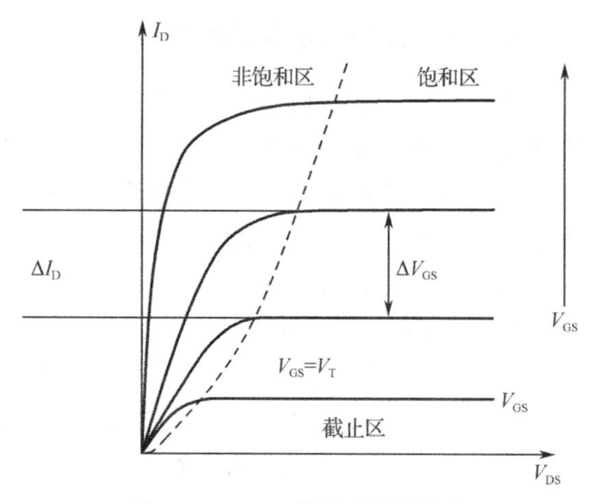

图 1-19　MOS 管输出特性曲线

4 个引脚的 MOS 管的 S 和 D 是可以对调的，它们都是在 P 型衬底中形成的 N 型区（或者在 N 型衬底中形成的 P 型区）。在多数情况下，这两个区是一样的，即使两端对调也不会影响器件的性能，这样的器件被认为是对称的，只有通过偏置来确定源极和漏极的属性。当然也有些 MOS 管的源极和漏极是不能互换使用的，如用于大功率场合的 VDMOS 管，即 MOS 管的工作以半导体表面电场效应为基础。

MOS 管与晶体管的简单比对：

（1）MOS 管的栅极和源极、漏极之间是绝缘的，不产生电流；而晶体管工作时基极电流决定集电极电流，因此 MOS 管的输入阻值比晶体管的输入阻值要高很多。

（2）MOS 管只有多数载流子参与导电；晶体管有多数载流子和少数载流子两种载流子参与导电。因为少数载流子的浓度受温度、辐射等因素影响较大，所以 MOS 管比晶体管的温度稳定性好。

（3）MOS 管在源极未与衬底连接在一起时，源极和漏极可以互换使用，且特性变化不大，而晶体管的集电极与发射极互换使用时，其特性差异很大，且放大倍数将减小很多。

（4）MOS 管的噪声系数很小。在低噪声放大电路的输入级及要求信噪比较高的电路中要选用 MOS 管。

（5）MOS 管的制造工艺简单，便于集成和形成大规模和超大规模集成电路。

MOS 管和普通晶体管均可组成各种放大电路和开关电路，但 MOS 管比普通晶体管具有良好的特性，在各种电路及应用中正逐步地取代普通晶体管，在目前的大规模和超大规模集成电路中已经广泛地采用 MOS 管。

1.6.2　MOS 管的参数

1. 开启电压 V_T

开启电压即阈值电压，是促使源极 S 和漏极 D 之间开始形成导电沟道所需的栅极电压。不同的工艺 V_T 也不同，如采用 0.5 μm、5 V 的工艺，V_T 通常为一点几伏。

2. 栅源击穿电压 BV_{GS}

栅源击穿电压是指在增加栅源电压过程中，使栅极电流 I_G 由零开始剧增时的栅源电压 V_{GS}。

3. 漏源击穿电压 BV_{DS}

漏源击穿电压是指在 $V_{GS}=0$ 条件下，在增加漏源电压过程中使 I_D 开始剧增时的漏源电压 V_{DS}。I_D 剧增的原因是漏极附近耗尽层的雪崩击穿，还有一种就是漏源之间的穿通击穿，即不断增加 V_{DS} 会使漏区的耗尽层一直扩展到源区，使沟道长度为零，即产生漏源间的穿通。穿通后源区中的多数载流子将受到耗尽层电场的吸引到达漏区，产生大的 I_D 电流。

4. 直流输入电阻 R_{GS}

直流输入电阻是指栅源之间的电压和栅极电流之比，该电阻的阻值通常都比较大，在 10^9～10^{15} Ω之间。

5. 导通电阻 R_{on}

导通电阻 R_{on} 用来说明 V_{DS} 对 I_D 的影响。当 V_{GS} 为某一固定数值时，$R_{on}=dV_{DS}/dI_D$ 是 MOS 管输出特性曲线中某一点切线斜率的倒数。在饱和区 I_D 几乎不随 V_{DS} 改变，R_{on} 数值很大；但 MOS 管导通时经常工作在 $V_{DS}=0$ 的状态下，所以这时的导通电阻 R_{on} 可用原点的 R_{on} 来近似。MOS 管的导通电阻与硅衬底的厚度有很大的关系，厚度越小，电场作用越强，相同栅压时的导通能力越强，但也越容易引起击穿，工艺制作难度增大。对一般的 MOS 管而言，R_{on} 的数值在几百欧以内，但目前随着半导体工艺的发展，R_{on} 可以小到几个毫欧。

6. 低频跨导 g_m

在 V_{DS} 为某一固定数值的条件下，漏极电流的微小变量和引起这个变化的栅源电压微小变量之间的比值就是跨导 g_m，$g_m=dI_D/dV_{GS}$（参见 1.6.1 节中 MOS 管输出特性曲线），它反映了栅源电压对漏极电流的控制能力，是表征 MOS 管放大能力的一个重要参数，通常为十分之几或几 mA/V。

7. 低频噪声系数 N_F

噪声是由 MOS 管内部载流子运动的不规则性所引起的。由于噪声的存在，使一个放大器即使在没有信号输入的情况下，在输出端也会出现不规则的电压或电流变化。

噪声大小通常用噪声系数 N_F 来表示，单位为分贝（dB）。这个数值越小，代表 MOS 管所产生的噪声越小。MOS 管的噪声系数约为几个分贝，比双极型晶体管要小。

8. 最大耗散功率 P_D

最大耗散功率是指 MOS 管性能不变坏时所允许的最大漏源耗散功率。

9. 最大漏源电流 I_{DM}

最大漏源电流是指 MOS 管正常工作时，漏源间所允许通过的最大电流。

10. 极间电容

栅、源和漏 3 个电极之间存在极间电容，包括栅源电容 C_{GS}、栅漏电容 C_{GD} 和漏源电容 C_{DS}，其中前两个通常在 1～3 pF 之间，而 C_{DS} 要小一点，通常不超过 1 pF。

1.6.3 MOS 管的分类

1. 按照栅极的材料分类

栅极材料有很多种，如硅化物，硅化物与多晶硅复合材料，难熔金属如钨、钼等，但最常用的还是以下两种。

1）铝栅 MOS

最早发明的 MOS 管就是采用铝作为栅极的，这种 MOS 管的特点是工艺步骤少、成本低，但工作速度慢。

2）硅栅 MOS

20 世纪 70 年代开始出现以掺杂多晶硅作为栅极材料的器件，其优点是工作速度快，适合制作小尺寸器件，但工艺过程长、成本高。目前集成电路主要以硅栅为主。

2. 按照沟道的类型分类

按照沟道导电载流子的极性，MOS 管被分为 N 沟道型和 P 沟道型两大类。N 沟道型器件的沟道中导电的载流子是电子，而 P 沟道型器件的沟道中导电的载流子是空穴。

3. 按照 MOS 管的转移特性曲线分类

在 1.6.1 节中分析 MOS 管的原理时提到，对于 N 沟道型 MOS 管，当栅源之间的电压 V_{GS} 升高到该 MOS 管的阈值电压 V_T 时，就开始形成沟道，从而形成漏极电流；如果 V_{GS} 未达到 V_T，沟道没有形成，漏极电流几乎为零；当 V_{GS} 超过 V_T 时，随着 V_{GS} 的增加，沟道中导电载流子的数量增多，沟道电阻减小，漏极电流上升。以上特性可以用图 1-20（a）所示的转移特性曲线来描述。

在图 1-20 中，V_{GS}=0 时 MOS 管处于截止状态，漏极电流 I_D 几乎为零的器件是增强型器件；而 V_{GS}=0 时导通，漏极电流 I_D 不为零的器件是耗尽型器件。通常主要用到的是增强型器件，因此有的时候在提到 MOS 管时默认是增强型的。从图 1-20 中还可以看出，P 沟道型 MOS 管的 V_T 是负的，而 N 沟道型 MOS 管的 V_T 是正的。

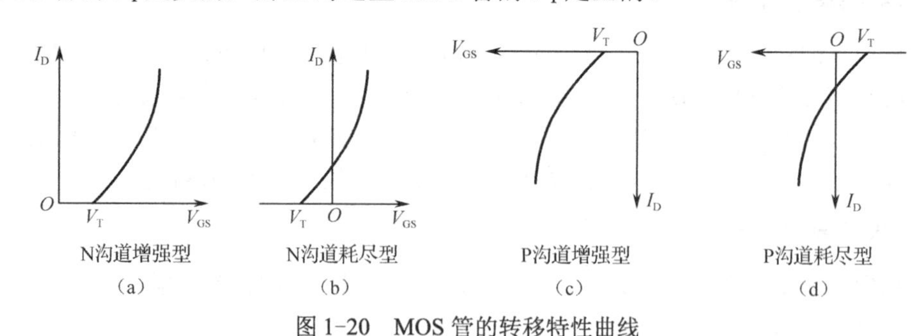

图 1-20　MOS 管的转移特性曲线

1.6.4 MOS 管的外形和检测

1. MOS 管的外形

不同封装形式的几种 MOS 管的外形如图 1-21 所示。

2. 未知 3 个电极的 NMOS 管的检测

由于 NMOS 管内部保护电路的存在，导致 NMOS 管的检测有一定的复杂性。图 1-22 为两种 NMOS 管的保护结构，其中（a）为常见的保护结构，在漏极和源极之间并联一个寄生二极管；而（b）还在栅极、源极之间增加了一个双向稳压管进行保护。

由于保护二极管的开启电压较高，使用万用表通常无法测量其单向导电性，因此可以采用以下方法进行测量：NMOS 管栅极与漏、源两极之间的阻值很高，但由于寄生二极管的存在将使漏极、源极之间表现出正反向阻值差异很大。可以选择万用表的 $R\times1$ kΩ 挡，轮流测试任意两只引脚之间的阻值。当指针出现较大幅度偏转时，与黑表笔相接的引脚即为 NMOS 管的源极，与红表笔相接的引脚为漏极。

图 1-21　几种 MOS 管的外形　　图 1-22　NMOS 管的保护结构

3. 已知电极的 NMOS 管的检测

使用指针式万用表可以检测已知 MOS 管的好坏。对于功率型 MOSFET 开关管都属 N 沟道增强型，市场上的产品大都采用 TO-220 封装形式，当 3 个电极引脚向下且打印型号面向自己时，左侧的引脚为栅极，右侧的引脚为源极，中间引脚为漏极。

把红表笔接到 MOS 管的源极 S；把黑表笔接到 MOS 管的漏极 D，此时万用表欧姆挡的指针应该指向∞；如果有一定的指数，说明被测管有漏电现象，此管不能使用。保持上述连接状态，用一只 100～200 kΩ 电阻连接于栅极和漏极之间，这时万用表指向的欧姆数应该越小越好，一般能指到 0 Ω。接着把连接的电阻移开，这时万用表的指数应该仍然不变。

4. NMOS 管跨导的估计

在估计 NMOS 管的跨导时可以选择万用表的 $R\times10$ kΩ 电阻挡。将万用表的红表笔接源极、黑表笔接漏极，相当于在漏极-源极之间加上了一个 9 V 的电压，此时栅极开路，当用手指或镊子接触栅极并停顿几秒后，指针会缓慢地偏转到满刻度的 1/3～1/2 处。指针的偏转角度越大，表示该 MOS 管的跨导越大。如果被测 MOS 管的跨导很小，那么用这种方法测试时指针偏转幅度也很小。

5. 未知型号 MOS 管的判断

以上进行的极性判断和相关测量都是针对 NMOS 管的，如果是针对 PMOS 管，那么只要在测量过程中将表笔的顺序颠倒一下就可以了，方法是一样的。

当在实际测量中不确定是 PMOS 还是 NMOS 时，可以用以下方法来进行判断：首先用万用表的 $R\times1$ kΩ 电阻挡，通过检测单向导电性判断出该 MOS 管的栅极，然后交换两只表笔的位置；接着将万用表切换至 $R\times10$ kΩ 挡，保持黑笔不动，将红笔移到栅极，停留几秒

后再回到原位，若指针出现满偏，则说明该管子为 PMOS 管，且黑表笔所接引脚为源极，红表笔所接引脚为漏极；如果在上一步中指针没有发生大幅度偏转，则保持红笔位置不动，将黑表笔移到栅极，停留几秒后回到原位，若指针出现满偏，则该管子为 NMOS 管，黑表笔所接引脚为漏极，红表笔所接引脚为源极。

6. 使用 MOS 管的注意事项

MOS 管属于绝缘栅场效应晶体管，栅极无直流通路，输入阻抗极高，极易引起静电荷聚集，产生较高的电压将栅极和源极之间的绝缘层击穿。早期生产的 MOS 管大都没有防静电的措施，所以在应用时要非常小心，特别是功率较小的 MOS 管。因为功率较小的 MOS 管输入电容比较小，接触静电时产生的电压较高，容易引起静电击穿。目前，普遍使用的增强型大功率 MOS 管在这方面有所改善。由于功率大输入电容也比较大，这样接触静电时有一个充电的过程，产生的电压较小，引起击穿的可能较小。现在的大功率 MOS 管在内部的栅极和源极间有一个保护稳压管，把静电钳位于稳压管的稳压值以下，有效地保护了栅极和源极的绝缘层。虽然 MOS 管内部有了保护措施，操作时也应按照防静电的操作规程进行，以防止 MOS 管的损坏。

1.6.5 MOS 管的应用

MOS 管目前普遍应用在开关电源设计及驱动电路方面。本书在第 5 章的典型案例中将详细介绍 MOS 管如何应用在 LED 驱动电路中。

在开关电源中常用 MOS 管的漏极开路电路，简称开漏输出，如图 1-23 所示。

在图 1-23 中，MOS 管漏极直接连接负载，不管负载连接多高的电压都能够接通和关断负载电流，因此是一种理想的模拟开关器件，经常被用在定期导通和关断场合，如 DC-DC 电源中常用的基本降压转换器就是采用两个 MOS 管来执行开关功能的。这种开关交替在电感中储存能力，然后把能力释放给负载。通常使用数百 kHz 甚至 1 MHz 以上的频率，因为开关频率越高，磁性元件（电感）可以更小、更轻。

图 1-23　开关电源中 MOS 管的开漏输出

在正常工作期间，MOS 管相当于一个导体，因此在利用 MOS 管设计电源等方案时需要关心 MOS 管的传导损耗，通常用 $R_{DS(on)}$参数来定义导通阻抗。$R_{DS(on)}$与栅极电压 V_{GS} 及流经开关的电流有关，但对于充分的栅极驱动，$R_{DS(on)}$应该是一个相对的静态参数。

在使用 MOS 管开发电源等方案时需要注意 MOS 管的发热，通常需要考虑以下几个因素。

（1）要合理利用 MOS 管的工作状态。一直处于导通状态的 MOS 管由于其慢慢升高的结温导致 $R_{DS(on)}$增加、压降增大，引起功率损耗和发热，因此 MOS 管工作在开关状态时是不停地在非饱和区和截止区之间来回转换。

（2）合理设计 MOS 管的开关频率。如果频率太高，MOS 管的损耗将增大。

（3）做好足够的散热设计。MOS 管上标示的电流值通常需要良好的散热才能达到，因此在实际设计时最好利用辅助散热片。

（4）正确选择 MOS 管的类型。如果 MOS 管的选型有误、对功率判断有误、MOS 管的内阻没有充分考虑，将导致开关阻抗增大，从而引起发热。

在开关电源电路中，大功率 MOS 管极和大功率晶体管相比具有以下优点。

（1）输入阻抗高，驱动功率小：栅极和源极之间的直流电阻基本上就是 SiO_2 的绝缘电阻，一般为 100 MΩ 左右。由于输入阻抗高，对激励信号不会产生压降，有电压时就可以驱动，因此驱动功率极小，而一般的晶体管必须有基极电压，再产生基极电流才能驱动集电极电流的产生。

（2）开关速度快：MOS 管应用在开关电源中主要是利用它的开关作用，即 MOS 管由加在输入端栅极的电压来控制输出端漏极的电流，是一种电压控制型器件，不会像晶体管作为开关时由基极电流引起电荷储存效应。因此，在开关应用中 MOS 管的开关速度要比晶体管快，目前采用 MOS 管的开关电源工作频率为 100～150 kHz，这对于普通的大功率晶体管来说是难以想象的。

（3）无二次击穿；由于普通的功率晶体管具有正的温度电流特性，当温度上升时会导致集电极电流上升，而集电极电流的上升又会导致温度进一步上升，而晶体管的耐压是随温度升高而逐步下降的，因此晶体管温度上升和耐压下降最终会导致晶体管的二次击穿。MOS 管具有和晶体管相反的温度电流特性，即当管体温度（或环境温度）上升时，沟道电流 I_D 反而下降，因此 MOS 管没有二次击穿现象，可见采用 MOS 管作为开关管，其开关管的损坏率将大幅度地降低。

（4）MOS 管导通后其导通特性呈纯阻性；普通晶体管在饱和导通时几乎是直通，有一个极低的压降，因此在饱和导通后晶体管可以等效为一个阻值极小的电阻，但是这个等效的电阻是一个非线性的电阻，即该电阻上的电压和流过的电流不符合欧姆定律。MOS 管作为开关管应用，在导通后也存在一个阻值极小的电阻，但是这个电阻等效为一个线性电阻，其电阻的阻值和两端的电压降与流过的电流符合欧姆定律，电流大时压降就大，电流小时压降就小。导通后既然等效为一个线性元件，线性元件就可以并联应用，当这样的两个电阻并联在一起时，就有一个自动电流平衡的作用，所以在一个 MOS 管功率不够时，可以多管并联应用，且不必另外增加平衡措施，而晶体管那样的非线性器件是不能直接并联应用的。

1.7　集成电路的分类和注意事项

扫一扫看教学课件：集成电路使用基础

扫一扫看微课视频：集成电路使用的基本知识

集成电路（integrated circuit，IC）是一种 20 世纪 50 年代后期发展起来的微型电子器件或部件，采用包括氧化、光刻、扩散、外延、蒸铝等一系列的半导体制造工艺，把构成具有一定功能的一个电路中所需的晶体管、电阻、电容和电感等元件及布线互连一起，全部集成在一小块硅片上，然后采用圆壳式、扁平式或双列直插式等封装形式，焊接封装在一个管壳内，成为具有所需电路功能的微型结构。其中，所有元件在结构上已组成一个整体，使电子元件向着微型化、低功耗、智能化和高可靠性方面迈进了一大步。集成电路技术包括芯片制造技术与设计技术，主要体现在加工设备、加工工艺、封装测试、批量生产及设计创新的能力上。集成电路具有体积小、质量轻、引出线和焊接点少、寿命长、可靠

性高、性能好等优点，同时成本低，便于大规模生产。

集成电路不仅在民用电子设备如电视机、计算机等方面得到广泛的应用，同时在工业、军事、通信、遥控等方面也得到广泛的应用。随着集成了上万个元器件的大规模集成电路和超大规模集成电路的出现，电子计算机技术得到飞速发展，运算速度达上亿次的基本运算得以实现；而计算机的主要硬件部分如CPU（central processing unit）、显卡、主板、内存、声卡、网卡和光驱等都无不与集成电路息息相关，并且最新的技术发展趋势是把越来越多的元器件集成到一个集成电路板上，使计算机有了更多功能。集成电路在通信领域中的应用较为广泛，如通信卫星、手机和雷达等，我国自主研发的“北斗”导航系统就是一个典型的例子。另外，随着社会的发展和科学技术的不断进步，利用集成电路技术对医疗健康领域进行信息化、微型化和实用化等的技术研究也越来越多。

1.7.1 集成电路的分类

1. 按电路功能分类

1）模拟集成电路

模拟集成电路是指用来产生、放大和处理各种幅度随时间变化的模拟信号的集成电路，又称线性电路，其输入信号和输出信号成比例关系。常见的模拟集成电路有传感器、电源控制电路和运算放大器（简称运放）等。

2）数字集成电路

数字集成电路是指用来产生、放大和处理各种时间和幅度上离散取值的数字信号的集成电路。常见的数字集成电路有逻辑门、触发器、多任务器、微处理器、数字信号处理器等。

3）数模混合集成电路

数模混合集成电路是指可以同时产生、放大和处理模拟信号和数字信号的集成电路。现代集成电路中以数模混合集成电路居多。

2. 按制造工艺分类

1）半导体集成电路

半导体集成电路是指将电路制作在半导体芯片表面上的集成电路，又称为薄膜集成电路。

2）厚膜集成电路

厚膜集成电路是指由分立半导体器件和无源元件集成在衬底或线路板所构成的小型化电路。

3. 按集成度高低分类

（1）小规模集成电路（small scale integrated circuit，SSIC）：逻辑门10个以下或晶体管100个以下。

（2）中规模集成电路（medium scale integrated circuit，MSIC）：逻辑门11～100个或晶体管101～1 000个。

（3）大规模集成电路（large scale integrated circuit，LSIC）：逻辑门101～1 000个或晶体管1 001～10 000个。

（4）超大规模集成电路（very large scale integrated circuit，VLSIC）：逻辑门 1 001～10 000 个或晶体管 10 001～100 000 个。

（5）特大规模集成电路（ultra large scale integrated circuit，ULSIC）：逻辑门 10 001～100 000 个或晶体管 100 001～1 000 000 个。

（6）极大规模集成电路（giga scale integration circuit，GSIC）：逻辑门 1 000 001 个以上或晶体管 10 000 001 个以上。

4. 按导电类型分类

集成电路按导电类型分类，可分为双极型集成电路和单极型集成电路，它们都是数字集成电路。其中，双极型集成电路的制作工艺复杂、功耗较大，常见的集成电路类型有 TTL、ECL、HTL、LST-TL、STTL 等；而单极型集成电路的制作工艺简单、功耗也较低，易于制成大规模集成电路，常见的集成电路类型有 CMOS、NMOS、PMOS 等。目前，应用最广泛的是 CMOS 集成电路。

5. 按应用领域分类

集成电路按应用领域分类，可分为标准通用集成电路和专用集成电路。其中，专用集成电路是指用在某一些特定领域内的集成电路，如电视机用集成电路、音响用集成电路、影碟机用集成电路、录像机用集成电路、计算机用集成电路、电子琴用集成电路、通信用集成电路、照相机用集成电路、遥控用集成电路、语言用集成电路、报警器用集成电路等。

6. 按封装形式分类

集成电路的封装形式繁多，这里介绍几种常见的封装形式。

1）球阵列封装

球阵列封装（ball grid array，BGA），表面贴装型封装之一。在印刷基板的背面按阵列方式制作出球形凸点用以代替引脚，在印刷基板的正面装配集成电路芯片，然后用模压树脂或灌封方法进行密封。其也称为凸点阵列载体，引脚可超过 200，是多引脚集成电路用的一种封装。

2）板上芯片封装

板上芯片封装（chip on board，COB）是裸芯片贴装技术之一，半导体芯片交接贴装在 PCB 上，芯片与基板的电气连接用引线缝合方法实现，并用树脂覆盖以确保可靠性。

3）双列直插式封装

双列直插式封装（dual in-line package，DIP）是插装型封装之一，引脚从封装两侧引出，封装材料有塑料和陶瓷两种。DIP 是最普及的插装型封装，应用范围包括标准逻辑 IC、存储器 LSI、微机电路等。其引脚中心间距为 2.54 mm，引脚数为 6～64，封装宽度通常为 15.2 mm。

4）倒焊芯片

倒焊芯片也是裸芯片的封装技术之一，在集成电路芯片的电极区制作好金属凸点，然后把金属凸点与印刷基板上的电极区进行压焊连接。封装的占有面积基本上与芯片尺寸相同，是所有封装技术中体积最小、厚度最薄的一种。但如果基板的热膨胀系数与集成电路

芯片不同，就会在接合处产生反应，从而影响连接的可靠性。因此必须用树脂来加固集成电路芯片，并使用热膨胀系数基本相同的基板材料。

5）多芯片模块

多芯片模块（multi-chip module，MCM）是指将多块半导体裸芯片组装在一块布线基板上的一种封装。根据基板材料可分为 MCM-L、MCM-C 和 MCM-D 三大类。MCM-L 是使用通常的玻璃环氧树脂多层印刷基板的组件，布线密度不怎么高，成本较低。MCM-C 是用厚膜技术形成多层布线，以陶瓷（氧化铝或玻璃陶瓷）作为基板的组件，与使用多层陶瓷基板的厚膜混合集成电路类似。MCM-D 是用薄膜技术形成多层布线，以陶瓷或 Si、Al 作为基板的组件，布线密度在 3 种组件中是最高的，但成本也较高。

6）插针阵列封装

插针阵列封装（pin grid array，PGA）是插装型封装之一，其底面的垂直引脚呈阵列状排列。封装基材基本上采用多层陶瓷基板。在未专门表示出材料名称的情况下，多数为陶瓷 PGA，用于高速大规模逻辑集成电路，成本较高。引脚中心间距通常为 2.54 mm，引脚数为 64～447。为降低成本，封装基材可用玻璃环氧树脂印刷基板代替。也有 64～256 引脚的塑料 PGA。

7）带引线的塑料芯片载体

带引线的塑料芯片载体（plastic leaded chip carrier，PLCC）是表面贴装型封装之一。引脚从封装的 4 个侧面引出，呈丁字形，是塑料制品。美国德克萨斯仪器公司首先在 64 位 DRAM 和 256 位 DRAM 中采用，在 20 世纪 90 年代已普遍用于逻辑集成电路。其引脚中心间距为 1.27 mm，引脚数为 18～84，引脚不易变形，比 QFP 容易操作，但焊接后的外观检查较为困难。

8）四面非扁平封装

四面非扁平封装（quad flat non-leaded package，QFN）是表面贴装型封装之一。在 20 世纪 90 年代后期多称为 LCC。QFN 是日本电子机械工业协会规定的名称。封装四侧配置有电极触点，由于无引脚，贴装占有面积比 QFP 小，高度比 QFP 低。但是，当印刷基板与封装之间产生应力时，在电极接触处就不能得到缓解，因此电极触点难于做到 QFP 的引脚那样多，一般为 14～100。其材料有陶瓷和塑料两种。

9）四面扁平封装

四面扁平封装（quad flat package，QFP）是表面贴装型封装之一，引脚从 4 个侧面引出，呈海鸥翼状（L）形。其基材有陶瓷、金属和塑料 3 种。从数量上看，塑料封装占绝大部分。当没有特别表示出材料时，多为塑料 QFP。塑料 QFP 是最普及的多引脚集成电路封装，不仅用于微处理器、门阵列等数字逻辑集成电路，而且也用于音响信号处理等模拟集成电路。其引脚中心间距有 1.0 mm、0.8 mm、0.65 mm、0.5 mm、0.4 mm、0.3 mm 等多种规格，0.65 mm 中心间距规格的最多引脚数为 304。

10）小引出线封装

小引出线封装（small outline package，SOP）是表面贴装型封装之一，引脚从封装两侧

引出，呈海鸥翼状（L）形。其材料有塑料和陶瓷两种。SOP 除用于存储器集成电路外，也广泛用于规模不太大的用户订制电路中。在输入输出端子不超过 10～40 的电路中，SOP 是普及最广的表面贴装封装。其引脚中心间距为 1.27 mm，引脚数为 8～44。

常见的集成电路型号定义如表 1-6 所示。

表 1-6　常见的集成电路型号定义

第 1 部分		第 2 部分	第 3 部分		第 4 部分	
符号	意义		符号	意义	符号	意义
T	TTL 电路	用数字表示集成电路的系列代号	C	0～70 ℃	F	多层 陶瓷 扁平
H	HTL 电路		G	−25～70 ℃	B	塑料 扁平
E	ECL 电路		L	−24～85 ℃	H	黑瓷 扁平
C	CMOS 电路		E	−40～85 ℃	D	多层 陶瓷 双列直插
M	存储器		R	−55～85 ℃	J	黑瓷 双列直插
μ	微型机电路		M	−55～125 ℃	P	塑料 双列直插
F	线性放大器				S	塑料 单列直插
W	稳压器				K	金属 菱形
B	非线性电路				T	金属 圆形
J	接口电路				C	陶瓷 芯片载体
AD	A/D 转换器				E	塑料 芯片载体
DA	D/A 转换器				G	网格栅 阵列
D	音响电视电路					
SC	通信专用电路					
SS	敏感电路					
SW	钟表电路					

1.7.2　使用集成电路的注意事项

1. 使用前要了解集成电路及其相关电路的工作原理，并慎重选择

集成电路的用途广泛，小到电子手表，大到重型机械内都有集成电路，因此使用集成电路前首先要熟悉所用集成电路的功能、内部电路、主要电气参数、各引脚的作用以及正常电压和波形、外围元器件组成电路的工作原理等。这些内容都在集成电路的产品说明书中有详细介绍，因此要用好集成电路，首先要查阅该集成电路的有关说明书。

接下来要根据电路的要求合理选择所用集成电路，如电源电路，是选用串联型还是开关型，输出电压是多少，输入电压是多少等都要仔细考虑；对于功能相同，但封装不同的集成电路应根据使用条件而定；对于要求较高的电路，可选用参数指标高的集成电路，而对于各项指标要求不太高的电路，应根据成本选择适合的产品。

2. 接对电源，避免造成引脚间短路，并且测试仪表的内阻要大

在使用集成电路时，在电路焊接完成后不要马上通电，要用万用表检查电路的电源端

和地端是否短路，并是否都正确地连接到供电端。当然还有最重要的一点是供电端所提供的电压一定要在集成电路的承受范围内。

测量电压或用示波器探头测试波形时，应避免造成引脚间短路，最好在与引脚直接连通的外围印刷电路上进行测量。任何瞬间的短路都容易损坏集成电路，尤其在测试扁平型封装的 CMOS 集成电路时更要加倍小心。测量集成电路引脚直流电压时，应选用表头内阻大于 20 kΩ/V 的万用表，否则对某些引脚的电压会有较大的测量误差。

还需要注意的是，集成电路的输入端是有幅度限制的，输入该端口的信号幅度一定要在该端口能够承受的范围内；与此类似的是信号的频率也必须在芯片能够识别的范围内。而对于输出端，要保证输出信号的电压、电流、频率等要和下一级电路相匹配，即能否输出足够的信号来驱动下一级电路。

3. MOS 型集成电路要避免栅击穿

由于 MOS 管内的栅极与源极间的隔离层是很薄的二氧化硅层，因此输入阻抗很高（$>10^9\ \Omega$）。这样输入端极容易受外界静电干扰的影响，当输入端的静电能量积累到一定程度时，就可能将二氧化硅层击穿，即造成栅极击穿等现象。为了防止静电损害，一般在 MOS 管的输入电路中都设置了静电保护电路。尽管有了静电保护电路，但由于泄放速度与泄放电流的限制，过强的外界静电感应仍然可能引起栅极击穿，为了避免栅极击穿，应该注意以下几点。

（1）在运输、存放、高温老化过程中，应该用铝箔或导线将所有引线端短路，不要放在尼龙、化学纤维等静电强的塑料容器内。

（2）不要在带电的情况下插入、拔出或焊接电路。使用示波器测量电路时，需用输入阻抗为 10 MΩ 的尖硬探针，以防分流或引线短路。

（3）焊接用的电烙铁、所用的测试仪表等都要良好接地。

（4）工作台不要铺塑料板、橡皮垫等带静电的物体。为了避免人体和衣服的静电，可以将人体经 1 000 Ω 左右的电阻接地，或采用接地的导体板工作台。

（5）在高阻抗应用中若不能连接低电阻的情况下，应设法避开电场的作用，不宜直接接受远距离传送来的信号（要加缓冲电路，如用晶体管等）。

（6）电路中多余不用的输入端不允许悬空，都应按不同电路要求采取不同的处理措施，或直接接地，或通过电阻接地，或接电源。

（7）输入电压不允许超过电路电源电压的 0.3 V，或者进行说输入端电流不得超过 ±10 mA，否则必须在输入端串联适当的电阻进行保护。

（8）各引脚上不应出现任何高电压或大电流，否则可能导致 MOS 管内固有的寄生晶体管触发导通（大约 1 mA 以上电流就可能触发导通）。

4. 要注意电烙铁的绝缘性能，并且保证焊接质量

使用烙铁焊接时要确认烙铁不带电，最好把烙铁的外壳接地。若能采用 6～8 V 的低压电烙铁会更安全。焊接时要确认焊牢，焊锡的堆积、气孔容易造成虚焊。焊接时间一般不超过 3 s，烙铁的功率应用内热式 25 W 左右。已焊接好的集成电路要仔细查看，最好用欧姆表测量各引脚间是否短路，确认无焊锡粘连现象后再接通电源。

5. 正确认识集成电路，并且不要轻易断定集成电路的损坏

认识集成电路的第一点是找出第①引脚，一般集成电路会在第①引脚的地方以一个小白点或一个凹点表示；然后根据集成电路的引脚排列顺序确认其余所有引脚，通常集成电路的引脚排列顺序遵循从左到右、从下往上、逆时针旋转的原则。

不要轻易地判断集成电路是否损坏。因为集成电路应用多数为直接耦合电路，一旦某一电路不正常时可能会导致多处电路的电压变化，而这些变化不一定是集成电路损坏引起的；另外在有些情况下测得各引脚电压与正常值相符或接近时，也不一定都能说明集成电路就是好的，因为有些软故障不会引起直流电压的变化。几种常见的集成电路判断方法如下。

（1）电阻法：通过测量集成电路各引脚对地的正反向电阻，与该集成电路产品说明书进行对照。

（2）电压法：测量集成电路各引脚对地的动态、静态电压，与该集成电路产品说明书进行对照。

（3）波形法：测量集成电路各引脚的信号波形是否有异常。

（4）替换法：在出现故障的电路中使用相同型号的集成电路做替换试验，若替换后电路恢复正常，则表明原集成电路已经损坏。

6. 要注意功率集成电路的散热，并且引线要合理

功率集成电路应散热良好，不允许不带散热器而处于大功率的状态下工作。集成电路散热板的安装要平稳，紧固转矩一般为 4～6 kg·cm，散热板面积要足够大；散热板与集成电路之间不能进灰尘、碎屑等，中间最好使用硅脂以降低热阻；在散热板安装好之后，需要接地的散热板要用引线焊接到 PCB 的接地端上。

设计集成电路的位置时应尽量远离脉冲、高压、高频等装置。连接集成电路的引线及相关导线要尽量短，在不可避免的长线上要加入过电压保护电路。CMOS 电路接线时外围元器件应尽量靠近所连引脚，引线力求短，避免使用平行的长引线，否则容易引入较大的分布电容和分布电感，从而形成 LC 振荡。如果需要加接外围元器件代替集成电路内部已损坏的部分，应选用小型元器件，且接线要合理以免造成不必要的寄生耦合。另外要处理好音频功放集成电路和前置放大电路之间的接地端。

7. 多余输入端和门电路的处理

在应用数字集成电路时，常有一些输入端或单元电路用不完而多余出来。引脚悬空时容易损坏电路或引入干扰，解决问题的办法是将输入端进行适当的连接，输出端可以悬空。对或门和或非门的多余输入端应接至 V_{SS} 端（地端），对与门和与非门则接到 V_{CC}（正电源）端；对电路中有时悬空有时与元器件连通的输入端（如与按钮开关连接的输入端），需要悬空端与 V_{CC} 或 V_{SS} 间串联一个 100 kΩ～1 MΩ 的电阻，以防止使失去输入端的功能。采用输入端并联的方法来处理 CMOS 电路的多余端也是可行的，但要注意 CMOS 门电路的阈值电压会随输入端并联数量的大小而改变。一般来说，与门和与非门的并联端越多，阈值电压则越高；或门和或非门的并联端越多，阈值电压则越低。尽管这种影响不大，但对有些阈值电压要求高的电路，如施密特触发器等，就需要予以考虑。此外，并联输入端使输入电容增大，对电路的速度、功耗及前级电路的负载能力等都有些不利影响，但在低频电路中一般影响较小。

思考与练习题 1

1．表征电阻特性的主要参数有哪些？
2．比较光敏电阻和光敏三极管的特性。
3．简述去耦电容的作用。
4．比较电感的自感和互感。
5．比较双极型晶体管和 MOS 场效应晶体管的特性。
6．简述集成电路的使用注意事项。

第2章 集成电路验证用仪器

集成电路的验证与应用中最重要的一部分内容就是对电路进行测量，主要指性能参数的测量，本章首先介绍电子测量技术及所用仪器的基础知识、测量结果的处理等，然后重点介绍集成电路验证与电子测量所用到的几种主要仪器。

2.1 电子测量技术的内容与分类

扫一扫看教学课件：电子测量技术基础

扫一扫看微课视频：电子测量技术的基本知识

测量是人类获取客观事物的量值而进行的认识过程。测量的结果一般由两部分组成：数值和单位，并且测量的结果必须是为有理数才有意义。从广义来说，凡是以电子技术为手段来进行的测量都可以说是电子测量。

1. 电子测量技术的内容

（1）电能量的测量：对电流、电压、功率、电场强度等参数的测量。

（2）电子元器件和电路参数的测量：对电阻值、电感量、电容量、品质因数、损耗率等参数的测量。

（3）电信号特性的测量：对频率、周期、时间、相位、调制系数、失真度等参数的测量。

（4）特性曲线的测量：对幅频特性、相频特性、输入输出特性等特性曲线的测量。

2. 电子测量技术的特点

（1）测量频率范围宽。

（2）量程宽。

（3）准确度高。

（4）速度快。

（5）易于实现远程测量。

（6）易于实现测量过程的自动化和智能化。

3. 电子测量技术的分类

1）按测量手段分类

对同一类性质的被测量对象进行测量时，采用的测量手段可能不一样，常用的方法有直接测量、间接测量和混合测量3种。

2）按被测量性质分类

（1）时域测量：如用示波器测交流电压波形。

（2）频域测量：如用扫频仪测幅频特性。

（3）数据域测量：如用逻辑分析仪测多逻辑信号。

（4）随机域测量：如噪声、干扰信号的测量。

扫一扫看教学课件：电子测量与仪器基础

2.2 电子测量仪器的分类与技术指标

扫一扫看微课视频：电子测量与仪器基础知识

2.2.1 电子测量仪器的分类

电子测量仪器根据测量精度的要求不同，有高精度、普通和简易 3 种；按显示方式不同，有模拟式和数字式两大类；按用途不同，有专用测量仪器和通用仪器。

通用测量仪器按其功能可分为以下几类。

（1）信号发生器。

（2）信号分析仪。

（3）电平测量仪。

（4）时间、频率和相位测量仪。

（5）网络参数测量仪。

（6）电子元器件参数测量仪。

（7）数据域测试仪。

（8）电波特性测试仪。

（9）虚拟仪器等。

传统电子测量的内容主要涉及电能量的测量、电信号特性的测量、电子电路性能参数的测量、特性曲线的测量与描述等。采用计算机测试技术的现代电子测量仪器可广泛用于通信系统、网络系统、过程控制系统、信息处理系统等的测量和监控。

电子测量技术与仪器的发展主要经历以下几个阶段：模拟式仪器/仪表、数字式仪器/仪表、智能化仪器、虚拟仪器。

2.2.2 电子测量仪器的主要技术指标

1. 频率范围

频率范围是指能保证电子测量仪器正常工作的有效频率。

2. 准确度

准确度又称测量精度，主要指测量结果受各种因素的影响而产生的测量误差。

3. 功能与范围

测量的功能是指能测量什么，测量的范围是指仪器适合测量的数值大小。

4. 量程与分辨力

量程是指测量仪器可以测量的被测量数值范围。分辨力是指测量仪器所能直接反映出的被测量变化的最小值，如指针式仪表刻度盘标尺上最小刻度（1 个格）所代表的被测量大小或数字仪表最低位显示变化 1 个字所代表的被测量大小。

注意：同一台仪器在不同量程上的分辨力是不同的，一般以仪器最小量程的分辨力（最高分辨力）作为该仪器的分辨力。

2.3 电子测量的误差和处理方法

扫一扫看教学课件：电子测量的误差和处理方法

扫一扫看微课视频：电子测量的误差及处理方法

真值的概念：在一定的条件下，被测量的真实大小或真实数值称为这个量的真值。一般用 A_0 表示。

2.3.1 常用测量术语

（1）实际值：满足规定准确度的用来代替真值的量值。实际值一般由实验获得，在一定程度上很接近真值。通常将上一级计量标准所确定的量值称为下一级计量器具的实际值。实际值一般用 A 表示。

（2）示值：示值也称为测量值，为测量仪器的读数装置所显示出的被测量的量值，一般用 x 表示。

（3）读数：读数是指由仪器刻度盘或数字显示器上直接读到的数字，有时读数值并不一定代表示值即测量值的大小。

2.3.2 测量误差及其仪表选择原则

测量误差的来源：所有的测量结果都有误差，不存在没有误差的测量。测量时首先应充分考虑引起误差的因素，从源头堵住测量误差的产生。

1. 绝对误差及其表示法

绝对误差定义为测量结果与被测量的真值的差值，绝对误差为：

$$\Delta x = x - A_0$$

在实际应用时，常用精度高一级的标准器具的示值作为实际值来代替真值：

$$\Delta x = x - A$$

绝对误差 Δx 既有大小、量纲，又有正负。

与 Δx 相等但符号相反的值，称为修订值，一般用 C 表示。

$$C=-\Delta x=A-x$$

测量仪器在使用前都要由上一级标准给出受检仪器的修订值，它通常以表格、曲线或公式的形式给出。由修订值，可以求出实际值：

$$A=C+x$$

2. 相对误差及其表示方法

1）实际相对误差

实际相对误差定义为绝对误差与被测量的实际值的百分比值：

$$\gamma_A=\frac{\Delta x}{A}\times 100\%$$

2）示值相对误差

示值相对误差，或称为标称相对误差，定义为绝对误差与示值的百分比：

$$\gamma_x=\frac{\Delta x}{x}\times 100\%$$

3）满度相对误差

满度相对误差，或称为引用相对误差，定义为绝对误差与测量仪器满度值的百分比：

$$\gamma_m=\frac{\Delta x}{x_m}\times 100\%$$

4）仪表准确度等级

最大满度相对误差的分子、分母都由仪器的固有性能所决定，所以常用它来对电子仪器进行分级，如表 2-1 所示。常用字母 s 表示：

$$s\%=\pm\gamma_m$$

表 2-1　仪表准确度等级与满度相对误差

仪表准确度等级/s	0.1	0.2	0.5	1.0	1.5	2.5	5.0
满度相对误差/γ_m	±0.1%	±0.2%	±0.5%	±1.0%	±1.5%	±2.5%	±5.0%

式中，s 为仪表准确度等级；γ_m 为满度相对误差。常用电工仪表的准确度等级可分为 0.1、0.2、0.5、1.0、1.5、2.5、5.0 共 7 级。例如，s=1.0，表示仪表的满度相对误差 $\gamma_m\leqslant\pm1.0\%$。仪表准确度等级越小，满度相对误差越低。

3. 仪表量程的选择

$$\gamma_m=\frac{\Delta x}{x_m}\times 100\%\leqslant s\%$$

$$\gamma_x=\frac{\Delta x}{x}\times 100\%\leqslant\frac{x_m s\%}{x}\times 100\%$$

当仪表的准确度等级确定后，示值越接近满刻度，示值相对误差越小。所以，在选用仪表时，应当根据示值的大小来选择仪表的量程，尽量使测量的示值在仪表满刻度值（即量程）的 2/3 以上区域为宜，这是仪表选择的一般原则。

2.3.3　测量误差的来源和分类

1. 误差的来源

误差的来源包括仪器误差、方法误差、影响误差、人为误差。

2. 误差分类

（1）系统误差：主要是由仪器设备因素引起的，如零点偏移、刻度不准等，具有确定性。

（2）随机误差：主要是由外部干扰引起的，如噪声干扰、电磁场微变、大地微震等，具有不确定性。

（3）过失误差：主要是操作不当引起的，如读数错误、记录错误等引起的误差，它严重歪曲了测量结果，应当剔除。

2.3.4　测量结果的分析和处理

1. 测量结果的分析

（1）正确度：系统误差越小，正确度就越高。

（2）精密度：随机误差越小，精密度就越高。

（3）准确度：是系统误差和随机误差的综合。

如图 2-1 所示，以射击打靶为例，说明正确度、精密度和准确度与不同误差之间的关系。

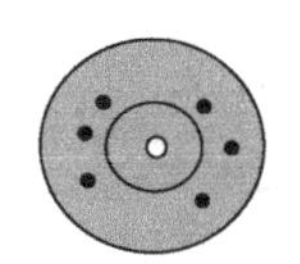

（a）正确度高、精密度低

（b）正确度低、精密度高

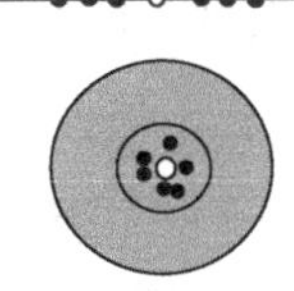

（c）正确度和精密度都高

图 2-1　正确度、精密度、准确度与不同误差之间的关系

2. 测量结果的处理

1）有效数字

有效数字是指从左边第一个非零数字算起，直到右边最后一位数字为止的所有数字。有效数字中非零数字后的 0 不能随意省略，如 2 000 V 可以写成 2.000 kV、2.000×10^3 V，而不能写成 2 kV、2.0 kV 或 2.00 kV。

科学记数法：对位数较多的数据，宜采用有效数字×10 的幂的形式，其中有效数字只保留 1 位整数。例如，1 060 000 Hz，如要保留 4 位有效数字，应写成 1.060×10^6 Hz。

2）数据的舍入规则

当只需要保留 N 位有效数字时，对第 N+1 位及其后面的各位数字就要根据舍入规则进行处理。

（1）4 舍 6 入：当第 N+1 位小于 5 时，舍掉；大于 5 时，N 位加 1。

（2）当第 N+1 位为 5 时：若 5 后面只有非零数字，则第 N 位加 1。若 5 后面无数字或全为 0，则由 5 之前的数的奇偶性来决定。如果 5 之前为奇数则舍 5 且第 N 位加 1，如果 5 之前为偶数则舍 5，第 N 位不变。

2.4 测量用信号发生器

扫一扫看微课视频：信号发生器的种类和技术指标

测量用信号发生器可以给被测设备提供各种不同频率的正弦波信号、方波信号、三角波信号等，信号的幅值可以按需要进行调节，然后由其他的测试仪器观测其输出响应，如图2-2所示。

信号发生器
输入激励信号
被测设备
输出响应
测试仪器

图2-2 信号发生器提供输入激励信号

信号发生器的功能主要有以下3个：

（1）用作激励源。

（2）用作信号仿真。

（3）用作校准源。

2.4.1 信号发生器的分类和技术指标

扫一扫看教学课件：信号发生器的种类和技术指标

1. 信号发生器的分类

信号发生器的种类繁多，用途广泛，可分为通用信号发生器和专用信号发生器两大类。

通用信号发生器具有广泛而灵活的应用性，按输出波形可分为正弦波信号发生器、函数信号发生器、脉冲信号发生器等。通用信号发生器根据工作频率的不同，可分为超低频、低频、高频、甚高频、超高频几大类。

2. 信号发生器的一般组成

信号发生器主要由振荡器、变换器、输出电路、电源、指示器组成，如图2-3所示。

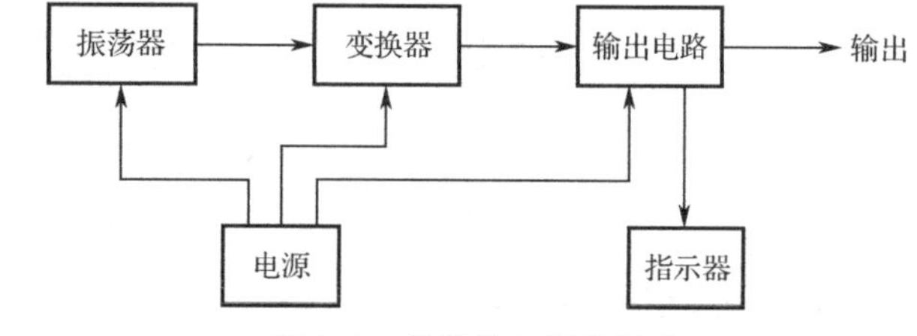

图2-3 信号发生器的组成

3. 信号发生器的主要技术指标

1）频率特性

（1）有效频率范围。有效频率范围指各项指标均能得到保证时的输出频率范围。

（2）频率准确度。信号发生器的频率准确度是指信号频率的实际值 f_x 与其标称值 f_0 的相对偏差：

$$\alpha = \frac{f_x - f_0}{f_0} = \frac{\Delta f}{f_0}$$

（3）频率稳定度。短期频率稳定度是指信号源在规定的时间内（15 min）预热后，其输出频率产生的最大变化，用公式表示为：

$$\delta = \frac{f_{max} - f_{min}}{f_0}$$

长期频率稳定度是指信号源在长时间内（如2 h、24 h等）输出的变化。

2）输出特性

（1）输出形式。信号发生器的输出形式有平衡输出（即对称输出 u_2）和不平衡输出

（即不对称输出 u_1）两种形式，如图 2-4 所示。

（2）输出阻抗。信号发生器的输出阻抗因信号发生器的类型不同而不同。

3）调制特性

对于高频信号发生器来说，一般能输出调幅波和调频波。当调制信号由信号发生器内部产生时，称为内调制；当调制信号由外部电路或低频信号发生器提供时，称为外调制。

2.4.2　低频信号发生器

低频信号发生器的组成如图 2-5 所示，对主要部分介绍如下。

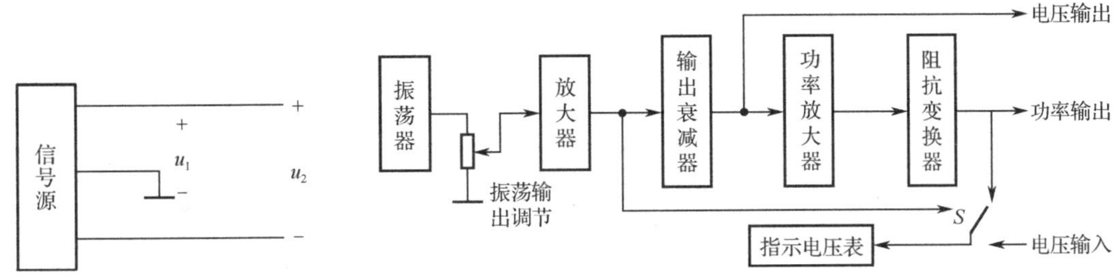

图 2-4　信号发生器的平衡输出和不平衡输出　　图 2-5　低频信号发生器的组成

1. 振荡器

振荡器通常有以下两种类型。

（1）RC 文氏桥式振荡器。RC 文氏桥式振荡器具有输出波形失真小、振幅稳定、频率调节方便和频率可调范围宽等特点，故被普遍应用于低频信号发生器的振荡电路中。

（2）差频式振荡器。RC 文氏桥式振荡器每个波段的频率覆盖系数比较小，为了在部分波段的情况下得到很宽的频率覆盖范围，可以采用差频式振荡器，如图 2-6 所示。

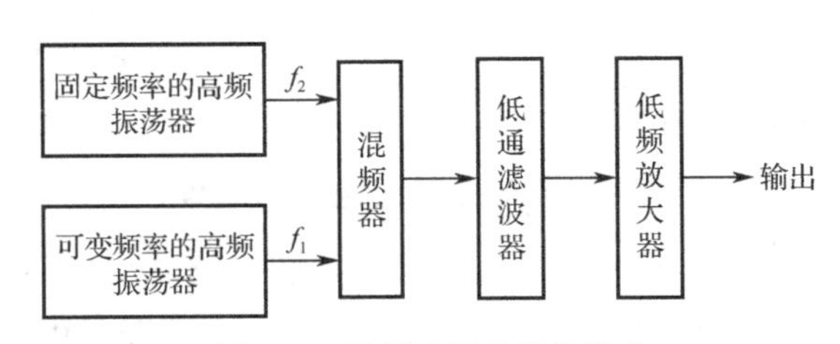

图 2-6　差频式振荡器的组成

例如，假设 f_2=3.4 MHz，f_1 可调范围为 3.399 7～5.1 MHz，则振荡器输出的差频信号频率范围为 300 Hz～1.7 MHz。

输出频率覆盖系数为 $k_{\rm O}=1.7\times10^6/300\approx6000$。

可见，差频式振荡器产生的低频正弦信号其频率覆盖范围很宽，且无须转换波段就可以在整个频段内实现连续可调。差频式振荡器的缺点是电路复杂，其频率稳定度比较低。

2. 放大器

放大器包括电压放大器和功率放大器，以达到实现输出一定电压幅度和功率的信号要求。电压放大器的作用是对振荡器产生的微弱信号进行放大，并把功率放大器、输出衰减器及负载和振荡器隔离起来，防止对振荡信号的频率产生影响，故又把电压放大器称为缓冲放大器。

3. 输出衰减器

输出衰减器用于改变信号发生器的输出电压或功率，由连续调节器和步进调节器组

成。常用的输出衰减器原理如图 2-7 所示，图中的电阻 R 为连续调节器（电压幅度细调），电阻 R_1～R_8 与开关构成了步进衰减器，开关就是步进调节器（电压幅度粗调）。调节 R 或变换开关挡位，均可使衰减器输出不同的电压幅度。

步进衰减器一般以分贝（dB）值即 20 lg（V_o / V_i）来标注刻度。现以波段开关置于第二挡为例，根据下式计算出衰减量为：

$$\frac{V_{o2}}{V_i}=\frac{R_2+R_3+R_4+R_5+R_6+R_7+R_8}{R_1+R_2+R_3+R_4+R_5+R_6+R_7+R_8}$$

根据 XD2 型低频信号发生器衰减器的参数计算，得：

$$\frac{V_{o2}}{V_i}=0.316$$

两边取对数：

$$20\lg\frac{V_{o2}}{V_i}=-10\ \text{dB}$$

同理第三挡为

$$\frac{V_{o3}}{V_i}=0.1\text{；}\quad 20\lg\frac{V_{o3}}{V_i}=-20\ \text{dB}$$

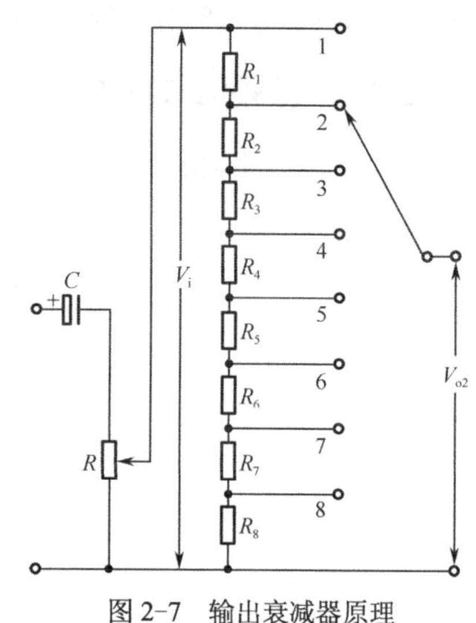

图 2-7　输出衰减器原理

2.4.3　高频信号发生器

高频信号发生器也称为射频信号发生器，通常产生 200 kHz～30 MHz 的正弦波或调幅波信号，在高频电子线路工作特性（如各类高频接收机的灵敏度、选择性等）测试中的应用比较广泛。

1. 高频信号发生器的组成与原理

高频信号发生器的组成如图 2-8 所示，主要包括可变电抗器、主振荡器、缓冲级、调制级、输出级、内调制振荡器、监测电路和电源等部分。

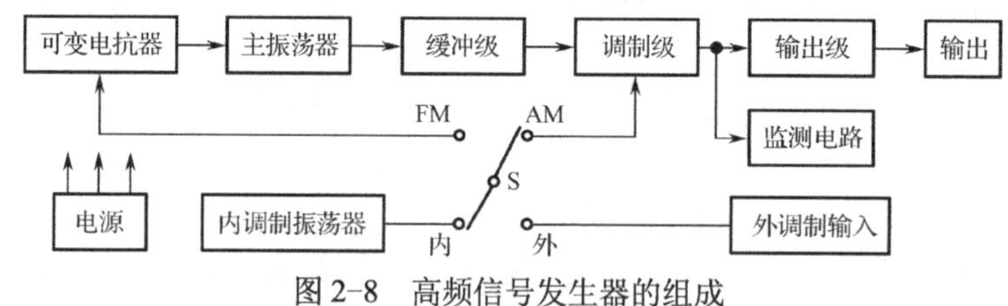

图 2-8　高频信号发生器的组成

1）可变电抗器

高频信号发生器中，可变电抗器的作用是使主振荡器产生调频信号。

2）内调制振荡器

内调制振荡器用于为调制级提供频率为 400 Hz 或 1 kHz 的内调制正弦信号，该方式称为内调制。当调制信号由外部电路提供时，称为外调制。

3）调制级

高频信号发生器主要采取用正弦幅度调制（AM）、正弦频率调制（FM）、脉冲调制

（PM）、视频幅度调制（VM）等几种调制方式。

2. 高频信号发生器的主要性能指标

（1）频率范围为 100 kHz～30 MHz，分为 8 个频段，与频率调节度盘上的 8 条刻度线相对应，频率刻度误差为 1%。

（2）输出电压与输出阻抗。

在“0～0.1 V”插孔：分为 10 μV、100 μV、1 mV、10 mV、100 mV 共 5 挡，每挡可微调，输出阻抗为 40 Ω。

在“0～1 V”插孔：输出为 0～1 V，且连续可调，输出阻抗约为 40 Ω。

有分压电阻时的电缆（电缆分压器）终端，“0～0.1 V”插口输出为 0.1 μV～10 mV，输出阻抗为 8 Ω。“0～1 V”插口输出为 0～0.1 V，输出阻抗为 40 Ω。

（3）调幅频率：内调幅分为 400 Hz 和 1 kHz 两种；外调幅为 50～8 000 kHz 连续可调。

（4）漏讯：<0.3 μV。

2.4.4　函数信号发生器

函数信号发生器实际上是一种能产生正弦波、方波、三角波等多波形的信号源，由于其输出波形均为数学函数，故称为函数信号发生器。

1. 函数信号发生器的组成与原理

1）脉冲式函数信号发生器

脉冲式函数信号发生器先由施密特触发器产生方波信号，然后经变换得到三角波信号和正弦波信号，原理如图 2-9 和图 2-10 所示。

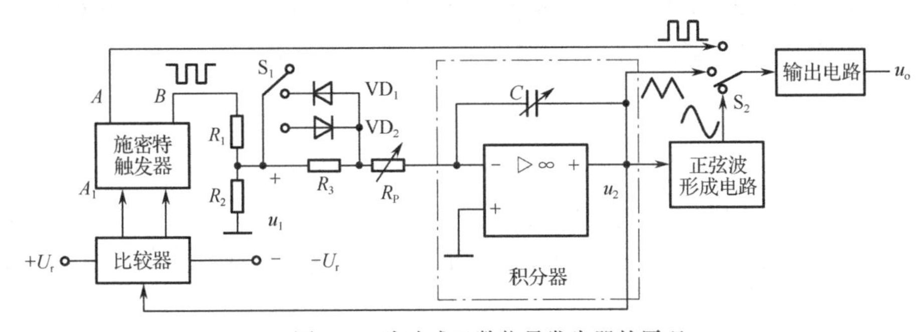

图 2-9　脉冲式函数信号发生器的原理

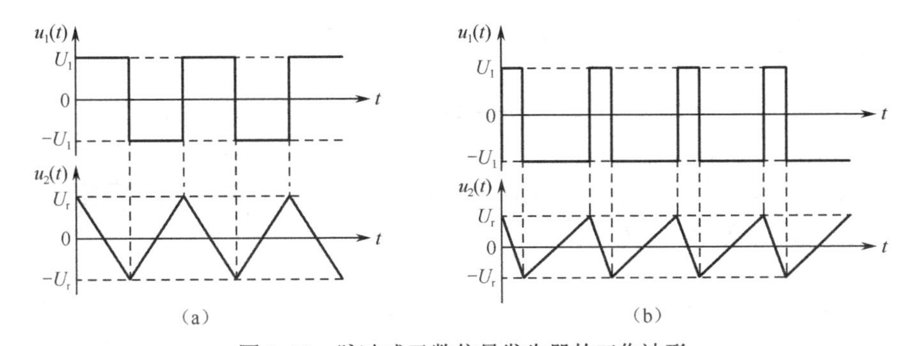

图 2-10　脉冲式函数信号发生器的工作波形

脉冲式函数信号发生器无独立的主振电路，而是由施密特触发器、积分器和比较器构成的自激振荡器，它产生的最基本波形是方波和三角波。

2）正弦式函数信号发生器

正弦式函数信号发生器先振荡产生正弦波，然后经变换得到方波和三角波，其组成如图 2-11 所示。它包括正弦振荡器、缓冲电路、方波形成器、积分器、放大器和输出电路等部分。

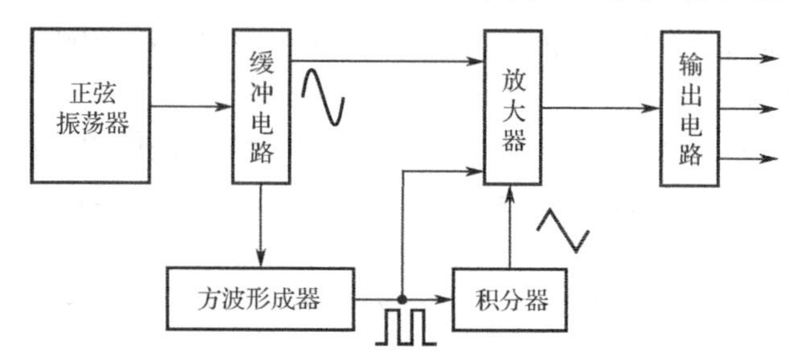

图 2-11　正弦式函数信号发生器的组成

其工作过程是，正弦振荡器输出正弦波，经缓冲电路隔离后，分为两路信号，一路送到放大器输出正弦波，另一路作为方波形成器的触发信号。

2. 正弦波形成电路

在脉冲式函数信号发生器中，正弦波形成电路起着非常重要的作用，它主要用于将三角波信号变换成正弦波信号，原理如图 2-12 所示。

（1）在三角波的正半周，当 u_i 瞬时值较小时，所有的二极管都被 $+E$ 和 $-E$ 截止，u_i 经电阻 R 直接输出，即 $u_o = u_i$，输出与输入波形相同。

（2）当 u_i 瞬时值上升到 U_1 时，二极管 VD_1 导通，电阻 R、R_1、R_{1a} 构成第一级分压器，输入三角波通过该分压器分压后送到输出端，u_o 比 u_i 有所降低。

$$u_o = \frac{R_1 + R_{1a}}{R + R_1 + R_{1a}} u_i$$

（3）当 u_i 瞬时值上升到 U_2 时，二极管 VD_3 导通，电阻 R_2、R_{2a} 接入，与第一级分压器电阻共同构成第二级分压器。此时，分压比进一步减小，u_o 的衰减增大。随着 u_i 的不断增大，VD_5、VD_7 依次导通，分压比逐步减小，u_o 的衰减幅度更大，使输出信号由三角波趋向于正弦波，如图 2-13 所示。

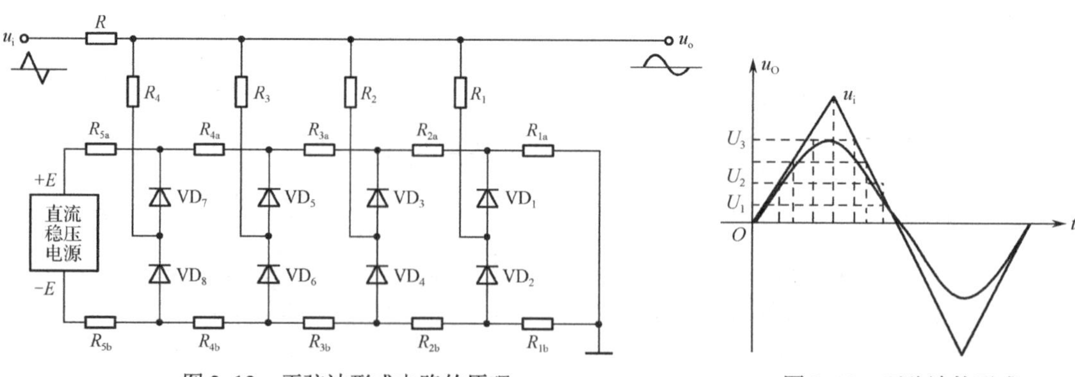

图 2-12　正弦波形成电路的原理

图 2-13　正弦波的形成

2.4.5　合成信号发生器

近年来，随着通信技术和电子测量技术的不断发展与提高，对信号源输出频率稳定度和准确度的要求越来越高。普通的 LC 振荡器已满足不了高性能信号源的技术要求，若利用频率合成技术代替调谐信号发生器中的LC振荡器，就可以有效地解决上述问题。

频率合成的方法很多，但基本上分为两大类：一类是直接频率合成法；一类是间接频率合成法。直接频率合成法包括模拟直接频率合成法和数字直接频率合成法，间接频率合成法则通过锁相技术进行频率的运算合成，最后得到所需的频率。

1. 直接频率合成法

利用分频、倍频和混频及滤波技术，对一个或几个基准频率进行算术运算从而产生所需频率的方法，称为直接频率合成法。

1）固定频率合成法

固定频率合成法的原理如图 2-14 所示，晶体振荡器产生基准频率 f_r，先通过分频器进行分频，然后通过倍频器进行倍频，从而得到所需要的输出频率 f_o：

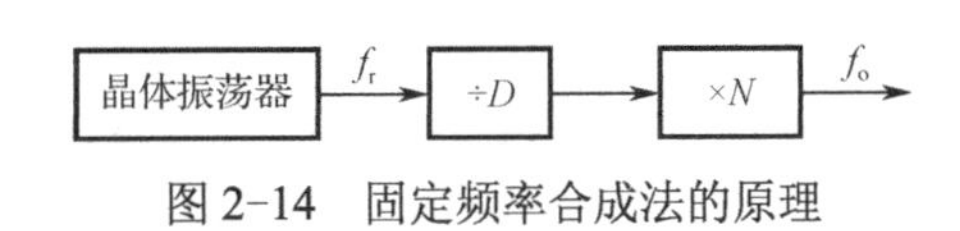

图 2-14　固定频率合成法的原理

$$f_o = \frac{N}{D} f_r$$

式中，D 为分频器的分频系数；N 为倍频器的倍频系数；f_o 为输出频率；f_r 为基准频率。

2）可变频率合成法

可变频率合成法可以根据需要选择各种输出频率。例如，采用如图 2-15 所示的方法，就可以得到 4.628 MHz 高稳定度的频率信号。

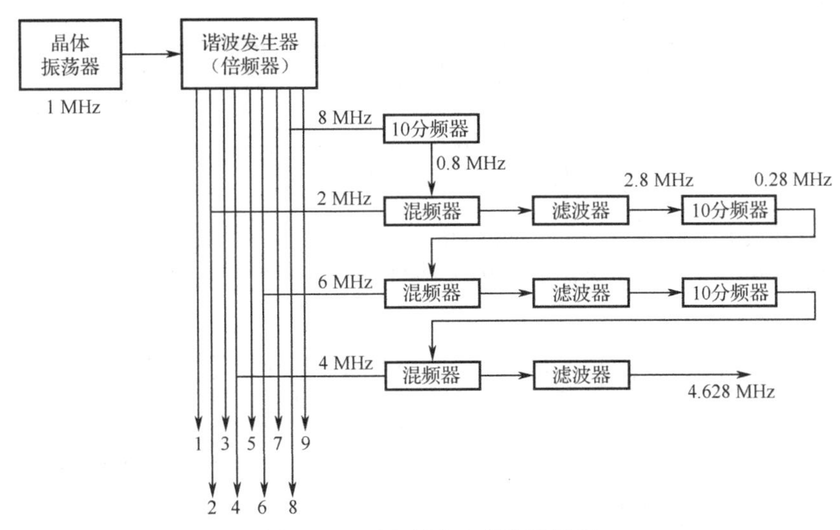

图 2-15　可变频率合成法的原理

以上两种方法均属于模拟直接频率合成法。

3）数字直接频率合成法

自 20 世纪 70 年代以来，由于大规模集成电路及计算机技术的发展，数字直接频率合成法（direct digital frequency synthesis，DDS）应运而生。这种方法不仅可以产生不同频率的正弦波，还可以产生不同初始相位的正弦波，甚至可以产生各种任意波形。如图 2-16 所示为数字直接频率合成法的原理，由顺序地址发生器、ROM、锁存器和 DAC 等电路构成，所有单元电路均在标准时钟控制下协调工作。

2. 间接频率合成法

间接频率合成法也称锁相频率合成法，它是利用锁相环（phase locked loop，PLL）的频率合成方法，即对频率的加、减、乘、除运算是通过锁相环来间接完成的。锁相信号发生器采用锁相频率合成法，其输出频率的稳定度和准确度大大提高，能达到与基准频率相同的水平。

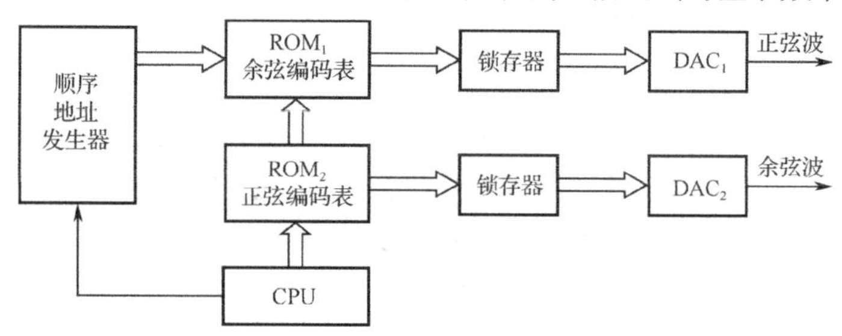

图 2-16　数字直接频率合成法的原理

1）基本锁相环

基本锁相环由基准频率源、检相器（phase detector，PD）、低通滤波器（low pass filter，LPF）和压控振荡器（voltage controlled oscillator，VCO）组成，如图 2-17 所示。当环路锁定时，其输出频率 f_o 具有与输入频率 f_i 相同的频率特性，即锁相环能够使压控振荡器输出频率的指标与基准频率的指标相同。

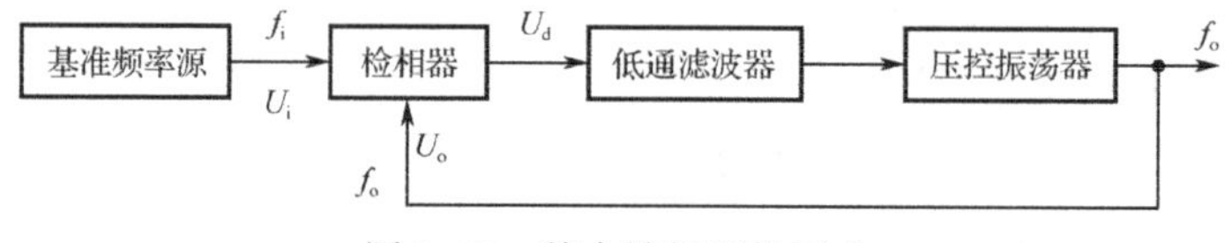

图 2-17　基本锁相环的组成

2）锁相环的几种基本形式

（1）倍频锁相环。倍频锁相环可对输入信号频率进行乘法运算，有两种基本形式，如图 2-18 所示。

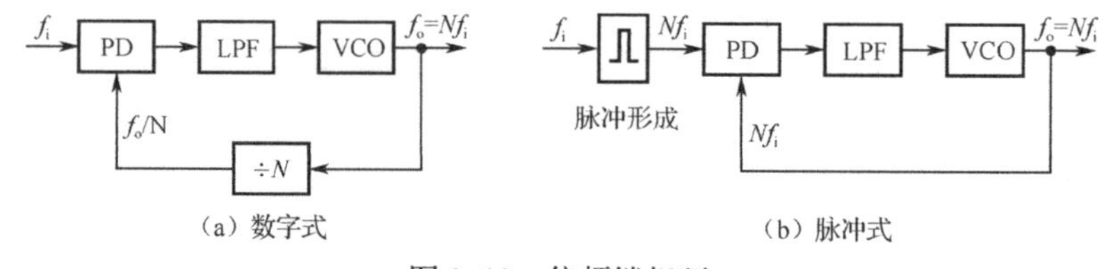

图 2-18　倍频锁相环

（2）分频锁相环。分频锁相环对输入信号频率进行除法运算，分频锁相环可用于向低端扩展合成器的频率范围。它也有两种形式，如图 2-19 所示。

（3）混频锁相环。如图 2-20 所示，它可以实现频率的加、减运算。

当混频器 M 为差频（-）时，$f_{i1}=f_o-f_{i2}$，则 $f_o=f_{i1}+f_{i2}$；当混频器 M 为和频（+）时，$f_{i1}=f_o+f_{i2}$，则 $f_o=f_{i1}-f_{i2}$。

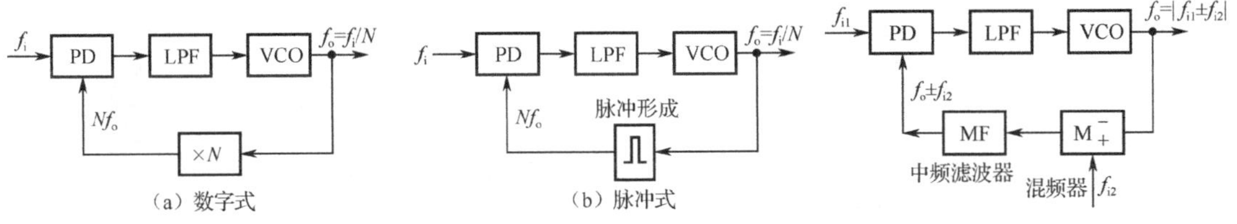

图 2-19　分频锁相环　　　　图 2-20　混频锁相环

3）频率合成单元

（1）组合环。一个典型的组合环及其输出频率如图 2-21 所示。因为 $f_i/N_1=f_o/N_2$，所以 $f_o=\dfrac{N_2}{N_1}f_i$。

（2）多环合成单元。多环合成单元有多种形式，如图 2-22 所示是一个由倍频锁相环与混频锁相环组成的双环合成单元。由倍频环可得 $f_{o1}=Nf_{i1}$。由混频环可得 $f_{o2}-f_{o1}=f_{i2}$；$f_{o2}=Nf_{i1}+f_{i2}$。

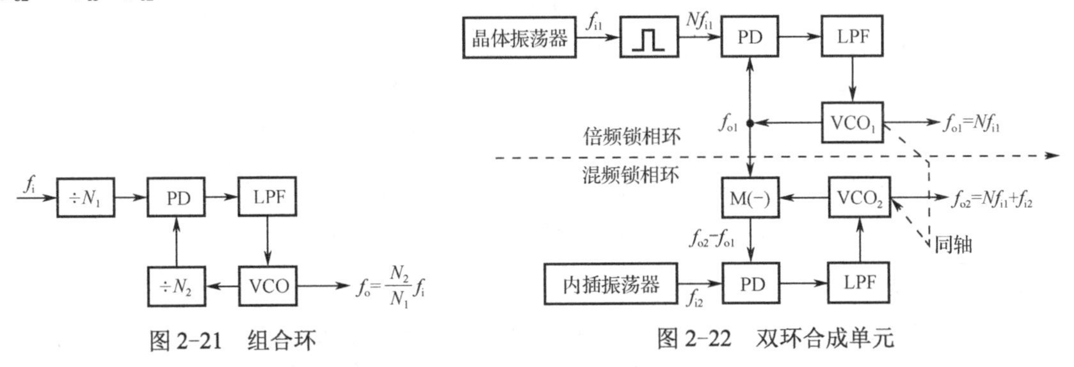

图 2-21　组合环　　　　图 2-22　双环合成单元

2.4.6　函数信号发生器的使用

下面以 EE1411 型函数信号发生器为例来说明面板功能、电路组成与操作方法。

1. 函数信号发生器的面板

EE1411 型函数信号发生器的前面板和后面板分别如图 2-23 和图 2-24 所示。

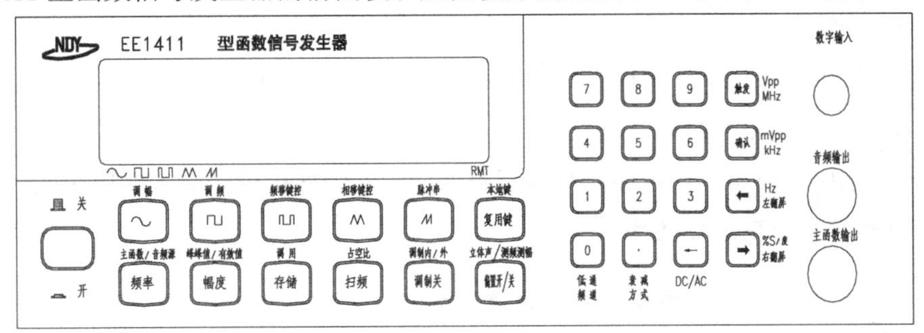

图 2-23　EE1411 型函数信号发生器的前面板

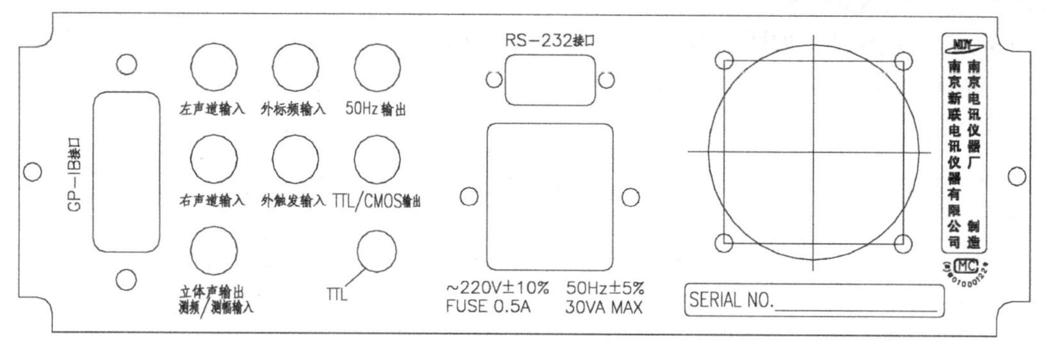

图 2-24　EE1411 型函数信号发生器的后面板

2. 函数信号发生器的电路组成

EE1411 型函数信号发生器主要由波形产生电路、变换电路、控制电路、键盘及显示电路、接口电路、输出电路及保护电路等组成，如图 2-25 所示。

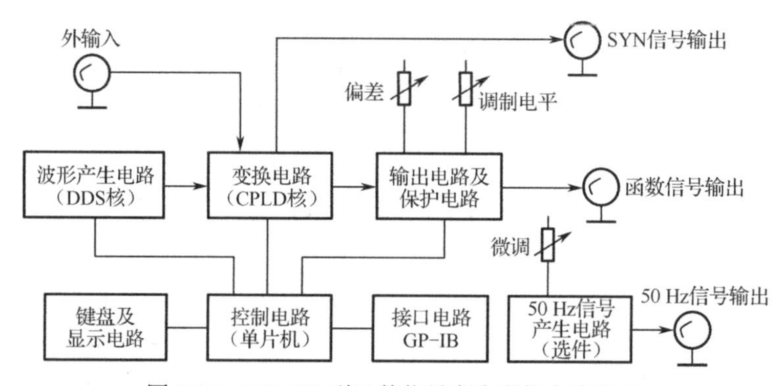

图 2-25　EE1411 型函数信号发生器的电路组成

1）波形产生电路

波形产生电路的核心是 DDS 直接数字合成芯片，配合相应的外围电路，可产生各种输出波形。由于 DDS 特有的性能，输出波形的频率稳定度等同来自晶体振荡器的参考时钟稳定度。

2）变换电路

变换电路采用可调节电平触发电路，其中，信号电路加到比较器的一端，可设定电压加到比较器的另一端。在比较器的作用下，实现脉冲输出功能，并且利用大规模可编程芯片完成各种波形的控制和变换。

3）控制电路

控制电路采用目前广泛使用的 51 系列单片机，具有控制简单、成本低等优点。

4）输出电路及保护电路

输出电路采用了限流保护电路，具有短路保护功能和外接直流电压保护功能。

3. 函数信号发生器的操作方法

1）主函数信号和音频信号源显示、设置参数切换

开机后默认为主函数状态，全屏幕显示如下：

```
MF：3.000 000 MHz        →
MAmp：1.00 Vpp           →
_
```

∿⊓⊓⊔⊓MM

按“复用”和“频率”组合键切换主函数信号和音频信号源，当切换为音频信号源时全屏幕显示如下：

```
AF：1.00 000 kHz         →
AAmp：3.00 Vpp           →
_
```

∿⊓⊓⊔⊓MM

2）主函数信号输出波形选择、频率与幅度设置步骤

开机后主函数输出信号为正弦波、频率为 3 MHz、幅度为 1 Vpp、无调制状态。

（1）调整频率。按“频率”键使输入焦点转为频率输入。

```
MF：3.000 000 MHz
```

按“数字”键和“频率单位”键输入需要的频率。

（2）调整幅度。按“幅度”键使输入焦点转为幅度输入。

```
MAmp：1.00 Vpp
```

此时可以按“数字”键和“幅度单位”键输入需要的幅度；还可以按“复用”和“幅度”组合键切换幅度的显示，以切换不同的幅度单位。

```
MAmp：1.00 Vpp
```

上面显示的值表示输出信号幅度值（峰峰值、高阻）。

```
MAmp：353 m Vrms
```

上面显示的值表示输出信号幅度值（有效值、高阻）。

（3）改变输出波形。当需要改变输出波形时，可以按相应的波形键来改变输出波形。例如，希望输出波形为脉冲波时，可以按“脉冲”键，显示如下所示：

```
MF：3.000 000 MHz        →
MAmp：1.00 Vpp           →
_
```

∿⊓⊓⊔⊓MM

注意屏幕下方的小光标，它将移动到脉冲波标志的上方。本机用此光标表示当前的输出波形。

例如，设置输出频率为 150 kHz、幅度为 6 V 的脉冲波。按“频率”键确定输入焦点为频率。

```
MF：3.000 000 MHz
```

按数字键 1 可以看到如下变化：

```
MF：1
```

继续按数字键 5、0 和 kHz 单位键即可完成频率输入。

按“幅度”键使输入焦点变为幅度输入。

```
MAmp：1.00 Vpp
```

按数字键 6 和 Vpp 单位键即可完成幅度输入。按标有方波图形的键后，输出波形为方波，光标移动到方波上方，全屏显示如下：

```
MF：150.000 0 kHz        →
MAmp：6.00 Vpp           →

—
```

在示波器上可以观察到如下波形信号：

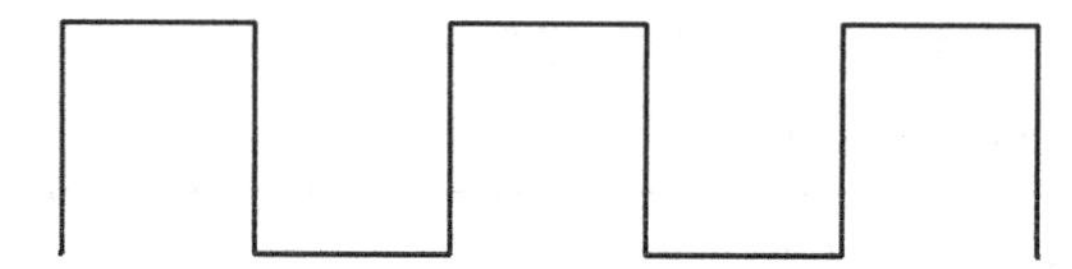

3）工作模式设置步骤

（1）调幅模式：可以通过按“复用”和“正弦”组合键，进入调幅状态，此时输出信号为调幅波，显示如下：

```
Mod：AM  INT
```

表示当前工作模式为调幅、调制源为内部。此时调节旋转编码器可以改变调幅深度。在示波器上可观察到如下波形信号：

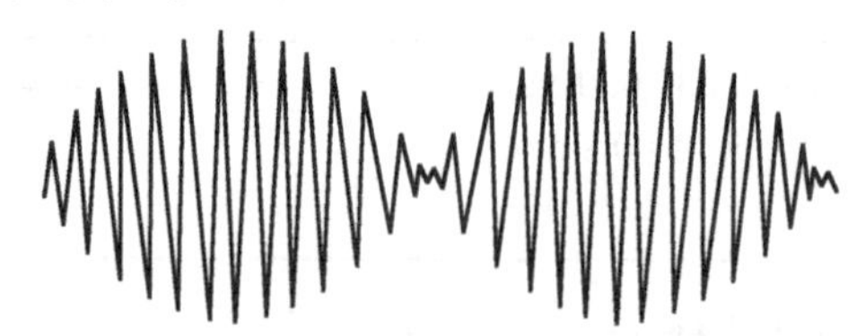

（2）调频模式：可以通过按“复用”和“方波”组合键，进入调频状态，此时输出信

号为调频波，显示如下：

Mod：FM INT

表示当前工作模式为调频、调制源为内部。此时调节旋转编码器可改变频率偏移。在示波器上可观察到如下波形信号：

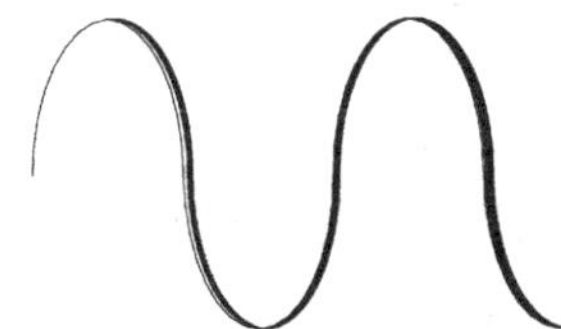

（3）频移键控（frequency-shift keying，FSK）模式（注意：三角波、锯齿波没有此种模式）：按“复用”和“脉冲”组合键，进入 FSK 状态，此时输出信号为 FSK 调制波，显示如下：

Mod：FSK INT

表示当前工作模式为 FSK、调制源为内部，此时可以按“右翻屏”键，显示如下：

F1：1.000 00 kHz

表示 FSK 工作模式中的 F1 频率，此时可以按“数字”键和“频率单位”键修改该频率。继续按“右翻屏”键，显示如下：

F2：10.000 00 kHz

表示 FSK 工作模式中的 F2 频率，此时可以按“数字”键和“频率单位”键修改该频率。

（4）相移键控（phase-shift keying，PSK）模式（注意：三角波、锯齿波没有此种模式）：可以通过按“复用”和“三角波”组合键，进入 PSK 状态，此时输出信号为 PSK 调制波，显示如下：

Mod：BPSK INT

表示当前工作模式为 PSK、调制源为内部，此时可以按“右翻屏”键，显示如下：

Phase1：90.0°

表示 PSK 工作模式中的相位 1，此时可以按“数字”键和“右翻屏”键（单位为度）修改该相位。继续按“右翻屏”键，显示如下：

Phase2：270.0°

表示 PSK 工作模式中的相位 2，此时可以按“数字”键和“右翻屏”键（单位为度）修改该相位。屏幕显示如下信息：

F0：3.000 000 MHz

此时可以按“数字”键和“频率单位”键修改载频频率。

（5）脉冲猝发（BURST）模式（注意：仅脉冲波有此种模式）：在输出为脉冲波时，可以通过按“复用”和“锯齿波”组合键，进入BURST状态，显示如下：

Mod：INT Burst 1

表示当前工作模式为BUSRT、调制源为内部手动，脉冲个数为一个。此时可以按“触发”键产生一次手动触发，即输出一次指定个数的脉冲串。也可以使用“数字”键和“右翻屏”键（脉冲个数单位）更改脉冲个数。

（6）扫频模式：按“扫频”键，进入频率扫描工作状态，显示如下：

St：1.000 00 kHz

表示扫描开始频率，此时可以按“数字”键和“频率单位”键修改该频率。继续按“右翻屏”键，显示如下：

Sp：3.000 000 MHz

表示扫描终止频率，此时可以按“数字”键和“频率单位”键修改该频率。继续按“右翻屏”键，显示如下：

Time：1.00 s

表示扫描时间，此时可以按“数字”键和“右翻屏”键（时间单位）修改该扫描时间。

4）调制源选择

在非扫频状态时，可以按“复用”和“调制关”组合键来切换调制源状态。例如，在调频、调制源为内部工作状态下，显示如下：

Mod：FM INT ←

此时可以按“复用”和“调制关”组合键，显示发生如下变化：

Mod：FM EXT ←

表示调制源已经切换到外部。调幅、频移键控、相移键控和脉冲猝发皆有此功能。

5）调制关闭

在任何调制模式中，都可以按“调制关”键退出调制模式。例如，在脉冲猝发模式下，显示如下：

Mod：NT Burst 1

∿ΠШΜΜ

按“调制关”键，将退出调制状态返回无调制状态，显示如下：

F0：3.000 000 MHz　→

∿ΠШΜΜ

6）脉冲波占空比调整

仅在脉冲波输出时才能进行占空比调整。例如，在脉冲波输出状态下，按“复用”和“扫频”组合键，显示如下：

DUTY：50%

∿ΠШΜΜ

此时可以按“数字”键和“右翻屏”键（单位为百分比）修改脉冲波的占空比。按“频率”键将退出修改占空比，返回频率设置菜单。

7）直流偏置调整

按“偏置开/关”键，直流偏置将进行开、关状态的切换。例如，在偏置关时想要打开直流偏置，显示如下：

Offset ADJ：OFF　←

∿ΠШΜΜ

可以按“偏置开/关”键打开直流偏置，显示将发生如下变化：

Offset ADJ：ON　←

∿ΠШΜΜ

在偏置开的状态下，可以转动编码器调节偏置量，屏幕上会闪烁出现“*”号，表明正在调节直流偏置量。

8）存储调用

可对频率、幅度、波形信息进行存储调用。在需要存储时按“存储”键，显示如下：

Save：

∿ΠШΜΜ

此时可以按“数字”键（0～9）完成频率、幅度、波形信息的存储，显示信息如下（大约 3 s 后退出）：

Successful！

∿ΠШΜΜ

通过调用功能可以把已经存储的频率、幅度、波形信息调用出来。在需要调用时按

“复用”和“存储”组合键，显示如下：

```
Recall:
```

∿⊓⊔⊓⊔MM

此时可以按“数字”键（0～9）完成频率、幅度、波形信息的调用。如果记录存在，调用成功显示信息如下（大约 3 s 后退出）：

```
Successful!
```

∿⊓⊔⊓⊔MM

如果记录不存在，调用不成功则显示信息如下（大约 3 s 后退出）：

```
Record Empty!
```

∿⊓⊔⊓⊔MM

9）音频信号源参数设置

进入音频信号参数设置状态后才能进行设置。开机后主函数输出信号为正弦波、频率为 1 kHz、幅度为 3 Vpp。

（1）频率调整。按“频率”键使输入焦点转为频率输入：

```
AF: 1.000 00 kHz
```

按“数字”键和“频率单位”键输入需要的频率。

（2）幅度调整。按“幅度”键使输入焦点转为幅度输入：

```
AAmp: 3.00 Vpp
```

此时可以按“数字”键和“幅度单位”键输入需要的幅度。

（3）主信号同音频信号的相位差调节。按“频率”键后按“右翻屏”键，显示如下：

```
APhase: 0.0°
```

此时可以按“数字”键和“相位单位”键改变主信号同音频信号的相位差。输入的相位数据不表示具体的相差，仅用于调节两信号的相位差。

（4）改变音频信号的波形。需要改变输出波形时，可以按相应的波形键来改变输出波形。例如，希望输出波形为三角波时，可以按“三角波”键，显示将发生如下变化：

```
AF: 1.000 000 kHz      →
AAmp: 3.00 Vpp         →
_
```

∿⊓⊔⊓⊔MM

注意屏幕下方的小光标，它将移动到三角波标志的上方。本机用此光标表示当前的输出波形。

10）旋转编码器使用（音频信号源参数、扫频参数无此功能）

旋转编码器结合“确认”键起到快速调节数字量的作用，方法如下：在“频率”菜单或“幅度”菜单下，左/右调节旋转编码器（数字输入键）到需要改变某位数字的位置，按“确认”键进行位置确认。需要增加数字时，向右调节旋转编码器，反之向左调节，到达需要的数字时，按“确认”键进行数值确认。

例如，改变频率 2 MHz 到 2.2 MHz，先将光标移到需要改变数字的位置，即 100 kHz 位置，如下所示：

```
F0：2.000 000 MHz          →
    _
```

按“确认”键对需要调节数字的位置进行确认。再向右调节旋转编码器，显示变为：

```
F0：2.100 000 MHz
    _
```

再向右调节旋转编码器，显示变为

```
F0：2.200 000 MHz          →
    _
```

按“确认”键，对当前数字输入进行确认。输出频率改变为 2.2 MHz。

11）TTL/CMOS 信号设置

（1）TTL、CMOS 信号的切换：仪器后面板有一个电位器，当电位器为关状态时输出 TTL 信号，为开状态时输出 CMOS 信号。输出为 CMOS 信号时，可以通过调节电位器改变输出信号电平。

（2）TTL/CMOS 信号频率：当仪器为内调制状态时，此端口输出信号频率为 1 kHz 信号；主输出信号为方波或脉冲波，且仪器状态为外调制时，此端口信号频率与主输出信号同步。

（3）TTL/CMOS 信号占空比调节：主输出信号为脉冲波，且仪器状态为外调制时，此时设置脉冲波占空比，TTL/CMOS 信号的占空比也随之改变。

12）选配功能设置

注意：选配功能仅当安装了相应的选件后才具有此功能。

（1）如果未安装该选件，显示如下信息：

```
No measure OPT !
```

（2）外测频模块设置（已安装测频模块）：

按“复用”和“频率”组合键进入外测频模式，显示如下：

MEAS F：1 NLP →

显示信息的意思为，输入信号无衰减，信道低通关闭。在本界面下用户可以对输入信号是否衰减进行控制。可以连续按“衰减”键切换衰减状态。按“衰减”键后，显示如下：

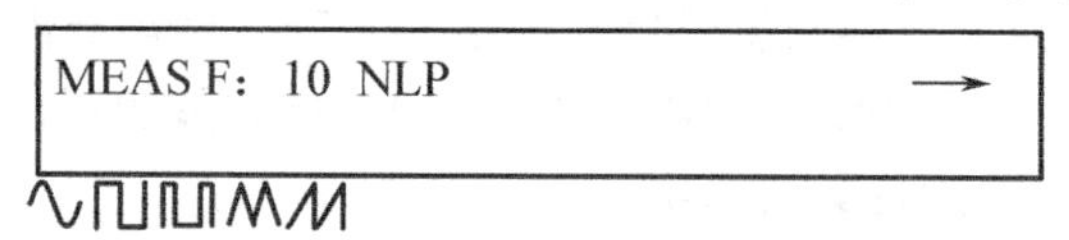

此时输入信号被 10 倍衰减。在本界面下用户还可以对输入信号是否加低通滤波进行控制。可以通过连续按“低通”键切换低通状态。本功能在测量频率小于 100 kHz 时是非常有用的，建议打开低通滤波。按“低通”键打开低通功能时，显示如下：

按“右翻屏”键，可以看到测量结果，显示如下：

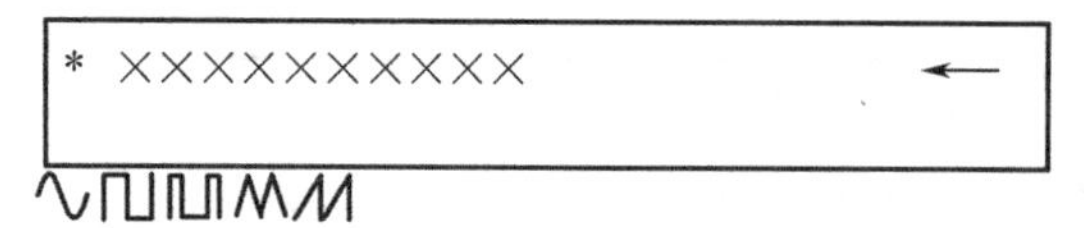

“*”号的闪烁表示闸门开闭，闸门时间约 1 s。××××××××××表示测量结果值。

（3）电压表模块设置（已安装电压表模块）：

按“复用”和“频率”组合键进入外测幅模式，显示如下：

显示信息的意思为，测量方式为 AC（交流电压测量）。在本界面下用户可以通过“DC/AC”键进行交直流电压测量的切换控制。按“DC/AC”键后，显示如下：

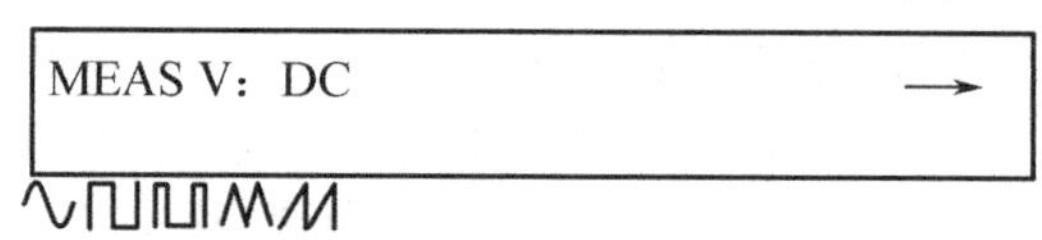

通过按“右翻屏”键，可以看到测量结果，显示如下：

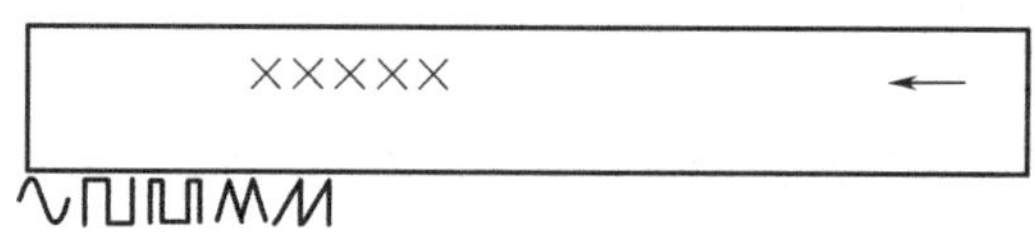

×××××表示测量结果值。

（4）立体声模块设置（已安装立体声模块）：

按“复用”和“频率”组合键进入外测幅模式，显示如下：

FMStereo：INT →

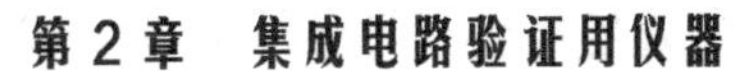

此时可以按“方式”键选择立体声调制方式。本机有 4 种调制方式：INT（内部双声道）、INT L（内部左声道）、INT R（内部右声道）、EXT（外部调制）。连续按“方式”键，将在这些模式中切换。例如，内部左声道调制显示如下：

```
FMStereo：INT L
```

按“右翻屏”键将进入载频选择界面，显示如下：

```
B CH1  ××.× MHz            ←
```

此时可以按“频道”键选择载波频率。选择时频道号会发生改变，同时载频值也会变化。

13）GP-IB、RS-232 使用

本机有两种控制方式，即本地和远程控制。本地是指用键盘控制；远程控制是指通过 GP-IB 或 RS-232 进行控制（进入远程控制状态时光标会停留在“RMT”上方）。本机默认的 GP-IB 地址为 05。在进入远程控制状态后，显示如下：

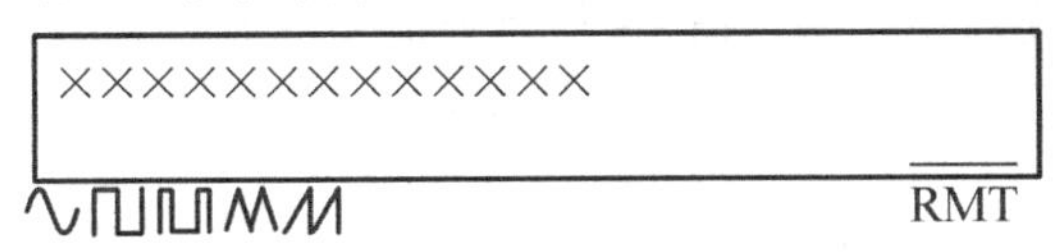

注意：光标已经移动到“RMT”的上方（此时光标不作为波形状态显示），表示机器进入远程控制状态。如需退出可以按“复用”键，退出后光标将回到当前波形的图形上方。××××××××××××××表示在不同的状态下会有不同的显示。

2.5 电压表

2.5.1 电压的特点和基本参数

1. 电子电路中电压信号的特点

（1）频率范围宽。

（2）电压范围广。

（3）输入阻抗高。

（4）波形多样性。

2. 交流电压的基本参数

交流电是一种周期性改变方向的电流。在大多数情况下，交流电指的是正弦波电压波形，如图 2-26 所示。正弦波是交流电压波形的标准形式。其他常见的周期性波形包括方波、三角波等。

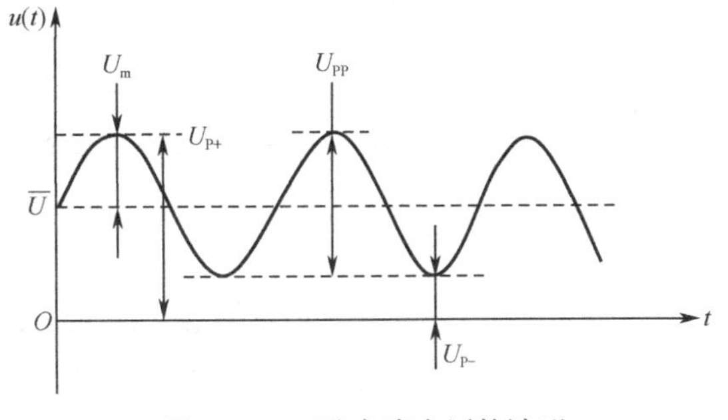

图 2-26　正弦交流电压的波形

1）平均值

$$\bar{U}=\frac{1}{T}\int_0^T|u(t)|\,\mathrm{d}t$$

交流电压的平均值指经过均值检波后（绝对值）波形的平均值。

2）峰值 U_P

峰值分为正峰值 U_{P+}和负峰值 U_{P-}，经常用到的交流电压表征量还有峰峰值 U_{PP}。

3）有效值 U

有效值的物理意义：若某一交流电压 $u(t)$在一个周期内通过纯阻负载所产生的热量，与一个直流电压 U 在同样情况下产生的热量相等，则 U 的数值即为 $u(t)$的有效值。

$$U=\sqrt{\frac{1}{T}\int_0^T u^2(t)\mathrm{d}t}$$

4）交流电压量值的相互转换（2 个因数）

（1）波形因数 K_F：交流电压的有效值与平均值之比，即

$$K_F=\frac{U}{\bar{U}}$$

（2）波峰因数 K_P：交流电压的峰值 U_P与有效值 U之比，即

$$K_P=\frac{U_P}{U}$$

几种波形的基本参数如表 2-2 所示。

表 2-2　几种波形的基本参数

序号	波形	峰值	平均值	有效值	波形因数 K_F	波峰因数 K_P
1	正弦波	1	0.637	0.707	1.11	1.414
2	三角波	1	0.5	0.577	1.15	1.733
3	方波	1	1	1	1	1

2.5.2　模拟式电压表的电路结构

模拟式电子电压表一般用磁电式电流表作为指示器（也称表头），如图 2-27 所示，在电流表盘上以电压（或 dB）标度，用指针指示电压值。它的测量电压的范围很小，一般为毫伏级。为了测量较大的电压，通常与表头串联分压电阻。模拟式交流电压表有以下 3 种电路结构。

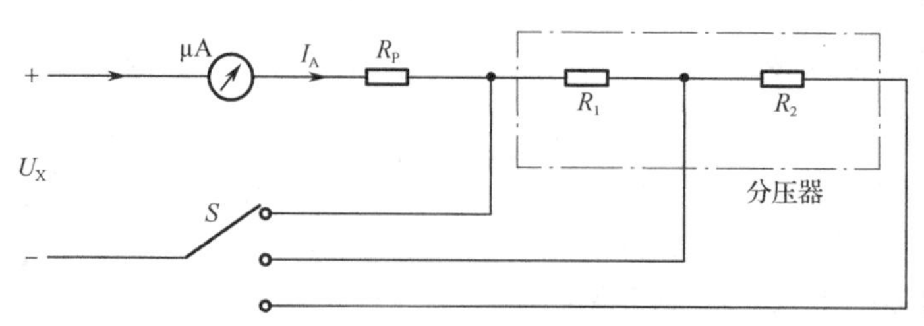

图 2-27　模拟式电子电压表的表头

1. 放大检波式

放大检波式电压表的原理如图 2-28 所示。电压表的电路结构是放大在前，检波在后，故称这种电压表为放大检波式电压表。

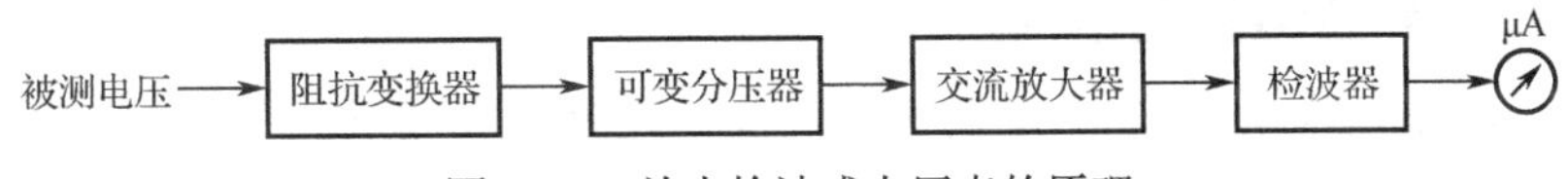

图 2-28 放大检波式电压表的原理

阻抗变换器完成从高阻抗向低阻抗的变换，以提高电压表的输入阻抗；可变分压器用于改变加至后级交流放大器的电压值，以改变电压表的量程；交流放大器用于放大被测交流电压；检波器将放大了的被测交流电压变成直流信号，以驱动微安表偏转。

这种电压表的优点是灵敏度高，性能稳定，使用方便；缺点是频率范围受放大器带宽的限制，不可能很宽。

2. 检波放大式

检波放大式电压表的原理如图 2-29 所示。电压表的电路结构是在检波前，放大在后，故称这种电压表为检波放大式电压表。

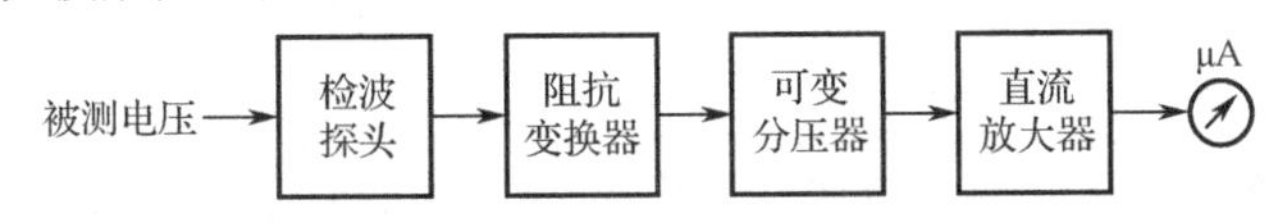

图 2-29 检波放大式电压表的原理

检波探头位于电压表机壳之外，通过同轴电缆与电压表的输入端相连，由检波探头整流出来的直流电压经阻抗变换器完成从高阻抗向低阻抗的变换，以提高电压表的输入阻抗；可变分压器用于改变加至后级直流放大器的电压值，以改变电压表的量程；直流放大器用于放大被测电压，以驱动微安表偏转。

这种电压表的优点是频率范围宽；缺点是性能不如放大-检波式电压表稳定，灵敏度也较低。

3. 外差式

外差式电压表的原理如图 2-30 所示。由于该电压表结构类似于外差式接收机，故称这种电压表为外差式电压表。

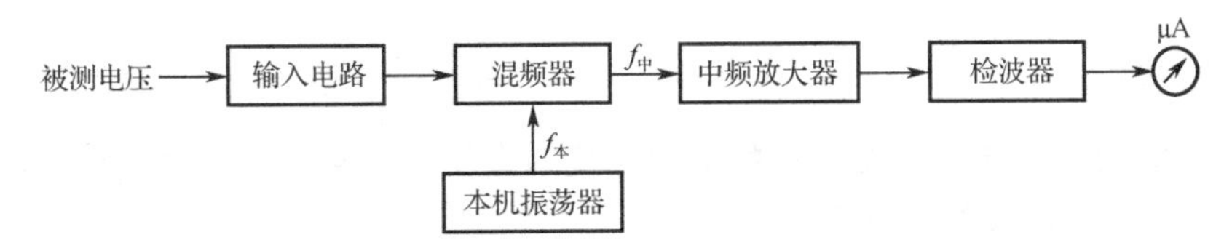

图 2-30 外差式电压表的原理

被测电压通过输入电路（包括输入衰减器及高频放大器）在混频器中与本机振荡器的振荡信号混频，输出中频信号经中频放大器放大，然后经过检波器，驱动微安表指针偏转。

外差式电压表的中频是固定不变的，中频放大器有良好的选择性和相当高的增益，这样就解决了放大器带宽与增益的矛盾，提高了测量灵敏度和频率范围。一般的高频微伏表属于这一类。

2.6 电压源

2.6.1 直流稳压电源的组成

直流稳压电源的组成如图 2-31 所示。

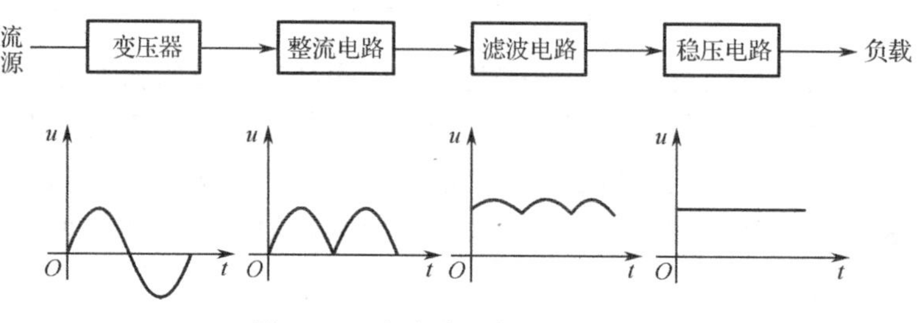

图 2-31 直流稳压电源的组成

1. 变压器

变压器可将正弦工频交流电源电压变换为符合用电设备所需要的正弦工频交流电压。

2. 整流电路

利用具有单向导电性能的整流元件，将正负交替变化的正弦交流电压变换成单方向的脉动直流电压。

3. 滤波电路

尽可能地将单向脉动直流电压中的脉动部分（交流分量）减小，使输出电压成为比较平滑的直流电压。

4. 稳压电路

稳压电路将使输出的直流电压在电源发生波动或负载变化时保持稳定。

2.6.2 直流稳压电源的工作原理

小功率直流电源因功率比较小，通常采用单相交流供电。下面介绍其电路组成与工作原理。

1. 整流电路

利用二极管的单向导电作用，可将交流电变为直流电。常用的二极管整流电路有单相半波整流电路和单相桥式整流电路等。

1）单相半波整流电路

单相半波整流电路如图 2-32 所示，图中 T 为电源变压器，用来将市电 220 V 交流电压变换为整流电路所要求的交流低电压，同时保证直流电源与市电电源有良好的隔离。

图 2-32 单相半波整流电路

2）单相桥式整流电路

为了克服单相半波整流的缺点，常采用单相桥式整流电路，它由 4 个二极管接成电桥形式构成。如图 2-33 所示为桥式整流电路的几种画法，如图 2-34 所示为桥式整流电路电压电流波形。

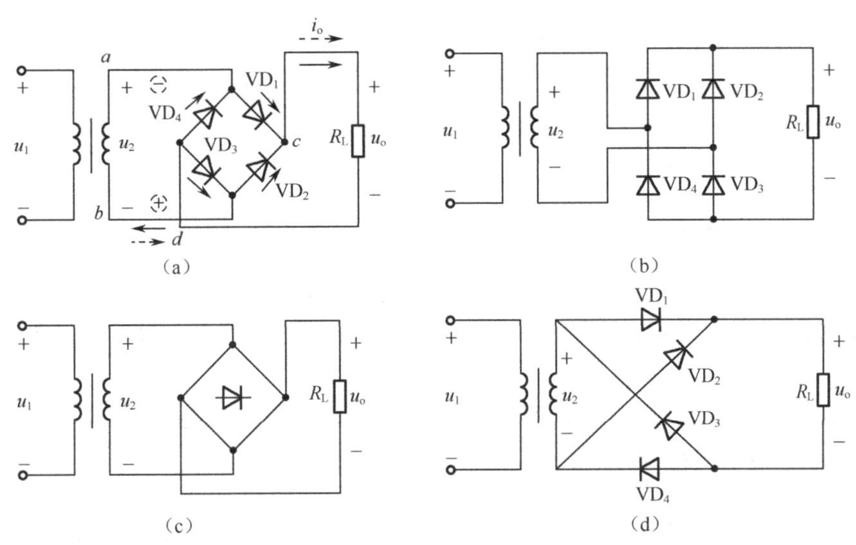

图 2-33　单相桥式整流电路的几种画法

3）常用整流组合元件

将单相桥式整流电路的 4 只二极管制作在一起，封成一个器件称为整流桥。常用的整流组合元件有半桥堆和全桥堆。半桥堆的内部由两个二极管组成，而全桥堆的内部由 4 个二极管组成，分别如图 2-35 和图 2-36 所示。

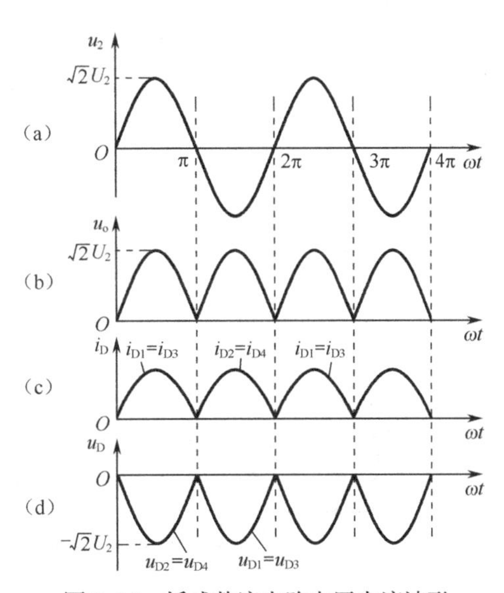

图 2-34　桥式整流电路电压电流波形

2. 滤波电路

整流电路将交流电变为脉动直流电，但其中含有大量的直流和交流成分（称为纹波电压）。这样的直流电压作为电镀、蓄电池充电的电源还是允许的，但作为大多数电子设备的电源，将会产生不良影响，甚至不能正常工作。在整流电路后，需要加滤波电路，尽量减小输出电压中的交流分量，使之接近于理想的直流电压。

1）电容滤波电路

假定在 t=0 时接通电路，u_2 为正半周，当 u_2 由零上升时，VD_1、VD_3 导通，C 被充电，因此 $u_o=u_C\approx u_2$。在 u_2 达到最大值时，u_o 也达到最大值，见图 2-37（b）中的 a 点，然后 u_2 下降，此时 $u_C>u_2$，VD_1、VD_3 截止，电容 C 向负载电阻 R_L 放电，由于放电时间常数 $\tau=RLC$

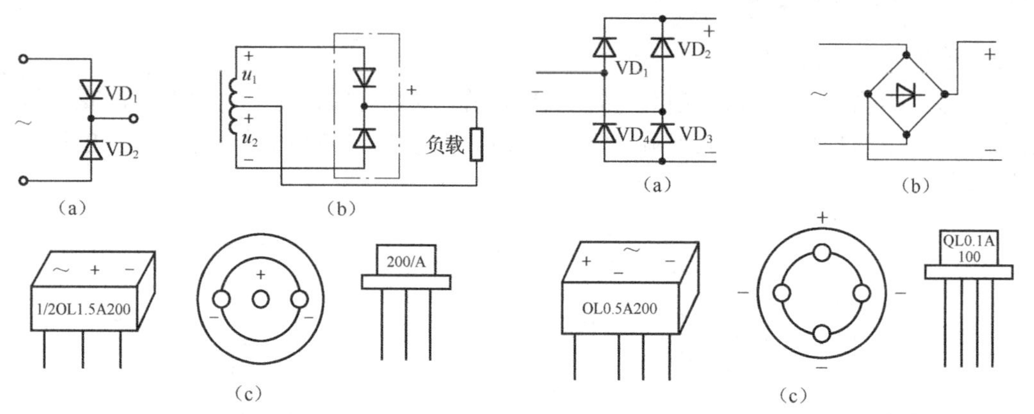

图 2-35　半桥堆连接方式及电路符号　　图 2-36　全桥堆连接方式及电路符号

一般较大，电容电压 u_C 按指数规律缓慢下降。当 u_o（u_C）下降到图 2-37（b）中的 b 点后，$u_2>u_C$，VD_2、VD_4 导通，电容 C 再次被充电，输出电压增大，以后重复上述充、放电过程。

整流电路接入滤波电容 C 后，不仅使输出电压变得平滑、纹波显著减小，同时输出电压的平均值也增大了。输出电压的平均值近似为：

$$U_o \approx 1.2U_2$$

故二极管的导通时间缩短，一个周期的导通角 $\theta<\pi$。由于电容 C 充电的瞬时电流很大，形成了浪涌电流，容易损坏二极管，故在选择二极管时，必须留有足够的电流裕量。

电容滤波电路简单，输出电压平均值 U_o 较高，脉动较小，但是二极管中有较大的冲击电流。因此电容滤波电路一般适用于输出电压较高、负载电流较小且变化也较小的场合。

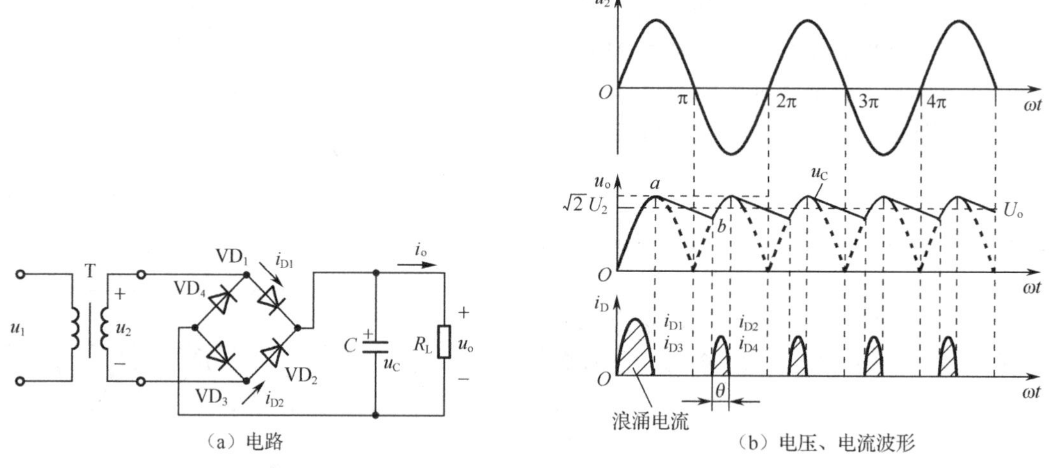

图 2-37　桥式整流电容滤波电路及波形

2）电感滤波电路

如图 2-38 所示的电路是桥式整流电感滤波电路，它主要适用于负载功率较大即负载电流很大的情况。

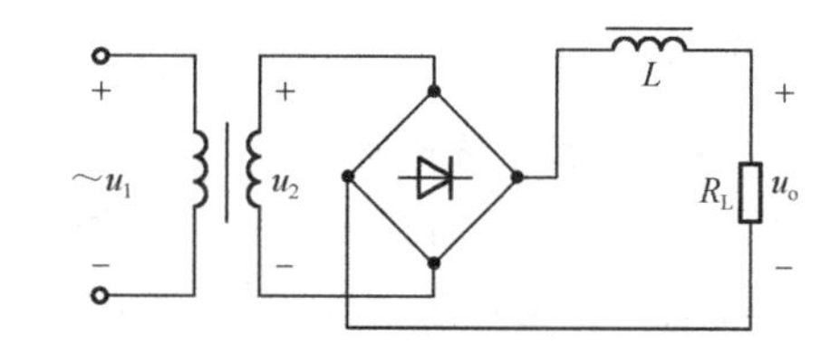

图 2-38　桥式整流电感滤波电路

3. 稳压电路的技术指标与工作原理

1）稳压电路的主要技术指标

通常用以下几个主要指标来衡量稳压电路的质量：内阻 r_0、稳压系数、温度系数。

2）串联反馈式稳压电路的组成与工作原理

晶体管被称为调整管。串联反馈式稳压电路的组成如图 2-39（a）所示，它由调整管、取样电路、基准电压和比较放大电路等部分组成。如图 2-39（b）所示为串联反馈式稳压电路的工作原理。

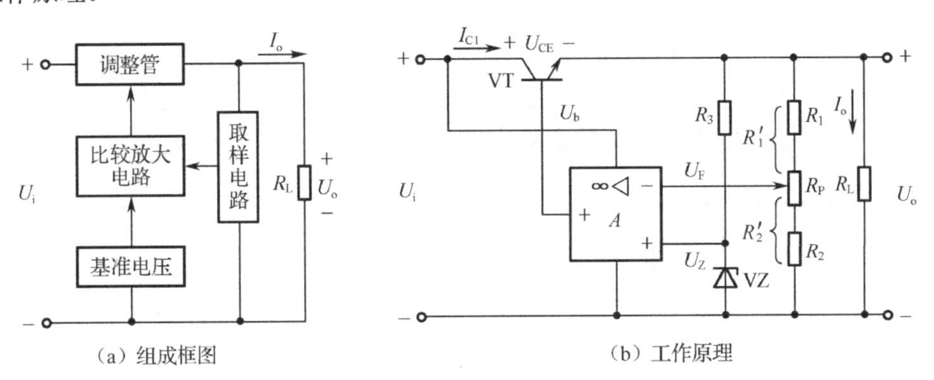

图 2-39　串联反馈式稳压电路

VT 为调整管，它工作在线性放大区，故该电路又称为线性稳压电路。R_3 和稳压管 VZ 组成基准电压源，为集成运放 A 的同相输入端提供基准电压；R_1、R_2 和 R_P 组成取样电路，它将稳压电路的输出电压分压后送到集成运放 A 的反相输入端；集成运放 A 构成比较放大电路，用来对取样电压与基准电压的差值进行放大。

2.6.3　直流稳压电源的使用

下面以 YB1700 系列直流稳压电源为例来说明面板功能与操作方法。

1. 直流稳压电源的操作面板及功能

YB1700 系列直流稳压电源的操作面板如图2-40 所示。

（1）电源开关（POWER）：将电源开关按键弹出即为“关”位置，将电源线接入，按下电源开关，以接通电源。

（2）输出端口（CH3）：此为固定的 5 V 电源输出端口。

（3）电压调节旋钮（VOLTAGE）：此为主路电压调节旋钮，顺时针调节时电压由小变大，逆时针调节时电压由大变小。

（4）恒压指示灯（CV）：当主路处于恒压状态时，CV 指示灯亮。

（5）恒流指示灯（CC）：当主路处于恒流状态时，CC 指示灯亮。

（6）输出端口（CH1）：此为主路（CH1）输出端口。

（7）电流调节旋钮（CURRENT）：此为主路电流调节旋钮，顺时针调节时电流由小变大，逆时针调节时电流由大变小。

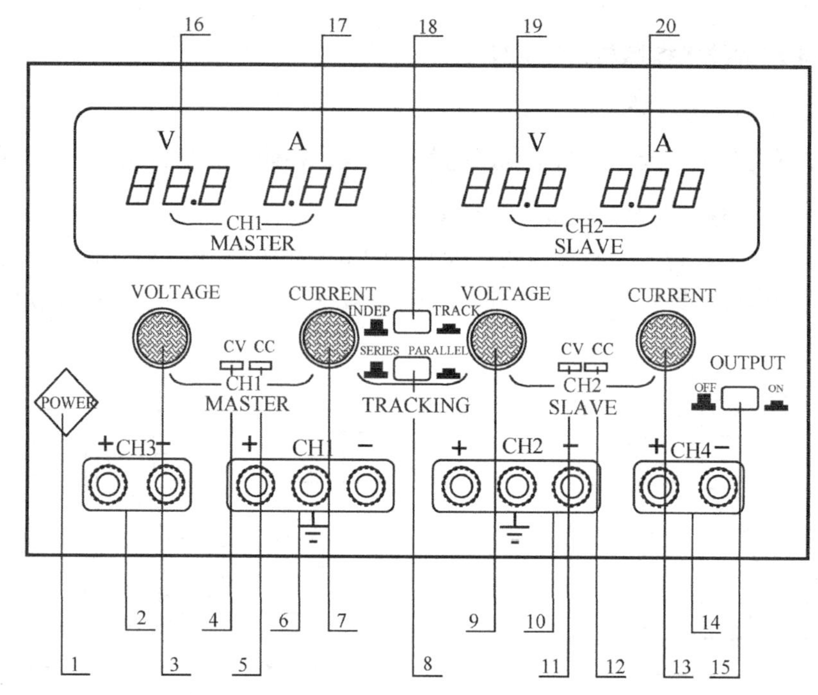

图 2-40　YB1700 系列直流稳压电源的操作面板

（8）电源串联、并联选择开关：此开关用于控制电源通道 CH1 和 CH2 之间的关系，为独立、串联或并联。

（9）电压调节旋钮（VOLTAGE）：此为从路电压调节旋钮，顺时针调节时电压由小变大，逆时针调节时电压由大变小。

（10）输出端口（CH2）：此为从路（CH2）输出端口。

（11）恒压指示灯（CV）：当从路处于恒压状态时，此灯亮。

（12）恒流指示灯（CC）：当从路处于恒流状态时，此灯亮。

（13）电流调节旋钮（CURRENT）：此为从路电流调节旋钮，顺时针调节时电流由小变大，逆时针调节时电流由大变小。

（14）输出端口（CH4）：此为固定的 12 V 电源输出端口。

（15）输出控制开关（OUTPUT）：此开关弹出时 CH1 和 CH2 无输出，此开关按下时，CH1 和 CH2 有输出。

（16）显示窗口：此为主路（CH1）电压显示窗口。

（17）显示窗口：此为主路（CH1）电流显示窗口。

（18）电源独立、组合控制开关：此开关弹出时两路分别可独立使用，此开关按下时，电源进入跟踪状态。

图 2-40 中标号为 18 的开关被按下时，开关 8 被弹出，为串联跟踪，此时调节主路电压调节旋钮 3，从路输出电压严格跟踪主路输出电压，使输出电压最高可达两路电压的额定值之和。开关 18、8 同时被按下时，为并联跟踪，此时调节主路电压调节旋钮 3，从路输出电压严格跟踪主路输出电压；调节主路电流调节旋钮 7，从路输出电流跟踪主路输出电流，使输出电流最高可达两路电流的额定值之和。

（19）显示窗口：此为从路（CH2）电压显示窗口。

（20）显示窗口：此为从路（CH2）电流显示窗口。

2. 直流稳压电源的操作方法

打开电源开关前先检查输入的电压，将电源线插入后面板上的交流插孔，按如表 2-3 所示设定各个控制键，再打开电源。

表 2-3　直流稳压电源的操作方法

电源（POWER）	置弹出位置
电压调节旋钮（VOLTAGE）	调至中间位置
电流调节旋钮（CURRENT）	调至中间位置
跟踪开关（TRACK）	置弹出位置

进行如下检查：

（1）调节电压调节旋钮，显示窗口显示的电压值应相应变化。顺时针调节电压调节旋钮时指示值由小变大，逆时针调节时指示值由大变小。

（2）双路（CH1、CH2）输出端口应有输出。

（3）固定的 5 V 电源输出端口，应有 5 V 电源输出。

（4）双路（CH1、CH2）输出可调电源的独立使用。

① 将开关 18 和 8 分别置弹出位置（▙位）

② 可调电源作为稳压源使用时，首先应将稳流调节旋钮 7 和 13 顺时针调节到最大，然后打开电源开关 1，并调节电压调节旋钮 3 和 9，使主路和从路输出直流电压至需要的电压值，此时稳压状态指示灯 4 和 11 亮。

③ 可调电源作为稳流源使用时，先将稳压调节旋钮 3 和 9 顺时针调节到最大，同时将稳流调节旋钮 7 和 13 逆时针调节到最小，然后连接所需负载，打开电源开关 1 后顺时针调节旋钮 7 和 13，使输出电流至所需要的稳定电流值。此时稳流状态指示灯 5 和 12 亮。

④ 在作为稳压源使用时，稳流电流调节旋钮 7 和 13 一般应该调至最大。但是，本电源也可以任意设定限流保护点。设定办法：逆时针将稳流调节旋钮 7 和 13 调到最小，短接正负端子，打开电源开关，并顺时针调节稳流调节旋钮 7 和 13，使输出电流等于所要求的限流保护点的电流值。此时，限流保护点就被设定好了。

（5）双路（CH1、CH2）输出可调电源的串联使用。

① 将开关 18 按下（▄位），开关 8 置弹出（▙位），此时调节主路电压调节旋钮 3，从路的输出电压严格跟踪主路输出电压，使输出电压最高可达两路电压的额定值之和。

② 在两路电源处于串联状态时，两路的输出电压由主路控制，但是两路的电流调节仍然是独立的。因此，在两路串联时应注意电流调节旋钮 13 的位置，如电流调节旋钮 13 在逆时针到底的位置或从路输出电流超过限流保护点，此时，从路的输出电压将不再跟踪主路的输出电压。所以一般两路串联时应将电流调节旋钮 13 顺时针旋到最大。

（6）双路（CH1、CH2）输出可调电源的并联使用。

① 将开关 18 按下（▄位），开关 8 也被按下（▄位），此时两路电源并联，调节主路电压调节旋钮 3，两路输出电压一样。同时，主路稳压指示灯 4 亮，从路指示灯 11 熄灭。

② 在电源处于并联状态时，从路电源的稳流调节旋钮 13 不起作用，当电源作为稳流源使用时，只需调节主路的稳流调节旋钮 7，此时主、从路的输出电流均受其控制并且大小相同。其输出电流最大可达二路输出电流之和。

2.7 示波器

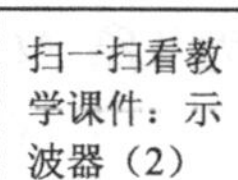

2.7.1 示波器的基本测试原理

1. 示波器的特点及类型

1）示波器的主要特点

示波器的主要特点包括实时直观、灵敏度高、输入阻抗高、过载能力强。

2）示波器的类型

（1）通用示波器——模拟示波器。

（2）取样示波器。

（3）数字存储示波器。

（4）逻辑示波器——又叫逻辑分析仪。

2. 示波管

通用示波器要实现所谓的“复现电信号”，其核心部件是示波管［或称阴极射线管（cathode-ray tube，CRT）］。CRT 的构成部分包括电子枪、偏转系统、荧光屏。

1）电子枪

电子枪由灯丝、阴极、控制栅极、第一阳极和第二阳极组成，其作用是发射电子形成高速电子束，去轰击荧光屏使之发光，组成如图 2-41 所示。

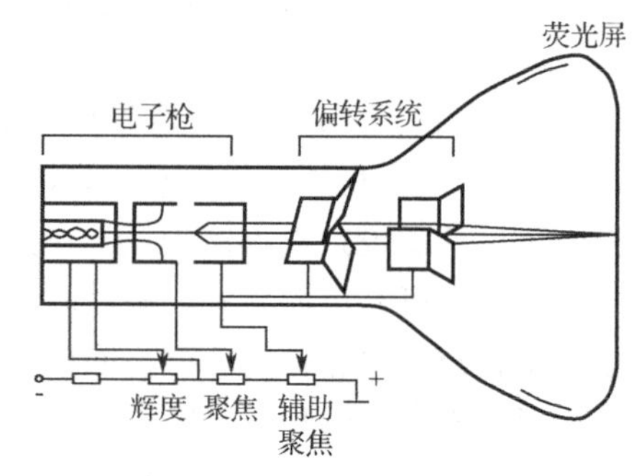

图 2-41　示波管的组成

2）偏转系统

偏转系统由一对竖直（*Y* 轴）偏转板和一对水平（*X* 轴）偏转板组成。当在偏转板上加适当的电压形成电场时，电子束的运动方向将发生偏转，从而改变电子束打在屏上的光斑位置。

3）荧光屏

荧光屏一般为圆形或矩形的，由示波管末端玻璃屏的内表面上涂了一层荧光粉构成的。

从电子束移走到光点亮度降为原始值 10%所延续的时间称为余辉时间，可分为短余辉、中余辉、长余辉 3 种，通用示波器一般选用中余辉管。

为了能利用示波器进行定量测量，在荧光屏上还常标有一定的刻度线。刻度区域通常为一矩形，其尺寸为示波器的可视尺寸，一般为 10 div×8 div（宽 : 高=10 : 8，div 表示格）。

3. 波形显示原理

波形显示有两种类型：一种是显示电压随时间变化的信号，称为波形显示；另一种是显示任意两个信号 *X* 与 *Y* 的关系，称为 *X*-*Y* 显示。

1）扫描的概念

光点在锯齿波作用下移动的过程称为扫描，如图 2-42 所示。能实现扫描的锯齿波电压

称为扫描电压，分为扫描正程和扫描回程。

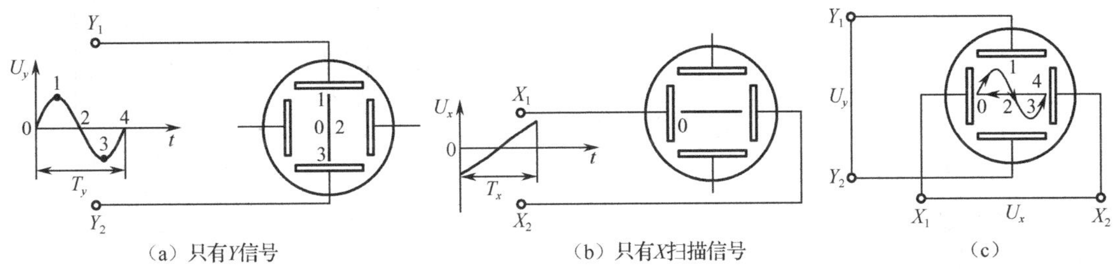

（a）只有Y信号　　（b）只有X扫描信号　　（c）

图 2-42　扫描过程

如图 2-42（c）所示，亮点从 0 点经 1、2、3 至 4 点的移动为正程，从 4 点迅速返回到 0 点的移动为回程。

锯齿波不断地做周期性的扫描，并且每次的扫描时间很短，就可以得到适于观测的稳定波形。需要注意的是，每次重复的扫描周期应小于人眼的视觉暂留时间，否则，人眼就可以分辨出扫描回程，波形就会产生明显的闪烁而不利于观测。锯齿波电压波形如图 2-43 所示。

2）扫描与被测信号的同步

前面介绍的是 $T_x=T_y$ 时，正好显示了一个周期的被测波形情况。如图 2-44 所示为扫描电压与被测信号 2 个周期同步时的情况，其中 $T_x=2T_y$。

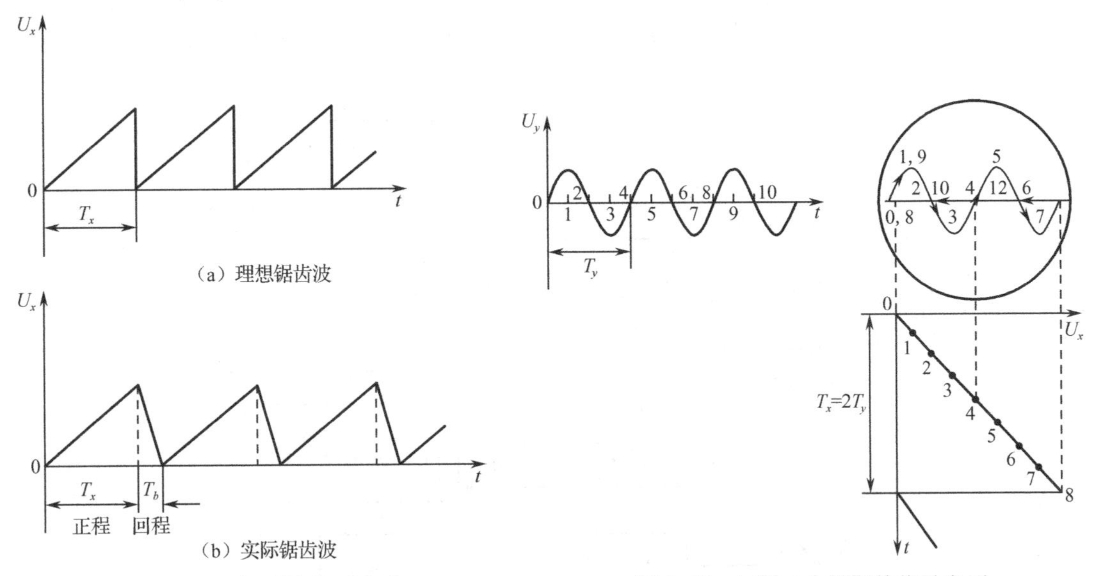

图 2-43　锯齿波电压波形　　图 2-44　扫描 2 个周期的信号电压

如图 2-45 所示为不同步扫描的情况，图 2-46 所示为两个同频率信号构成的李沙育图形。

2.7.2　通用示波器的组成原理

1. 通用示波器的基本结构和原理

示波器主要由示波管、垂直通道（Y 通道）和水平通道（X 通道）组成，此外还包括电源电路和校准信号发生器，如图 2-47 所示。

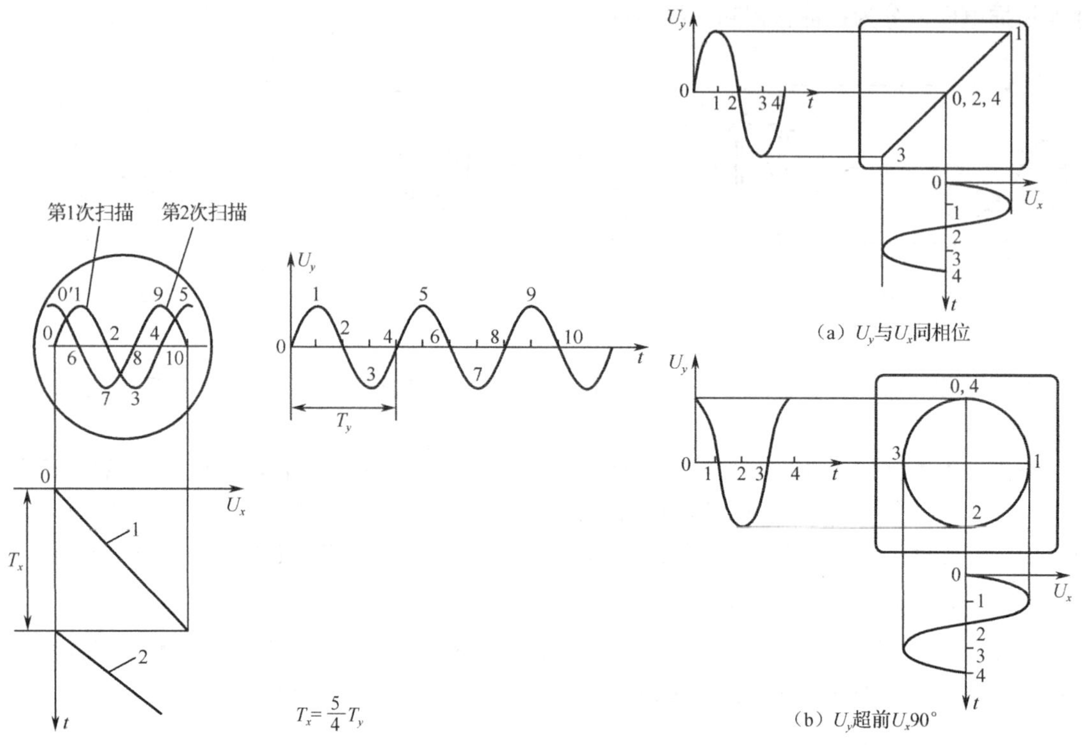

图 2-45　不同步扫描　　图 2-46　两个同频率信号构成的李沙育图形

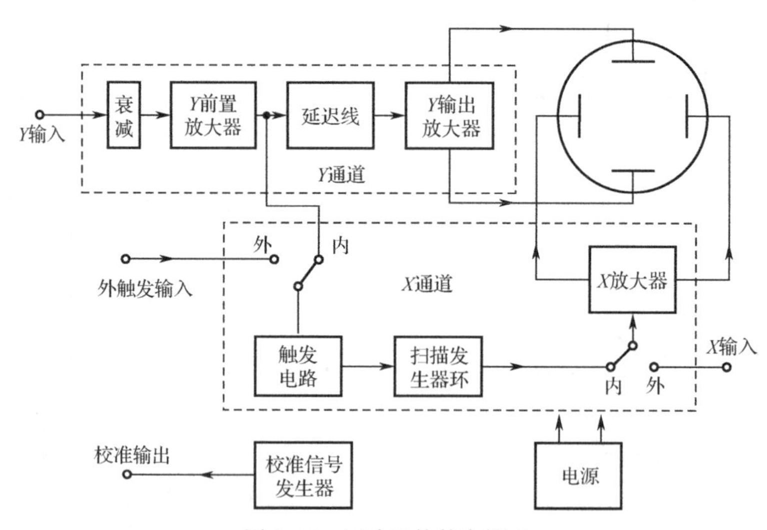

图 2-47　示波器的基本组成

2. 示波器的垂直通道（*Y* 通道）

示波器的垂直通道的主要作用是在一定的频率范围内不失真地对被测信号进行衰减、延迟和放大，使其输出电压能满足示波管 *Y* 偏转板的电压要求，如图 2-48 所示。

示波器的垂直通道主要有输入电路、延迟级、*Y* 放大器组成。

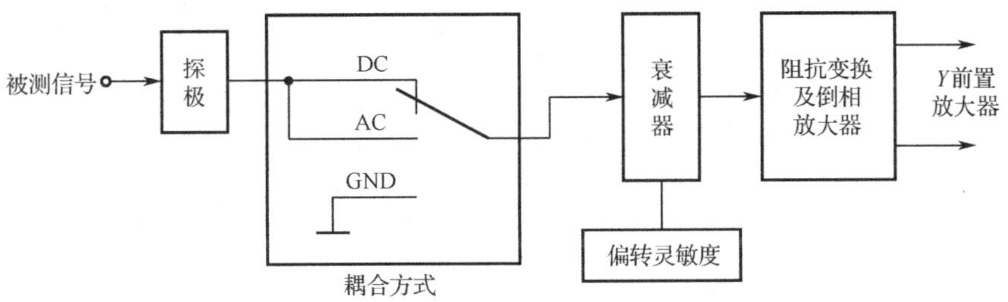

图 2-48　示波器 Y 通道的基本结构

1）输入电路

（1）探极。探极（又称为探头）用于被测信号与示波器的连接，主要作用是提高输入阻抗、减小外界干扰等。无源探极的应用较广，它实际上是一个衰减器，衰减比（用 K_y 表示）有 1∶1、10∶1、100∶1 三种。当探极衰减比 K_y 为 10∶1 或 100∶1 时，示波器测得的电压分别是被测电压实际值的 1/10 或 1/100。

（2）输入耦合方式选择开关。输入耦合方式设有 AC、GND、DC 三挡选择开关。置“AC”挡时只有输入交流信号才可以通过；置“DC”挡时信号直接接至衰减器，用于观测频率很低或带有直流分量的交流；置“GND”（接地）挡，用于确定零电平，即无须断开被测信号，可为示波器提供接地参考电平。

（3）衰减器。衰减器一般为阻容步进衰减器，它对应示波器面板上的 Y 轴灵敏度粗调旋钮。衰减器是为测量不同幅度的被测信号而设置的。其作用是在测量幅度较大的信号时，经衰减后使屏幕上显示的波形不至于因过大而失真。

2）延迟级

因为扫描信号 $u_x(t)$和被观测信号 $u_y(t)$相比总是滞后一段时间，延迟级的作用就是把加到 Y 轴偏转板的脉冲信号也延迟一段时间，使信号出现的时间滞后于扫描开始时间，这样就能够保证在屏幕上可以扫描出包括上升时间在内的脉冲全过程。延迟级只起延迟时间的作用，信号通过它时不产生失真。

3）Y 放大器

Y 放大器可提高示波器观测微弱信号的能力，Y 放大器分为前置放大器和输出放大器两部分。前置放大器的输出信号一路引至触发电路，作为同步触发信号，另一路经过延迟线延迟后引至输出放大器。

Y 放大器通过调节放大器的增益还可以实现灵敏度微调，需将灵敏度微调电位器向右旋转至“校正”位置。在用示波器进行定量测试时，“倍率”开关应置“1”位，灵敏度微调旋钮应置“校正”位。

Y 轴“移位”调节就是改变差分电路的直流电位，它能使屏幕上的波形上下平移，以便观察和读数。

4）双踪显示原理

双踪示波器一般有五种显示方式：YA（通道 1）、YB（通道 2）、YA±YB（叠加）、交替和断续。前三种都是单踪显示，交替和断续则是双踪显示方式。双踪示波器 Y 通道的基本结构如图 2-49 所示。

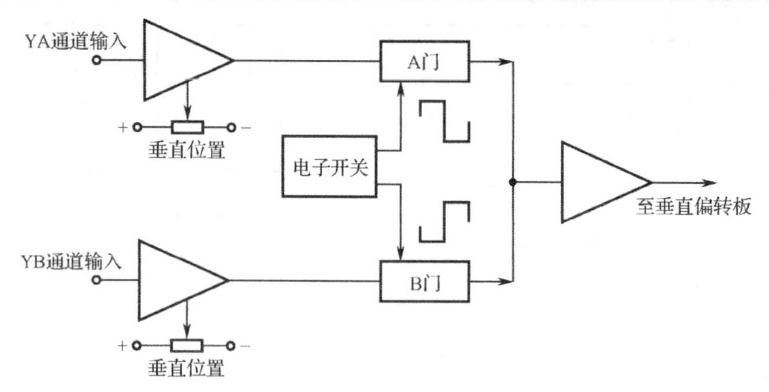

图 2-49　双踪示波器 Y 通道的基本结构

（1）交替显示方式。交替显示是电子开关在每一次的扫描结束时转换动作，使每两次扫描分别显示一次 YA 通道和一次 YB 通道的信号波形，如图 2-50（a）所示。交替方式适于显示被测信号频率较高的场合。

（2）断续显示方式。当被测信号频率较低时，交替显示会出现明显的闪烁，应采用断续工作方式。这时电子开关工作于自激振荡状态，其转换频率远大于扫描频率。在进行一次扫描期间，电子开关转换多次，轮流将 YA、YB 两通道信号加于 Y 偏转板，显示图形由断续的亮点组成，如图 2-50（b）所示。断续方式适于显示被测信号频率较低的场合。

3. 示波器的水平通道（X 通道）

示波器的 X 通道主要由触发电路、扫描发生器和 X 放大器等组成。X 通道的作用是产生一个与时间呈线性关系的锯齿波电压，如图 2-51 所示。

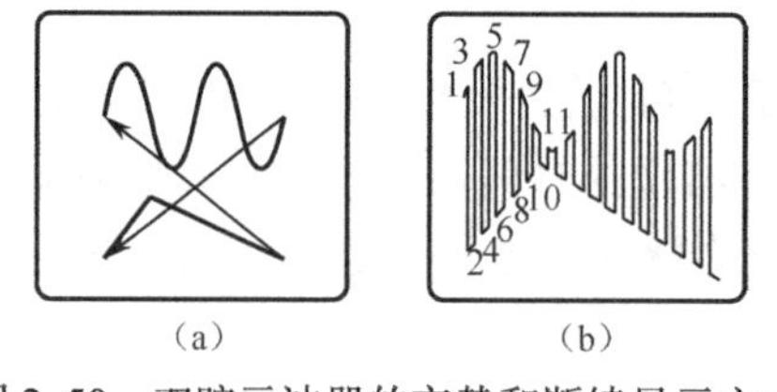

图 2-50　双踪示波器的交替和断续显示方式

图 2-51　示波器 X 通道的基本结构

1）扫描发生器

扫描发生器是 X 通道的核心部分。扫描发生器的电路形式很多，一般采用恒流源扫描电路、自举扫描电路或密勒积分扫描电路。密勒积分扫描电路具有较宽的扫描速度调节范围，其输出信号的线性度也很好。

2）触发电路

触发电路的输入信号可以来自示波器的内部或外部，它的主要作用是选择触发源并产生稳定可靠的触发脉冲信号，以触发扫描发生器产生稳定的扫描电压，原理如图 2-52 所示。

3）X 放大器

X 放大器的作用是放大 X 轴的信号到足以使光点在 X 方向达到满偏的程度，X 轴放大器的输入端有内、外两个位置。开关置于“内”时，X 放大器放大扫描发生器送来的扫描信号，屏幕显示信号的时域波形；当开关置于“外”时，X 放大器加入外输入信号，示波器作为 X-Y 图示仪使用。

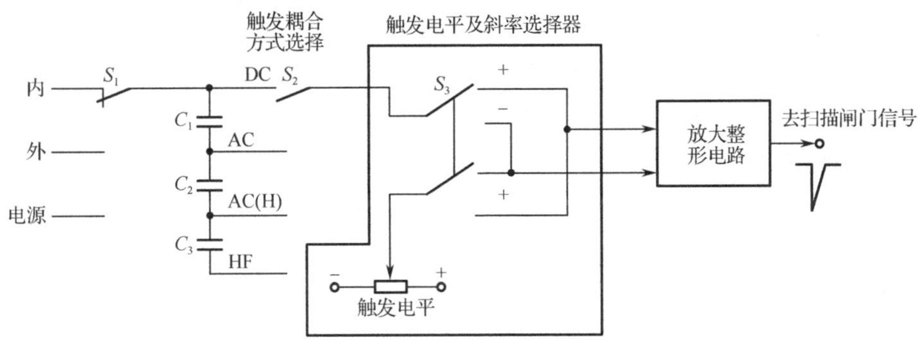

图 2-52　触发电路的原理

4. 主机系统（Z 轴系统）

1）高、低压电源

高、低压电源分别用于示波器的高、中压和直流供电。

2）Z 轴的增辉与调辉

Z 轴放大器的主要作用是进行辉度调节。增辉是将闸门信号放大，使显示的波形加亮；调辉是指加外调制信号或时标信号，使屏幕显示的波形发生相应的变化。

3）校准信号发生器

校准信号发生器可产生幅度和频率准确的基准方波信号，为仪器本身提供校准信号源。通用示波器常提供 1 V、1 kHz 的标准方波信号。

2.7.3　示波器的主要技术指标及选用

1. 示波器的主要技术指标

1）频带宽度 B_W

频带宽度通常指 Y 通道的工作频率范围，即 Y 通道输入信号的上、下限频率之差。

2）时域响应（瞬态响应）

Y 轴系统的频带宽度 B_W 与上升时间 t_r 之间有确定的内在联系，一般有：

$$B_W t_r \approx 0.35$$

式中，B_W 及 t_r 的单位分别为 MHz 与 μs。

因为 $B_W \approx f_H$，所以也就有 $f_H t_r \approx 0.35$。

3）偏转灵敏度 Dy

偏转灵敏度指输入信号在无衰减的情况下，亮点在屏幕上偏转 1 cm（或 1 格）所需信号电压的峰-峰值（U_{PP}）。其单位为 V/cm 或 mV/div，其值越小，偏转灵敏度越高。一般示波器的偏转灵敏度为几十毫伏每厘米。通常示波器的灵敏度都是按 1—2—5 步进分挡，如 10 mV/cm～20 V/cm 分为 11 挡。

4）输入阻抗

R_i 值越大越好，C_i 值越小越好，一般的示波器这两项分别在 MΩ 和 pF 数量级。

5）扫描速度 D_x

扫描速度又称为扫描因数。它表示在无扩展情况下，亮点在屏幕上 *X* 轴方向移动单位长度 1 cm（或 1 格）所表示的时间，其单位为 *t*/cm 或 *t*/div。其中，*t* 可取 s、ms 或 μs。

2. 示波器的选用

示波器要合理进行选择，应根据被测信号的特性和示波器的性能综合进行选择。

示波器要正确使用，包括探极、屏幕有效面积、灵敏度选择开关、波形稳定性调节、辉度调节的正确使用等。

2.7.4 数字示波器的使用

下面以 DS-5000 型数字示波器为例说明面板功能与操作方法。

1. 数字示波器的面板功能及界面显示

DS-5000 型数字示波器的面板功能及界面显示分别如图 2-53 和图 2-54 所示。

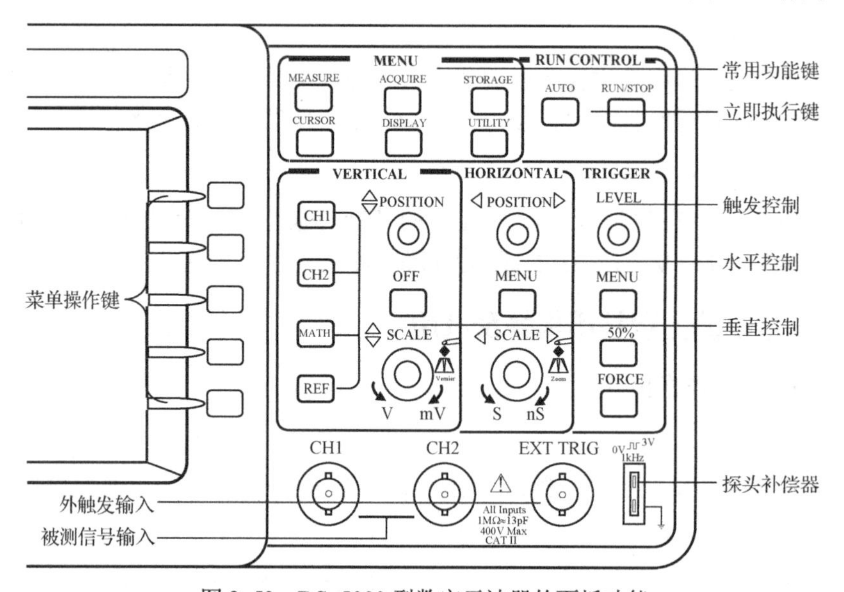

图 2-53　DS-5000 型数字示波器的面板功能

2. 用数字示波器自动测量电压参数

DS-5000 型数字示波器可以自动测量的电压参数包括峰峰值、最大值、最小值、顶端值、底端值、平均值、均方根值等。如图 2-55 所示，表示了脉冲信号电压参数的物理意义。

（1）峰峰值（V_{PP}）：波形最高点至最低点的电压值。

（2）最大值（V_{max}）：波形最高点至 GND（地）的电压值。

（3）最小值（V_{min}）：波形最低点至 GND（地）的电压值。

（4）幅值（V_{amp}）：波形顶端至底端的电压值。

（5）顶端值（V_{top}）：波形平顶至 GND（地）的电压值。

（6）底端值（V_{base}）：波形平底至 GND（地）的电压值。

（7）过冲（$V_{overshoot}$）：波形最大值与顶端值之差与幅值的比值。

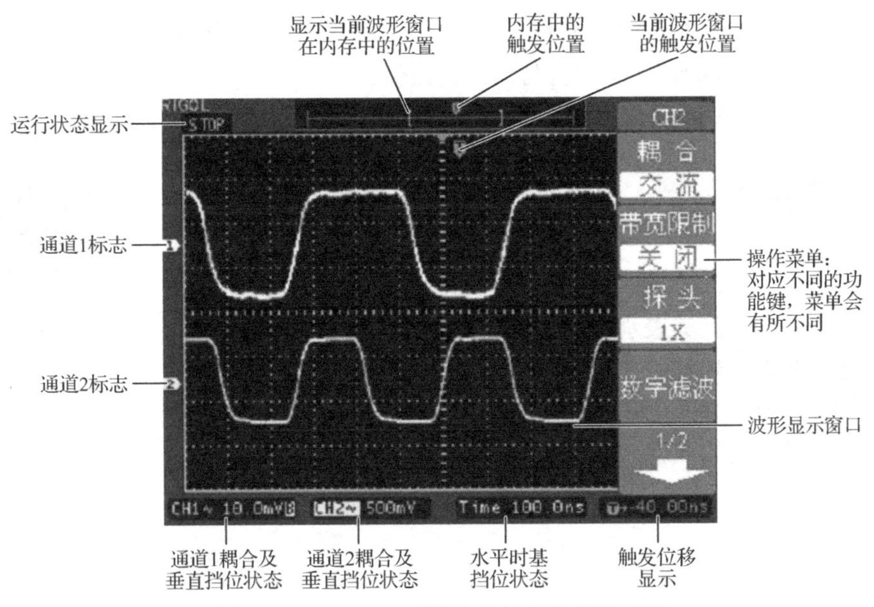

图 2-54　DS-5000 型数字示波器的显示界面

（8）预冲（$V_{preshoot}$）：波形最小值与底端值之差与幅值的比值。

（9）平均值（$V_{average}$）：1 个周期内信号的平均幅值。

（10）均方根值（V_{rms}）：即有效值。根据交流信号在 1 个周期内所换算产生的能量，对应于产生等值能量的直流电压，即均方根值。

3. 数字示波器的自动测量时间参数

DS 5000 型数字示波器不仅可以自动测量信号的频率和周期，还可以自动测量上升时间、下降时间、正脉宽、负脉宽、延迟 1->2_↑、延迟 1->2‾↓、正占空比、负占空比 8 种时间参数，如图 2-56 所示。

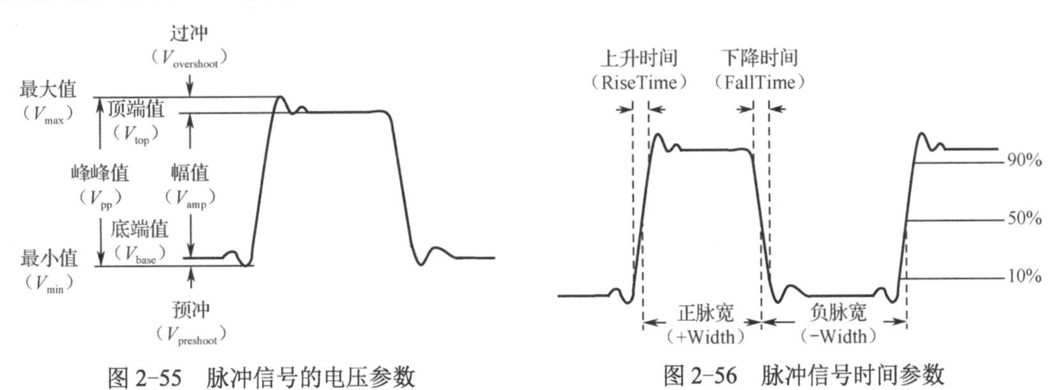

图 2-55　脉冲信号的电压参数　　　图 2-56　脉冲信号时间参数

（1）上升时间（RiseTime）：波形幅度从 10%上升至 90%所经历的时间。

（2）下降时间（FallTime）：波形幅度从 90%下降至 10%所经历的时间。

（3）正脉宽（+Width）：正脉冲在 50%幅度时的脉冲宽度。

（4）负脉宽（-Width）：负脉冲在 50%幅度时的脉冲宽度。

（5）延迟 1->2_↑（Delay1->2_↑）：通道 1、2 相对于上升沿的延时。

（6）延迟 1->2↓（Delay1->2↓）：通道 1、2 相对于下降沿的延时。

（7）正占空比（+Duty）：正脉宽与周期的比值。

（8）负占空比（-Duty）：负脉宽与周期的比值。

思考与练习题 2

1．简述电子测量的内容。

2．说明相对误差及其表示方法。

3．简述信号发生器的主要用途。

4．简述示波器主要的电压参数和时间参数。

5．简述示波器的输入耦合方式。

第3章 常见集成电路的参数及测试

扫一扫看教学课件：集成与非门的参数及测试

扫一扫看 Multisim 虚拟仿真：与非门集成电路测试

3.1 与非门集成电路的参数及测试

3.1.1 直流参数的测试

TTL 与非门集成电路是一种典型电路，大多数的 TTL 集成电路可以由与非门电路组合而成。通过使用 DM3052 型数字万用表和 YB1731B 3A 直流稳压电源，可以对 TTL 标准与非门集成电路的直流参数进行测试，从而掌握与非门集成电路的静态工作特性。

与非门集成电路的工作原理如图 3-1 所示，测试时可根据图 3-2 所示的集成电路引脚排列图进行连线。如图 3-3 所示为测试板元器件的排列图。

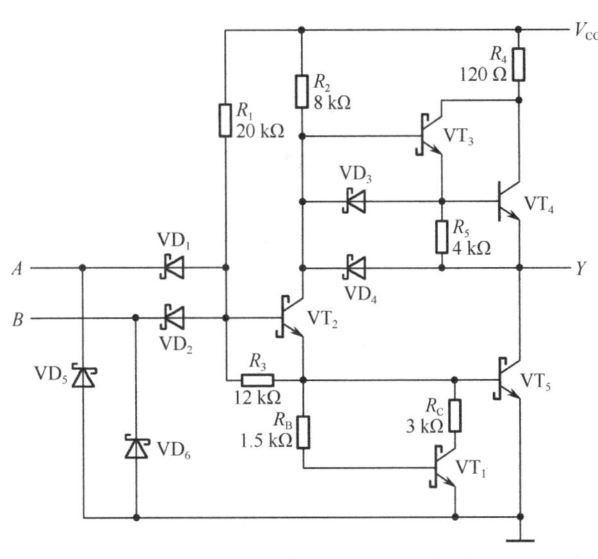

图 3-1 与非门集成电路的工作原理

各个参数的测试方法如下。

1. 空载截止功耗 P_{CCH}

截止功耗是指与非门集成电路直流工作时，输入端接地、输出端空载时电源的供给功率。

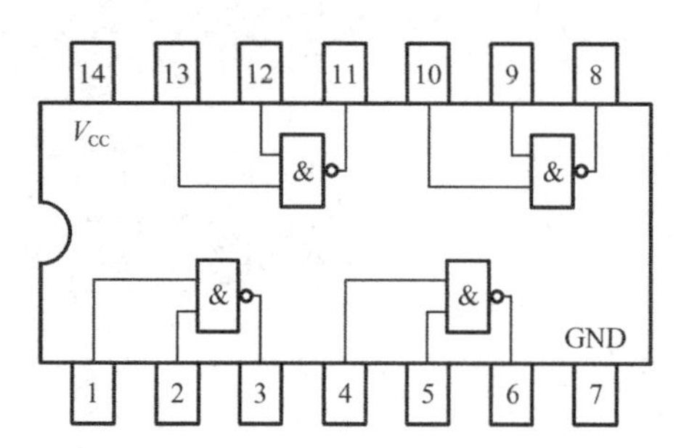

图 3-2　双输入端四与非门集成电路引脚排列

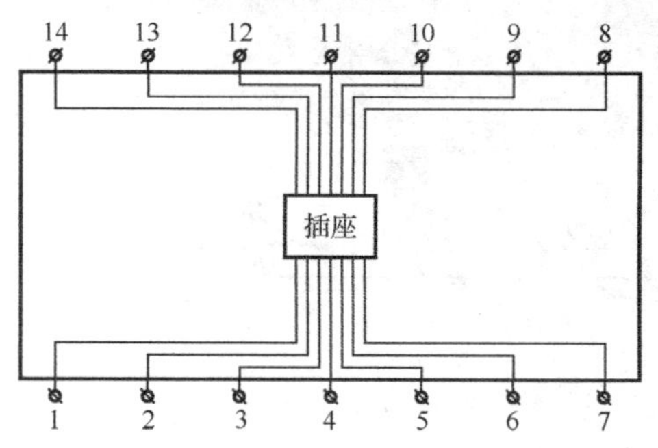

图 3-3　测试板元器件的排列图

测试原理如图 3-4 所示，将电源的“+”极接电流表的“正”接线柱，电流表的“-”接线柱接与非门集成电路的 14 引脚，并接到电压表的“+”接线柱；电源的“-”极接与非门集成电路的 7 引脚，并接到电压表的“-”接线柱，再将与非门集成电路每个门的一个输入端接 7 引脚，此时通过电流表的电流即为与非门集成电路输出高电平 V_{OH} 时的电源电流 I_{CCH}，电压表的读数为与非门集成电路的工作电压 V_{CC}，而截止功耗 P_{CCH} 就为 I_{CCH} 与 V_{CC} 的乘积，即 $P_{CCH} = I_{CCH} V_{CC}$。

2. 空载导通功耗 P_{CCL}

空载导通功耗是指输入端开路、输出端处于空载状态下电源的供给功率。

测试原理如图 3-5 所示，测试方法与 P_{CCH} 的测量基本相同，只要将与非门集成电路的输入端接 7 引脚的线除去，使其处于开路状态，此时电流表与电压表的读数分别为与非门集成电路输出低电平 V_{OL} 时电源电流 I_{CCL} 和工作电压 V_{CC}，而 P_{CCL} 则为 I_{CCL} 与 V_{cc} 的乘积，即 $P_{CCL}= I_{CCL} V_{CC}$。

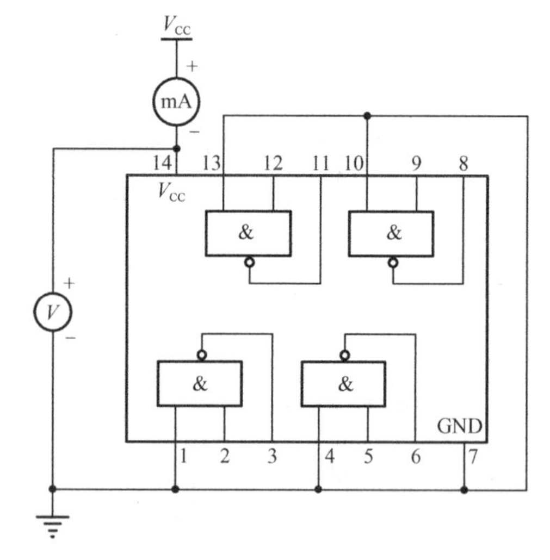

图 3-4　P_{CCH} 的测试原理

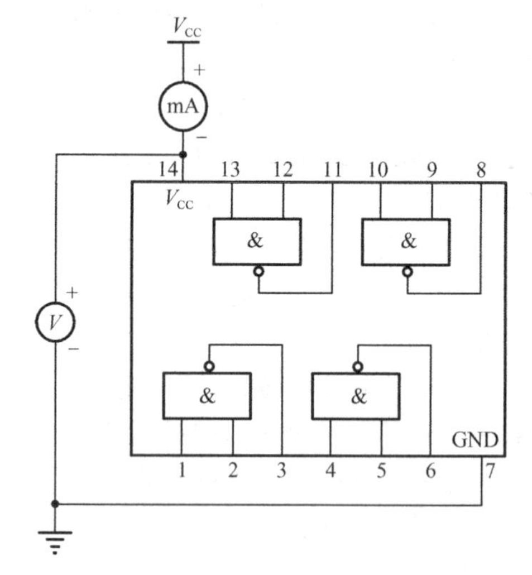

图 3-5　P_{CCL} 的测试原理

3. 输入低电平电流 I_{IL}

将 TTL 与非门集成电路的被测输入端接地，其余输入端开路、输出端空载，通过输入端流入的电流称为输入低电平电流 I_{IL}。

测试原理如图 3-6 所示，电源“+”极接到与非门集成电路的 14 引脚并接到电压表的

“+”接线柱或“输入”端；电源“-”极接到与非门集成电路的 7 引脚并与电压表的“-”或“0”接线柱相接，并将电流表的“-”接线柱接到与非门集成电路的 7 引脚，而电流表的“+”接线柱接到与非门集成电路的某一输入端，此时电流表的读数即为输入低电平电流 I_{IL}。

4. 输入高电平电流 I_{IH}

被测输入端接电源“+”极，其余输入端接地、输出端空载，由电源“+”极流入输入端的电流就是 I_{IH}。其测试原理如图 3-7 所示，I_{IH} 是输入端反向饱和电流和交叉放大电流之和。

TTL 与非门集成电路的平均功耗为 $P_O=0.5(P_{CCH}+P_{CCL})$。

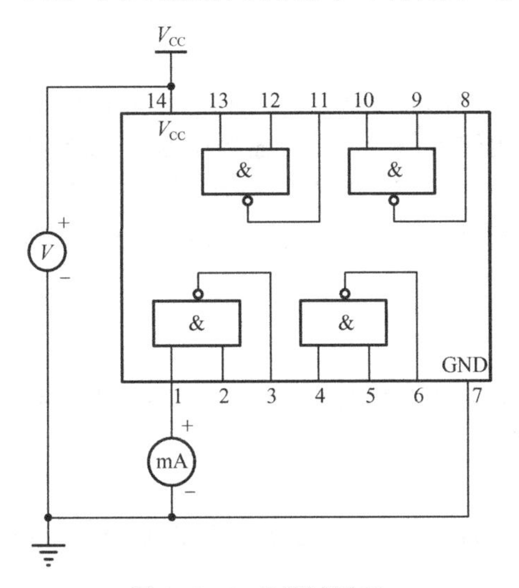

图 3-6　I_{IL} 的测试原理

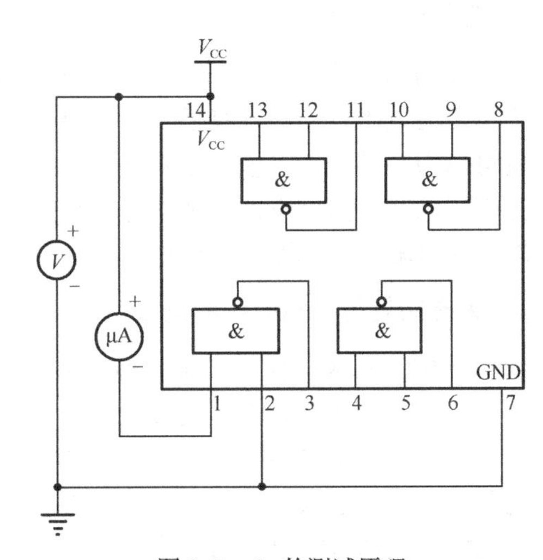

图 3-7　I_{IH} 的测试原理

将以上所有参数的测试数据和计算结果填入表 3-1。

表 3-1　与非门集成电路直流参数的测试结果

V_{CC}/V	V_{OH}	I_{CCH}	I_{CCL}	P_{CCH}	V_{OL}	P_{CCL}	P_O	I_{IL}	I_{IH}
4									
5									
6									

3.1.2　静态工作特性的测试

TTL 与非门集成电路的电压传输曲线、功耗曲线直接反映了与非门集成电路的主要特性及直流参数，如平均功耗、瞬态功耗、噪声容限等主要参数。

通过使用 XJ4810 半导体管特性图示仪、XJ27101 数字集成电路电压传输特性测试台可以进行与非门传输曲线、功耗曲线的测试。

5 管 TTL 与非门集成电路的工作原理如图 3-1 所示。图 3-8 为与非门集成电路的电压传输特性曲线与功耗曲线示意图，如图 3-9 为测试板元器件的排列图。

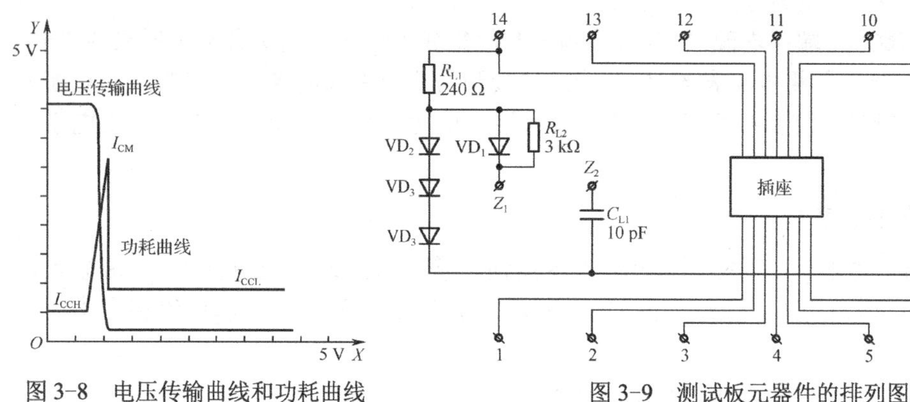

图 3-8　电压传输曲线和功耗曲线　　　图 3-9　测试板元器件的排列图

1. 电压传输曲线的测试

假如在与非门集成电路的输入端输入一个正弦波的正半周脉冲电压，在输出端就会产生一个相应的电压波形，只要把 X 轴扫描信号作为输入信号，输出信号作为 Y 轴的接收信号，就可以很方便地在示波器上得到电压传输曲线。半导体管特性图示仪的 X 轴具有正弦波的正半周脉冲扫描电压，Y 轴具有接收信号并加以显示的能力，因而只要把与非门集成电路的输出信号输入 Y 轴即可得到电压传输曲线。

2. 瞬态功耗与功耗曲线的测试

同电压传输曲线一样，在输入端接入一个正弦波正半周脉冲电压，与非门集成电路就会随着输入电压的变化产生状态的翻转，而要取得两种状态下及翻转时电流的变化情况，就必须在与非门集成电路的 7 引脚与外接电源的“-”接线柱间接入一个取样电阻，并将取样电阻两端的信号送入 Y 轴扫描，X 轴扫描电压作为输入信号，这样就能测试出电压传输曲线。按同样的原理就能得到功耗曲线。

但是，在进行电压传输曲线和瞬态功耗曲线测试时，输入端在输入低电平时，由于 TTL 与非门集成电路的输入端流出电流，因此必须加一个泄放电阻，以保证输入端为低电平。

如图 3-10 和图 3-11 所示分别为电压传输特性曲线和功耗曲线的测试原理，输出电容 C_L 的作用是便于反映曲线的最高点并使曲线连续光滑。

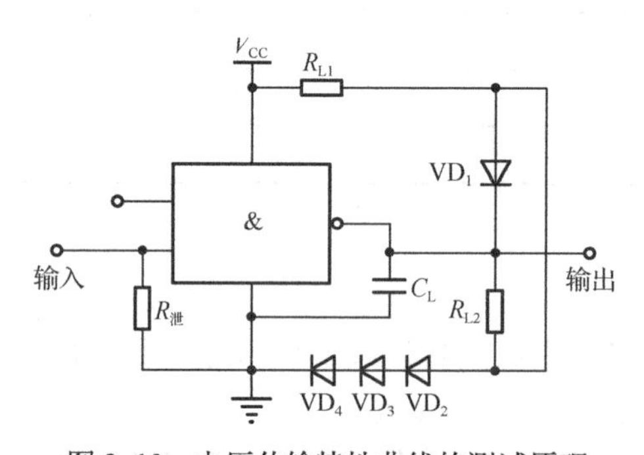

图 3-10　电压传输特性曲线的测试原理

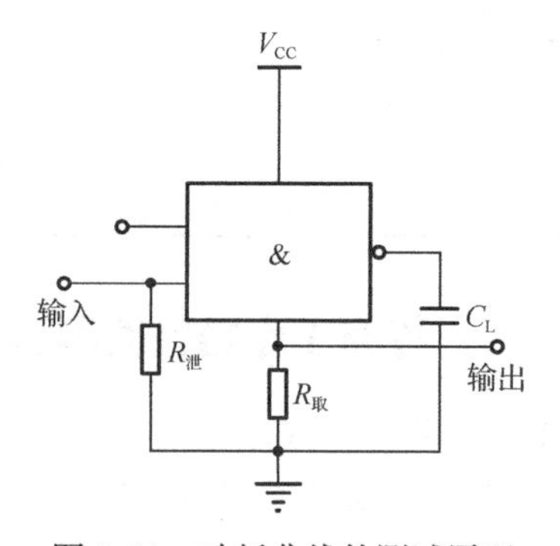

图 3-11　功耗曲线的测试原理

输入端电阻的作用是当输入为低电平时，使输入端与地之间形成一个泄放回路，$R_{取}$ 为瞬态功耗曲线测试取样电阻，其余 R_{L1}、R_{L2}、VD_1～VD_4 为模拟负载。

1）电压传输特性曲线的测试方法

（1）利用 XJ27101 数字集成电路电压传输特性测试台，在 XJ4810 半导体管特性图示仪上测试电压传输曲线。测试台与图示仪右面板上的外接输入端相连。

（2）半导体管特性图示仪的各旋钮、按键设置在以下位置：

峰值电压范围：10 V。

峰值电压：调到 5 V。

Y 轴作用：外接。

X 轴作用：集电极电压为 0.5 V。

极性（集电极扫描）：（+）。

功耗电阻：50 Ω 左右。

（3）测试台的各旋钮、按键设置在以下位置：

AND/OR：AND。

CMOS/TTL：TTL。

输入选择：1。

输出选择：2。

（4）这时屏幕会显示电压传输特性曲线，*Y* 轴为 0.5 V/度、*X* 轴为 0.5 V/度，记录测试数据，描述测试曲线。

2）功耗曲线的测试方法

测试功耗曲线时，*Y* 轴倍率应设置为 0.1，*Y* 轴为 0.05 V/度、*X* 轴为 0.5 V/度，读取功耗曲线的电压数据，然后根据取样电阻的大小及所测的电压数据，计算出功耗电流 I_{CM} 后再计算出功耗 P_M 及瞬态功耗。

注意：当测量电路为两个或多个与非门时，在测量功耗曲线时，必须使每一个与非门都工作于相同的逻辑状态，而功耗则为两个或多个与非门功耗的总和，或在测试单个与非门功耗曲线时，所得到数据应减去当时其他与非门所在工作状态的静态电流。

将测试数据和计算结果填入表 3-2。

表 3-2　与非门集成电路静态参数的测试结果

电压/V	V_{OH}	V_{OL}	V_{IH}	V_{IL}	V_{NH}	V_{NL}	I_{CCL}	I_{CCH}	P_{CCH}	P_{CCL}	P_M	I_{CM}
4												
5												
6												

3.1.3　动态特性的测量

通常集成电路都处于动态工作状态，即它们的输入输出电平是不停地变换的，输入电平的变换时间小于集成电路的允许值时，输入输出间就会发生混乱，从而出现误差，因此集成电路在工作时的瞬态特性与动态参数，对分析集成电路在动态工作时的特性非常有必要。

通过使用 YB1731B3A 直流稳压电源、EE1411D 函数信号发生器和 DS5062CA 数字存储示波器可以对 TTL 与非门集成电路各时间参数进行测量。

与非门集成电路在应用时，从输入电平转换到输出电平时，存在一个延迟时间（用 T_{pd}

表示），它是导通延迟时间 T_{PHL} 和截止延迟时间 T_{PLH} 的平均值。

在测量 T_{pd} 的过程中，把输入脉冲上升边 50%起至输出脉冲下降边 50%止的时间称为 T_{PHL}，输入脉冲下降边 50%起至输出脉冲上升边 50%止的时间称为 T_{PLH}，其他如上升时间、下降时间、延迟时间、储存时间均如图 3-12 所示。

则平均延迟时间为：

$$T_{pd}=\frac{T_{PHL}+T_{PLH}}{2}$$

对于被测与非门集成电路的负载以最大负载能力连接模拟负载，主要数据可通过计算获得。

由于与非门集成电路工作时，前级门的输出即为后一级门的输入，而测量仪器的输出脉冲的上升、下降沿都是很陡的，从而使 $t_{fi}\neq t_f$，$t_{ri}\neq t_r$，经过二级与非门整形后，则前级门的输出就是后级门的输入，使被测门的输入输出波形基本相同，使 $t_{fi}=t_f$，$t_{ri}=t_r$，从而提高测试的正确性。具体测试方法如下。

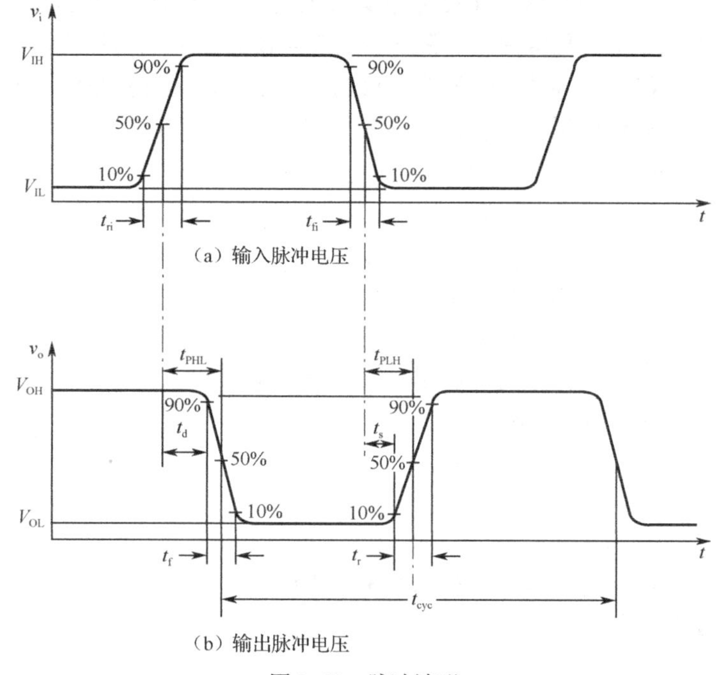

（a）输入脉冲电压

（b）输出脉冲电压

图 3-12　脉冲波形

（1）将函数信号发生器后面板上 TTL 信号输出（1 kHz）接到第一级与非门集成电路的输入端，第一级与非门集成电路输出端与第二级与非门集成电路输入端的连接点接到示波器的 CH1 输入端，第二级与非门集成电路输出端连接到示波器的 CH2 输入端。

（2）合上函数信号发生器、示波器、直流稳压电源的电源开关，将直流稳压电源的输出电压调至 5V，示波器上出现两条稳定的但相位相反的脉冲波形。

（3）当示波器的触发模式为 CH1 上升沿时，示波器显示输入信号的上升沿和输出信号的下降沿。当示波器的触发模式为 CH1 下降沿时，示波器显示输入信号的下降沿和输出信号的上升沿。根据图 3-12 与 X 轴的扫描量程可读出各时间参数值。

扫一扫看教学课件：集成触发器的参数测试

3.2　集成触发器的参数测试

扫一扫看 Multisim 虚拟仿真：D 触发器功能测试

扫一扫看微课视频：D 触发器的验证与应用

触发器是一种双稳态电路，它有两个稳定的状态，这两个状态可以用来表示二进制信息 1 或 0。双稳态电路的特点是只有在外界信号的作用下，它才能由一种稳定状态转变为另一种稳定的状态。触发器是由基本逻辑门电路组成的，它是时序电路中最基本的单元电路。在各种计数器、分频器、移位寄存器等功能电路中都要用到触发器。

通过 YB1731B 3A 直流稳压电源、DS5062CA 数字存储示波器、DM3050 数字万用表和

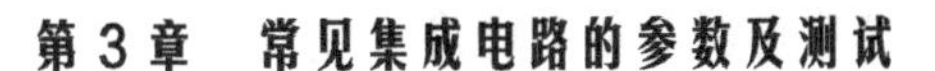

EE1411D 函数信号发生器可以对 CMOS D 触发器相关参数和基本功能进行测试。

CD4013 是 CMOS 双 D 触发器，其引脚排列如图 3-13 所示，内部有两个完全相同的 D 触发器，FF_1 和 FF_2。图中 D 为数据输入端，CP 为时钟脉冲输入端，Q 和 $\overline{Q}$ 为一对互补的输出端，S 为置位端，R 为复位端，V_{DD} 和 V_{SS} 分别为电源的正负端。

CD4013 的功能如表 3-3 所示，由表可知，当 R=S=0 时，在 CP 的上升沿作用下，Q 的状态与 D 的状态相同，即 $Q_{n+1}=D$，也就是将 D 端的数据置入触发器。当 R=0、S=1 时，Q=1；当 R=1、S=0 时，Q=0，称为直接置 1 和置 0，无须 CP 和 D 的配合。

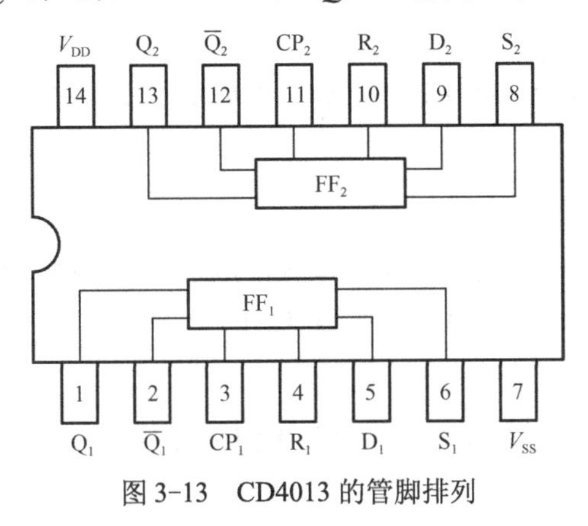

图 3-13　CD4013 的管脚排列

表 3-3　CD4013 的功能

CP	D	R	S	Q_{n+1}
↑	0	0	0	0
↑	1	0	0	1
↓	X	0	0	Q_n
X	X	1	0	0
X	X	0	1	1

具体测试方法如下。

1. 异步置位端和异步复位端的功能检测

将 CD4013 的 3 引脚（CP_1）和 5 引脚（D_1）设置为任意状态，检测 D 触发器 FF_1 的置位端 S_1 和复位端 R_1 的功能，看测得的结果是否符合表 3-3 所列的逻辑功能。使用同样的方法测试 FF_2 的置位端 S_2 和复位端 R_2 的功能。

2. D 触发器的功能检测

使 S_1 R_1 = 0 0，在 CP 脉冲信号的作用下，检测输出 Q_{n+1} 状态的变化，看检测结果是否符合表 3-3 中所列的逻辑功能。

3. 双稳态工作方式的检测

如图 3-14 所示为 D 触发器的双稳态工作方式。图中，D、$\overline{Q}$ 相连接，D 触发器的功能为 $Q_{n+1}=\overline{Q}$，即每一个 CP 脉冲信号作用下，Q 端的状态与原来的状态相反，也称为计数状态。

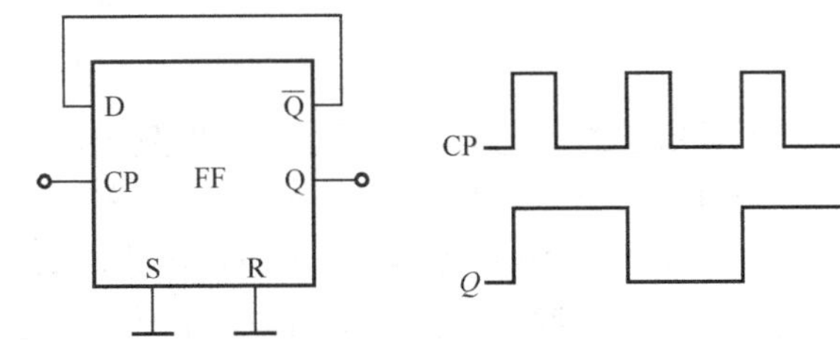

图 3-14　D 触发器的双稳态工作方式

3.3　差分放大器调零

一个实际的差分放大器的两侧不可能完全对称。当输入端没有信号输入时，两个输出端之间的电压不能为零，这就是差分放大器的失调。这种失调的情况将会对共模抑制比、

直流工作点、温度漂移等参数产生有很大的影响，而失调主要是由差分管的 V_{be} 和 β 及 R_{c1}、R_{c2} 并非严格相等引起的。

使用DM3052型数字万用表、YB1731B 3A直流稳压电源等仪器，可以对模拟安装的差分放大管进行调零，从而进一步理解差分放大器的工作原理。

差分对管的不对称，引起对电路的直流零特性的破坏。为了使输出在没有输入信号时为零，需要对电路进行一些调整，使电路的输出端电压恢复到零，这种方法称为调零技术。常见的调零方法有以下3种。

1. 发射极调零

发射极调零原理如图3-15（a）所示，用电阻 R_W 调整差分对管的发射极电流，可以把总的输出失调电压置于零。

2. 输入端基极调零

如图3-15（b）所示，调零电阻的一端接正电源，另一端接负电源，电阻中心端接任意一个输入端位置，即可调节管子的基极电流，改变工作电流，从而使 V_o=0。

3. 集电极调零

如图3-15（c）所示，电路中的电阻 R_W 的中心端调节至一定位置时，晶体管 VT_1 和 VT_2 集电极电压相等，从而使输出电压 V_o=0。

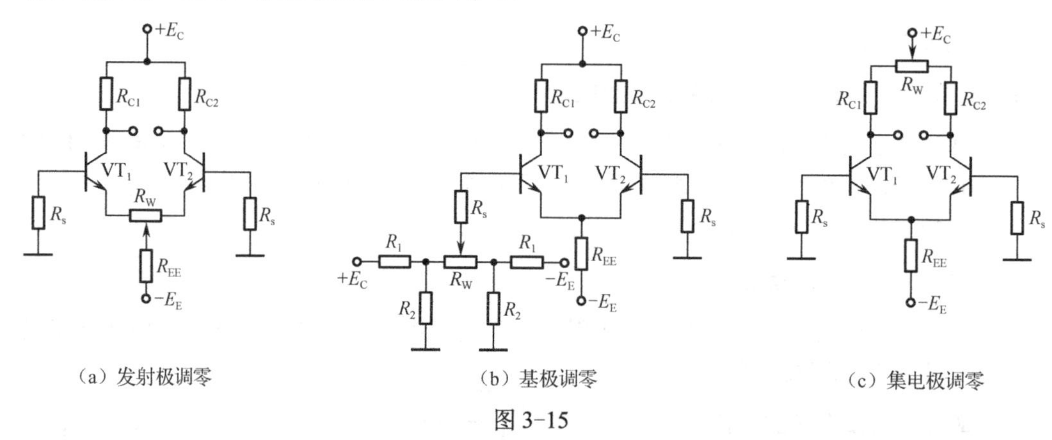

图3-15

但是由于调零电阻的温度系数与扩散电阻的温度系数不匹配，温度漂移就会增加。

采用以上3种调零方法测试时，按图3-17进行改接就可完成，具体的调零方法如下。

（1）根据图3-16先将 a、b 两点接地，测试点4、5、6和7、8、9各自短接，直流稳压电源的两组电源与测试板两组电源相连接，电压表的“+”与“-”接线柱分别连接到测试点 c 和 d，开启两台仪器的电源，测量差分放大器的输出失调电压。

（2）将测试点4、5、6短接线去除即为集电极调零电路，调节 R_W，使差分放大器的输出电压为零，即数字电压表指示为零，此电阻保持不变，并将短接线重新连接。

（3）将测试点7、8、9的短接线去除即为发射极调零电路，调节 R_{EE}，使差分放大器的输出电压为零，即数字电压表指示为零，此电阻保持不变，并将短接线重新连接。

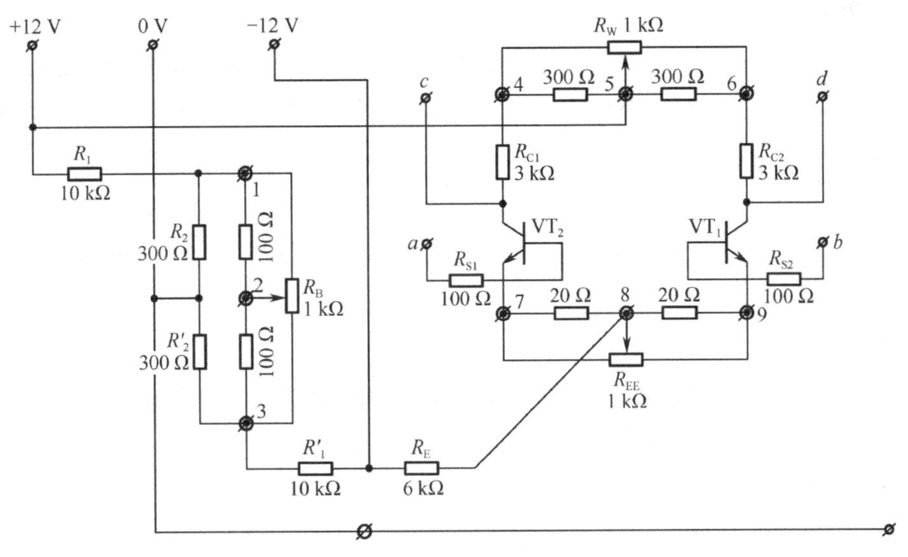

图 3-16　元器件的排列图

（4）将测试点 a 与地的短接线改为测试点 a 与测试点 2 连接，组成基极调零电路，调节 R_B，使差分放大器的输出电压为零，即数字电压表指示为零。

扫一扫看教学课件：集成运放参数分类及测试（1）

（5）关闭直流稳压电源和电压表的电源开关，拆去全部连接线，使用万用表分别测出各电阻的阻值。

3.4　集成运放参数的分类及测试

扫一扫看微课视频：运算放大器的介绍

扫一扫看教学课件：集成运放参数分类及测试（2）

运放是运算放大器的简称，通常结合反馈网络共同组成某种功能模块，如有源滤波、开关电容电路、数/模和模/数转换、直流信号放大、波形的产生和变换，以及信号处理等。由于其早期被应用于模拟计算机中，用以实现数学运算，故得名“运算放大器”。这其实是一个从功能的角度命名的电路单元，它可以由分立的器件实现，也可以通过半导体芯片实现。随着半导体技术的发展，当前绝大部分的运放是以单芯片的形式存在的，广泛地应用于许多行业中。

运放的种类可以分为通用型、高阻型、低温漂型、高速型、低功耗型和高压大功率型等。要正确选择和使用运放必须掌握其各种参数及它们的测试方法。

3.4.1　运放参数的分类

运放参数大致分为以下 5 类。

1．输入直流误差特性

集成运放的基本电路是差分放大器。由于电路的不对称性必将产生输入误差信号，该误差信号限制了运放所能放大的最小信号，即限制了运放的灵敏度。这种由于直流偏置不对称所引起的误差信号可以用输入失调电压 U_{IO}、输入偏置电流 I_{IB}、输入失调电流 I_{IO} 及其温度漂移等参数来具体描述。

2. 差模特性

运放的差模特性是指运放的输入两端出现电压差所引起的相关运放特性参数，包括开环差模电压增益、开环带宽、增益带宽积、输入/输出阻抗和最大差模输入电压等参数。

3. 动态特性

运放的动态特性是指运放处于动态工作时所表现出来的各种特性，可以用上升时间、稳定时间参数、转换速率（摆速 S_R）、增益裕度与相位裕度、谐波失真与噪声等参数来表示。

4. 共模特性

运放的共模特性是指两输入端出现电压差，根据两输入端计算算术平均值所得出的运放的特性参数，包括共模输入电压范围和共模抑制比等参数。

5. 电源特性

运放的电源特性是指与运放电源相关的特性，可以用电源电压条件、电源电压抑制比、静态功耗和最高结温参数等参数来表示。

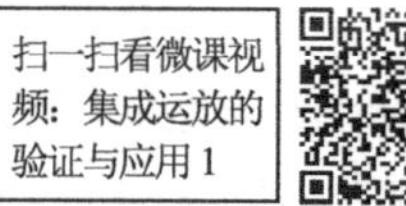

扫一扫看微课视频：集成运放的验证与应用 1

扫一扫看微课视频：集成运放的验证与应用 2

扫一扫看微课视频：集成运放的验证与应用 3

3.4.2 运放参数及其测试方法

1. 输入失调电压

一个理想的运放，当两输入端加上相同的直流电压或直接接地时，其输出端的直流电压应等于零。但由于电路参数的不对称性，输出电压并不为零，这种现象称为运放的零点偏离或失调。在室温（25℃）及标准电源电压下，输入电压为零时，为了使集成运放的输出电压为零，在输入端加的补偿电压叫作输入失调电压 U_{IO}。运放的 U_{IO} 主要取决于输入级差分对管 U_{be} 的对称性，U_{IO} 一般为 0.5～5 mV。

输入失调电压的测试电路如图 3-17 所示。

输入失调电压 U_{IO} 可由下式计算：

$$U_{IO}=\frac{R_I}{R_I+R_F}U_O$$

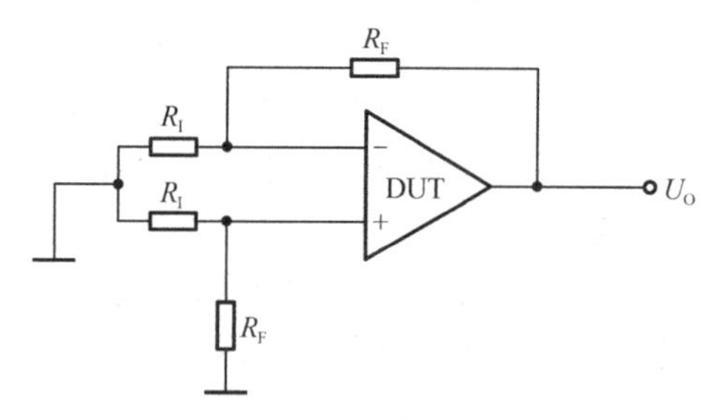

图 3-17　U_{IO} 的测试原理

2. 输入偏置电流

输入偏置电流 I_{IB} 是指使输出电压为零时，流入两输入端电流的平均值，即

$$I_{IB}=\frac{I_{IB+}+I_{IB-}}{2}$$

式中，I_{IB+}为同相输入端电流；I_{IB-}为反相输入端电流。

I_{IB} 的测试原理如图 3-18 所示，测试方法如下。

（1）K_1 断开、K_2 闭合时测得运放输出端的电压 U_{O1}。

（2）K_1 闭合、K_2 断开时测得运放输出端的电压 U_{O2}。

（3）计算方法：$I_{IB}=\frac{R_I}{R_I+R_F}\frac{U_{O1}-U_{O2}}{2R}$。

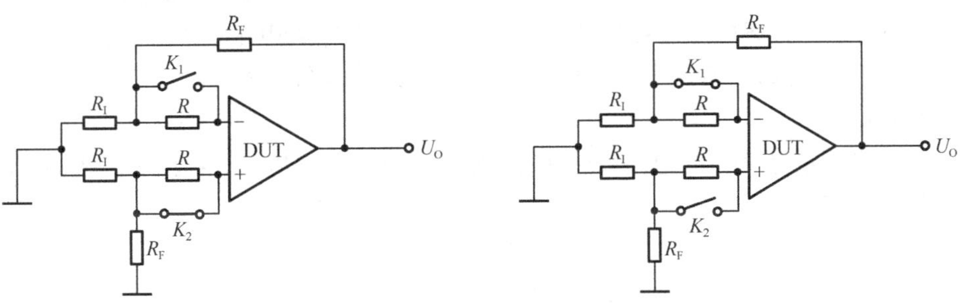

图 3-18　I_{IB} 的测试原理

3. 输入失调电流

当电路参数对称时，$I_{IB+}=I_{IB-}$，但在实际电路中参数总有些不对称，从而使这两个电流不相等，其差值称为运放的输入失调电流，用 I_{IO} 表示，即

$$I_{IO}=I_{IB+}-I_{IB-}$$

I_{IO} 的测试原理如图 3-19 所示，测试方法如下。

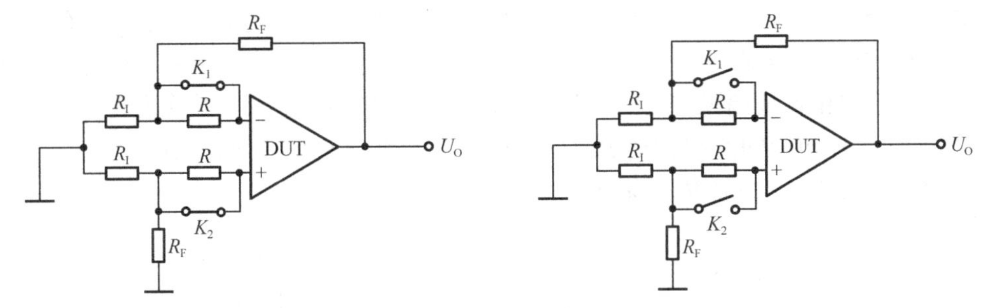

图 3-19　I_{IO} 的测试原理

（1）K_1、K_2 闭合时测得运放输出端的电压 U_{O1}。

（2）K_1、K_2 断开时测得运放输出端的电压 U_{O2}。

（3）计算方法：$I_{IO}=\dfrac{R_I}{R_I+R_F}\dfrac{U_{O2}-U_{O1}}{R}$。

4. 温度漂移

由于温度变化引起输出电压产生的漂移 ΔU_O（或电流 ΔI_O），通常把温度升高 1℃输出漂移折合到输入端的等效漂移电压 $\Delta U_O/(A_v\,\Delta T)$（或电流 $\Delta I_O/(A_i\,\Delta T)$）作为温漂指标。

集成运放的温度漂移是信号漂移的主要来源，而它又是由输入失调电压和输入失调电流随温度的漂移所引起的，故常用下面的公式表示：

（1）输入失调电压温漂 $\Delta U_{IO}/\Delta T$。

（2）输入失调电流温漂 $\Delta I_{IO}/\Delta T$。

5. 开环电压增益 A_{VO}

开环电压增益指集成运放工作在线性区、电源电压连接规定的负载、无负反馈情况下的直流差模电压增益 A_{VO}。A_{VO} 与输出电压 U_O 的大小有关。通常是指在规定的输出电压幅度（如 U_O=±10 V）测得的值。

开环电压增益 A_{VO} 是运放没有反馈时的差模电压增益，即运放的输出电压 U_O 与差模输

入电压 U_I 的比值。开环电压增益通常很高，因此只有在输入电压很小（几百微伏）时，才能保证输出波形不失真。但在小信号输入条件下测试时，易引入各种干扰，所以采用闭环测试方法比较好。

测试开环电压增益 A_{VO} 的电路如图 3-20 所示（图中 $R_1 = R_f = 51\ \text{k}\Omega$，$R_2 = R_P = 51\ \Omega$，$R_3 = 1\ \text{k}\Omega$，$C = 47\ \mu\text{F}$）。

选择电阻（$R_1 + R_2$）≫R_3，则开环电压增益 A_{VO} 为：

$$A_{VO} = \frac{U_O}{U_I'} = \frac{U_O}{U_I} \cdot \frac{R_1 + R_2}{R_2}$$

使用毫伏表分别测试 U_O 及 U_I，由上式算出开环电压增益 A_{VO}。测试时，交流信号源的输出频率应小于 100 Hz，并用示波器监视输出波形，若有自激振荡，应进行相位补偿，在消除振荡后再进行测试。U_I 的幅度不能太大，一般取几十毫伏。

6. 增益带宽积

对于电压反馈放大器，增益带宽积（gain-bandwidth product，GBW）是恒定的；对于电流负反馈放大器，GBW 却没有多少含义，因为这种放大器在增益与带宽之间不存在任何线性关系。GBW 的测试电路如图 3-21 所示，其中信号源用来输出 $U_I = 100\ \text{mV}$ 的正弦波，当信号源的输出频率由低逐渐增高时，电压增益 $A_{VO} = U_O/U_I = R_F/R_I$ 应保持不变。继续增高频率直到 0.707 A_{VO} 所对应的频率就是运放电压放大倍数等于 R_F/R_1 时的带宽。

测试时可改变 R_F 和 R_1 的值，测试在不同增益下的 GBW。

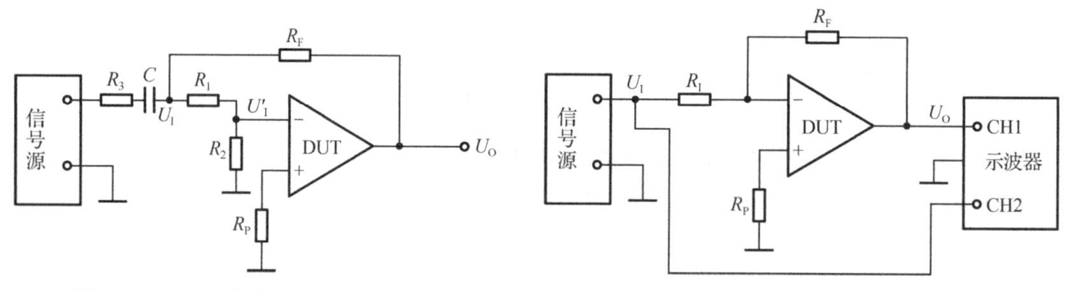

图 3-20 开环增益电压的测试电路

图 3-21 GBW 的测试电路

7. 输入、输出阻抗

（1）开环输入阻抗的测试。运放的开环输入阻抗 R_I 是指运放在开环状态下，输入差模信号时，两输入端之间的等效阻抗。

开环输入阻抗的测试电路如图 3-22 所示。调节电阻 R_W 直到 $U_I = U_S/2$ 时为止。关掉电源，取下电阻（注意不要触碰电阻的滑动端），测量其阻值 R，则输入阻抗 $R_I = R_O$。输入阻抗 R_I 越大越好，这样运放从信号源吸取的电流就越小。

（2）开环输出阻抗的测试。运放的开环输出阻抗 R_O 的测试电路如图 3-23 所示，选取适当的 R_F、C_F 和测试频率使运放工作在开环状态。先不接入 R_L，测出其输出电压 U_O；保持 U_I 不变，然后接上 R_L，再测出此时的 U_{OL}（注意保持输出波形不失真），通过计算求出 R_O。

在图 3-23 中，R_1=R_2=51 Ω，R_F=100 kΩ，R_L=100 Ω，$C = C_F = C_F' = 47\ \mu\text{F}$。为了减小测量误差，应取 $R_L \approx R_O$。运放的输出阻抗（开环）一般为几十至几千欧姆。

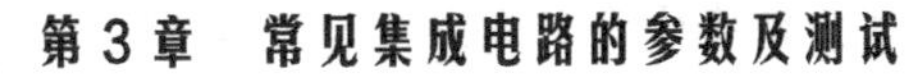

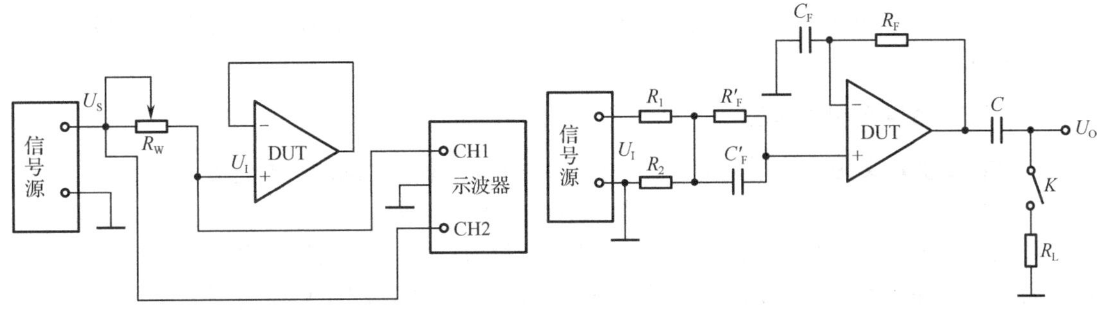

图 3-22　开环输入阻抗的测试电路　　　图 3-23　开环输出阻抗的测试电路

8. 最大差模输入电压

最大差模输入电压指的是集成运放的反相和同相输入端之间所能承受的最大电压值。如超过这个电压值，运放输入级某一侧的 BJT 将出现发射结的反向击穿，而使运放的性能显著恶化，甚至可能造成永久性损坏。利用平面工艺制成的 NPN 管为±5 V 左右，而横向 BJT 可达±30 V。或用单管串接、或用 FET 作为输入级可提高最大差模输入电压的值。

9. 上升时间

上升时间参数 t_r 被定义为在输入端阶跃信号的作用下，输出阶跃电压从终值的 10%改变到 90%所需要的时间。

10. 稳定时间参数

稳定时间参数 t_s 被定义为在输入端加阶跃信号的作用下，输出电压稳定在规定的终值误差带以内所需要的时间，如图 3-24 所示，这个参数也称为总响应时间。一个信号在通过运放内部电路时总是需要时间的。所以，当输出端对输入端上的阶跃信号做出响应时，就需要一定的时间。此外输出一般会过冲目标值，然后经历一段阻尼振荡后，才会稳定到终值上。

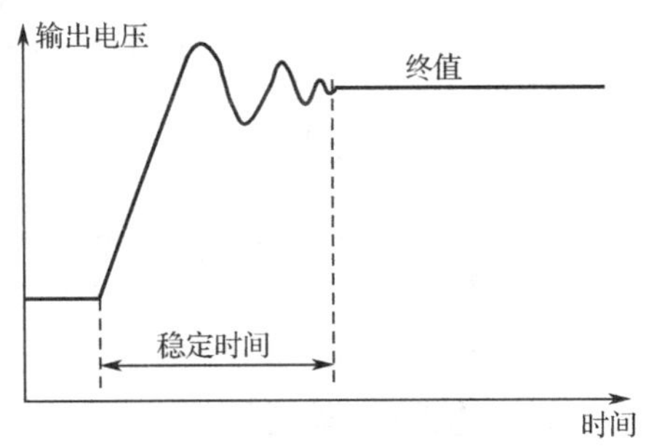

图 3-24　阶跃信号运放响应时间

11. 转换速率

转换速率（摆速 S_R）是指运放在闭环状态下，输入为大信号（如阶跃信号）时，放大器输出电压对时间的最大变化速率。转换速率的大小与很多因素有关，其中主要与运放所加的补偿电容、运放本身各级晶体管的极间电容、杂散电容，以及放大器的充电电流等因素有关。

只有当信号变化斜率的绝对值小于 S_R 时，输出才能按照线性的规律变化。例如，在运放的输入端加一正弦电压 $u_I = U_{IM}\sin\omega t$，输出电压 $u_o = U_{om}\sin\omega t$ 的最大变化范围为：

$$S_R = \left.\frac{\mathrm{d}u_O}{\mathrm{d}t}\right|_{t=0} = U_{OM}\omega\cos\omega t|_{t=0} = 2\pi f U_{OM}$$

为了使输出电压波形不因 S_R 的限制而产生失真，必须使运放的 S_R 为：

$$S_R \geqslant 2\pi f U_{OM}$$

S_R是在大信号和高频工作时的一项重要指标，一般运放的S_R在 1 V/μs 左右，高速运放可达到 65 V/μs。

12. 增益裕度与相位裕度

增益裕度被定义为单位增益频率点与-180° 相移频率点之间的增益之差。

相位裕度被定义为-180° 的相移与单位增益处相移之差。

增益裕度与相位裕度是确定电路稳定性的两种方法。由于轨到轨输出的运放有较大的输出阻抗，在驱动容性负载时会产生很大的相移。这个额外的相移会使相位裕度变坏。由于这个原因，大多数轨到轨输出的 CMOS 运放在驱动容性负载时只有很有限的驱动能力。

13. 总谐波失真与噪声

总谐波失真（total harmonic distortion，THD）与噪声（noise）参数 THD+N 被定义为输出信号中的均方根噪声电压加上基频信号的各谐波分量的均方根电压与输出信号的基频的均方根电压的比值。

THD+N 将输出信号中的频率分量与输入信号的频率分量进行比较。在理想情况下，如果输入信号是一个纯粹的正弦波，那么输出信号也是一个纯粹的正弦波。由于运放内部的非线性和存在的各种噪声源，输出就永远不会是纯正弦波。

THD+N 可以更简洁地表示为所有其他频率分量与基频分量的比率：

$$\text{THD+N} = \frac{\sum \text{谐波电压+噪声电压}}{\text{基频}} \times 100\%$$

14. 电源电压条件

电源电压条件 V_{CC} 或 V_{DD} 被定义为加到运放电源引脚的偏置电压。对于单电源应用，这一条件被指定为一个正值；对于双电源应用，这个条件被指定为以模拟地为参照的电源正值与电源负值。

15. 电源电压抑制比

电源电压抑制比 K_{SVR} 被定义为电源电压的改变量与由此引起的输入失调电压改变量之比的绝对值。在一般情况下，电源的两个端电压是对称变化的，单位是分贝。

$$K_{SVR} = \left| \frac{\Delta V_{IO}}{\Delta(V_{CC} + V_{EE})} \right|$$

16. 静态功耗

静态功耗 P_V 被定义为输入信号为零时，运放消耗的功率：

$$P_V = V_{CC} I_{CO} + V_{EE} I_{EO}$$

17. 最高结温参数

最高结温参数 T_j 被定义为集成运放芯片可以工作的最高温度。其他一些参数会随温度而变化，导致在极值温度下性能变坏。

18. 共模输入电压范围

共模输入电压范围参数 V_{ICR} 被定义为：当超过共模输入电压范围时，可能引起运放停止正常工作。

共模输入电压 V_{IC} 则被定义为反相引脚和同相引脚上的平均电压。如果这个共模电压变得太高或太低，那么两个输入都将被切断，电路即停止正常工作。所以，共模输入电压范围也就规定了可以保证正常工作的那个电源电压范围。

19. 共模抑制比

集成运放是一个双端输入、单端输出的高增益直接耦合放大器，因此它对共模信号有很强的抑制能力，电路参数越对称，共模抑制能力越强。共模抑制比（common-mode rejection ratio，CMRR）等于运放的差模电压放大倍数 A_{ud} 与共模电压放大倍数 A_{uc} 之比，一般用 dB 表示其单位。

$$\mathrm{CMRR} = 20\lg\frac{A_{ud}}{A_{uc}}(\mathrm{dB})$$

共模抑制比的测试电路如图 3-25 所示，用毫伏表测量输出电压 U_O，则放大器的差模电压增益为：

$$A_{ud} = \frac{R_F}{R_1}$$

共模电压增益为：

$$A_{uc} = \frac{U_O}{U_I}$$

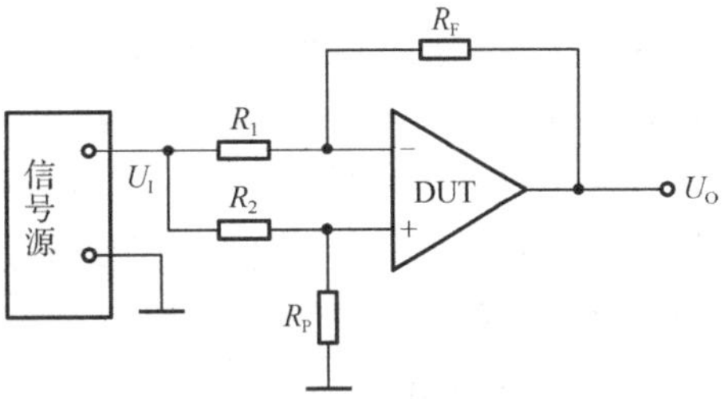

图 3-25　共模抑制的比测试电路

在图 3-25 中，R_1=R_2=100 Ω，R_P=R_F=100 kΩ。

集成运放的参数基本上可以归纳成为两类：一类是直流参数，如 A_{VO}、U_{IO}、I_{IB}、I_{IO}、R_I、R_O、CMRR、K_{SVR} 等；另一类是交变参数，如 S_R、t_s 等。对于通用型集成运放，主要测试直流参数，根据这些开环直流参数和回路增益能够预示出许多闭环特性。对于高速型集成运放，主要测试交变参数。其他特殊类型的集成运放，可根据其设计的侧重点来选择主要的测试项目。由于近代集成运放的 A_{VO} 和 CMRR 已高达到百兆级，I_{IO} 已小到 pA 数量级，故直流参数的测试涉及极大量和极小量的测试。因此直流参数的精确测试并不是很容易的。

目前，已有许多测试集成运放参数的专用仪器，也有许多测试方法，但各种参数的测试电路出入很大。为了使用统一的测试电路来自动测试集成运放的主要直流参数，已发展了利用辅助放大器的测试方法。这是目前比较完善的、由国际电气技术委员会通过的并被列为国际通用的测试方法。

扫一扫看教学课件：汽车音响功放电路的参数测试

典型案例 1　汽车音响功放集成电路的参数测试

华润微电子公司的 CD7388 集成电路，是用于高端汽车音响的四通道输出的桥接式负载（BTL）AB 类功放电路，其特点如下。

（1）高功率输出能力，最大为 4×41 W/4 Ω、4×25 W/4 Ω（14.4 V，1 kHz，10%）。

（2）失真度低。

（3）输出噪声小。

（4）带待机功能。

（5）带静音功能，电源电压低时自动启动静音功能。

（6）所需外围元较少，内部增益固定（G_V=26 dB BTL），不需自举电容。

（7）输出短路保护：对地/电源、负载短路。

（8）带热保护功能。

（9）ESD（electrostatic discharge，静电放电）保护。

（10）封装形式：FZIP25。

1. 功能框图

CD7388 集成电路的功能框图如图 3-26 所示。由图 3-26 可以看出，CD7388 集成电路主要由 4 组放大器电路及过电压保护电路、短路保护电路和热保护电路组成。

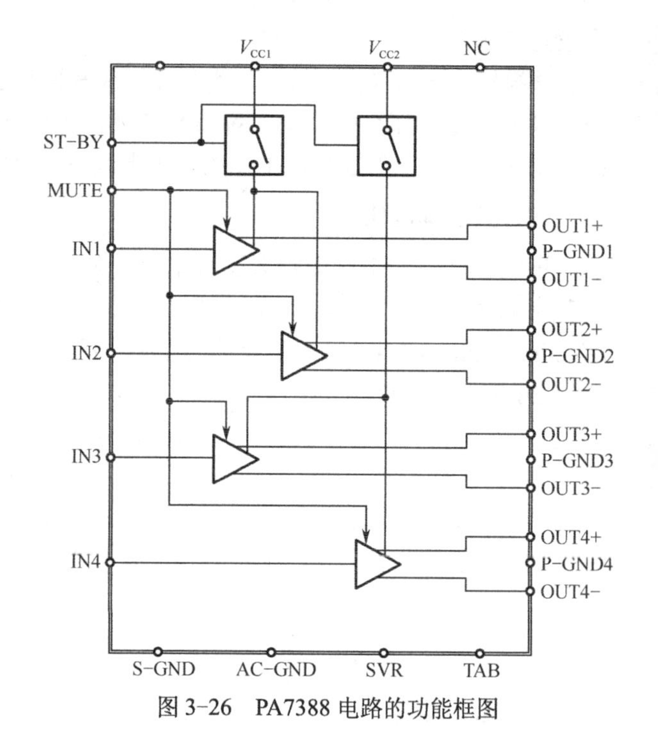

图 3-26　PA7388 电路的功能框图

2. 引脚说明

CD7388 集成电路的引脚说明如表 3-4 所示。

表 3-4　CD7388 的引脚说明

编号	引脚符号	功能	编号	引脚符号	功能
1	TAB	衬底接地端	14	IN4	4 通道输入
2	P-GND2	2 通道功率地	15	IN3	3 通道输入
3	OUT2-	2 通道负输出	16	AC-GND	交流地
4	ST-BY	待机	17	OUT3+	3 通道正输出
5	OUT2+	2 通道正输出	18	P-GND3	3 通道功率地
6	V_{CC1}	电源	19	OUT3-	3 通道负输出
7	OUT1-	1 通道负输出	20	V_{CC2}	电源
8	P-GND1	1 通道功率地	21	OUT4+	4 通道正输出
9	OUT1+	1 通道正输出	22	MUTE	静音
10	SVR	电源纹波抑制	23	OUT4-	4 通道负输出
11	IN1	1 通道输入	24	P-GND4	4 通道功率地
12	IN2	2 通道输入	25	NC	不连接
13	S-GND	前置地			

3. 典型电性能参数

CD7388 集成电路的电性能参数如表 3-5 所示（V_{CC}=14.4 V，f=1 kHz，R_g=600 Ω，R_L=4 Ω，T_{amb}=25 ℃）。

表 3-5　CD7388 集成电路的电性能参数

参数名称	符号	条件	最小	典型	最大	单位
静态电流	I_{CC}	$R_L=\infty$	120	170	350	mA
输出失调电压	V_{OS}	—	—	—	±80	mV
输出失调电压	V_{OS}	静音开启/关闭	—	—	±80	mV
电压增益	G_V	—	25	26	27	dB
输出功率	P_O	THD=10%，V_{CC}=14.4 V	22	26	—	W
最大输出功率	$P_{O\,max}$	V_{CC}=14.4 V	38	41	—	W
总谐波失真	THD	P_O=4 W	—	0.04	0.15	%
输出噪声电压		B_w=20 Hz～20 kHz	—	70	100	μV
电源纹波抑制	SVR	f=100 Hz，V_r=1 Vrms	50	65	—	dB
上限截止频率	f_{CH}	P_O=0.5 W	100	200	—	kHz
输入阻抗	R_I	—	70	100	—	kΩ
通道串音	CT	f=1 kHz，P_O=4 W	60	70	—	dB
		f=10 kHz，P_O=4 W	50	60	—	dB
待机电流	I_{SB}	—	—	—	50	μA
待机电压（退出）	$V_{SB\,out}$	(Amp:ON)	3.5	—	—	V
待机电压（进入）	$V_{SB\,in}$	(Amp:OFF)	—	—	1.5	V
静音衰减	AM	P_{Oref}=4W	80	90	—	dB
静音电压（退出）	VM_{out}	(Amp:PLAY)	3.5	—	—	V
静音电压（进入）	VM_{in}	(Amp:Mute)	—	—	1.5	V
自动静音电源阈值	VAM_{in}	(Amp:Mute)Att≥80 dB	—	—	6.5	V
		(Amp:Mute)Att<0.1 dB	—	7.6	8.5	V
静音端电流	I_{pin22}	VMUTE=1.5 V	5	11	20	μA

4. 极限参数

CD7388 的极限参数如表 3-6 所示（T_{amb}=25 ℃）。

表 3-6　CD7388 集成电路的极限参数

参 数 名 称	符号	最小	最大	单位
工作电源电压	V_{CC}	—	18	V
直流电源电压	V_{CC}（DC）	—	28	V
峰值电源电压（t=50 ms）	V_{CC}（PK）	—	50	V
输出峰值电流（可重复的，f=10 Hz，占空比为 10%）	I_O	—	4.5	A
输出峰值电流（不可重复的，t=100 μs）	I_O	—	5.5	A
功耗（T_{case}=70 ℃）	P_{TOT}	—	80	W
结温	T_J	—	150	℃
储存温度	T_{STG}	−55	150	℃

5. 测试电路

图 3-27 为 CD7388 的典型测试电路，按照电路原理可完成该芯片的参数测试。该电路也是构建其电路验证系统的基本电路，其典型应用电路就是在该测试电路中把负载从电阻换成实际应用喇叭，其他的变化不大。

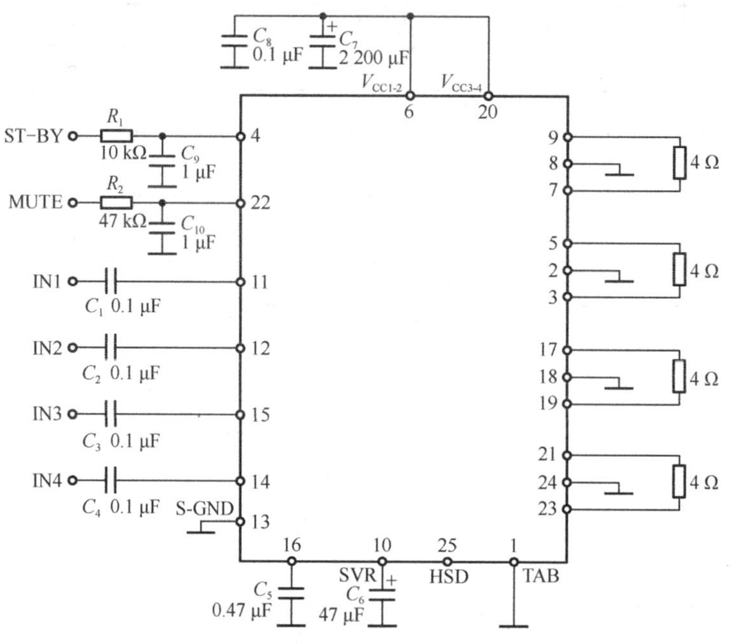

图 3-27　CD7388 集成电路的测试电路

典型案例 2　低压差线性可调稳压集成电路的参数测试

扫一扫看教学课件：低压差线性可调稳压集成电路的参数测试

华润微电子公司的 CS4927 集成电路，是一款具有 300 mA 的稳定输出电流、高输出电压精度，以及超低压差、低噪声、低功耗的线性稳压电路。它适用于大多数市场上的常见电子设备，如便携式的电子设备、无线设备、PC 外围设备、电池供电设备、电子度量设备等，其功能特点如下。

（1）2.5～6.0 V 的宽电源范围。

（2）可以保证 300 mA 的输出电流。

（3）超低压差：170 mV（300 mA，V_{out}=3.3 V）、140 mV（300 mA，V_{out}=5.2 V）。

（4）具有过热保护功能、短路保护功能和过电流保护功能。

（5）短路电流：50 mA。

（6）输出电压从 0.8～5.2 V 可调。

（7）低静态电流，60 μA（典型）。

（8）内置 EN 控制信号。

（9）在关断模式下，静态电流小于 1 μA。

（10）使能启动开启时间为 50 μs。

（11）高纹波抑制比。

（12）低噪声。

1. 引脚说明

CS4927 集成电路的引脚说明，如表 3-7 所示。

表 3-7 CS4927 集成电路的引脚说明

编号	引脚符号	I/O	功能描述
1	V_{IN}	电源	电压输入端。该引脚需接入 1μF 的陶瓷电容去耦，同时保证电路工作的稳定性
2	GND	接地	电源接地端。该引脚外接电源负极
3	$\overline{\text{SHUTDOWN}}$	输入	使能控制端。逻辑“高”有效，电路工作于正常状态；逻辑“低”使器件进入关断模式
4	ADJ	输入	输出可调器件。该引脚作为分压电阻电压反馈接入端
5	V_{OUT}	输出	电压输出端。该引脚需接一个 1 μF 的陶瓷电容，以保证输出电压的稳定性

2. 测试电路

CS4927 集成电路的参数测试电路如图 3-28 所示。输入 V_{IN} 接（V_O+1）V（V_O> 1.5 V 时）或 V_{IN} 接 2.5 V（V_O≤1.5 V 时），V_{IN} 接 1 μF 陶瓷电容去耦，为保证稳定性，V_{OUT} 接 1 μF 陶瓷电容，本电路不需要外部等效串联电阻（equivalent series resistance，ESR）补偿。输出电压可以按下式计算：

$$V_{OUT}=0.8(1+R_1/R_2)$$

为降低电路的静态电流，可以将 R_2 设置为 200 kΩ。$\overline{\text{SHUTDOWN}}$ 为使能控制端，大于 1.5 V 时，芯片工作；低于 0.4 V 时，关断电路。

3. 极限参数

CS4927 集成电路的极限参数，如表 3-8 所示。

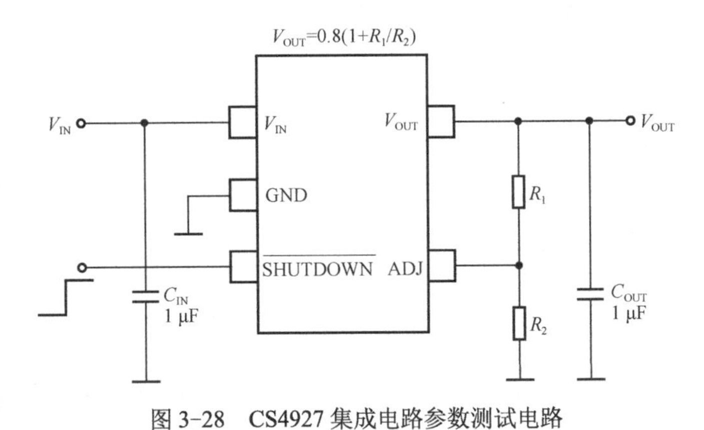

图 3-28 CS4927 集成电路参数测试电路

表 3-8 CS4927 集成电路的极限参数

参数	最小值	最大值	单位
输入电压	-0.3	6	V
$\overline{\text{SHUTDOWN}}$ 电压	-0.3	6	V
工作环境温度	-40	85	℃
储存温度	-65	150	℃
最大结温	—	150	℃
焊接温度（锡焊，10 s）	—	260	℃
ESD（人体模型）	—	4	kV
热阻 θ_{JA}	—	250	℃/W

4. 电特性参数

CS4927 集成电路的电特性参数，如表 3-9 所示。

表 3-9　CS4927 集成电路的电特性参数

参数	引脚符号	最小值	最大值	单位
输入电压	V_{IN}	2.5	5.5	V
工作结温	T_J	-40	85	℃

扫一扫看微课视频：线性稳压器的验证与应用 1

扫一扫看微课视频：线性稳压器的验证与应用 2

按照图 3-28 所示电路可完成该芯片的参数测试。

思考与练习题 3

扫一扫看本章练习题与答案

扫一扫看微课视频：线性稳压器的验证与应用 3

1．分析图 3-29 所示的功耗曲线和电压传输曲线。

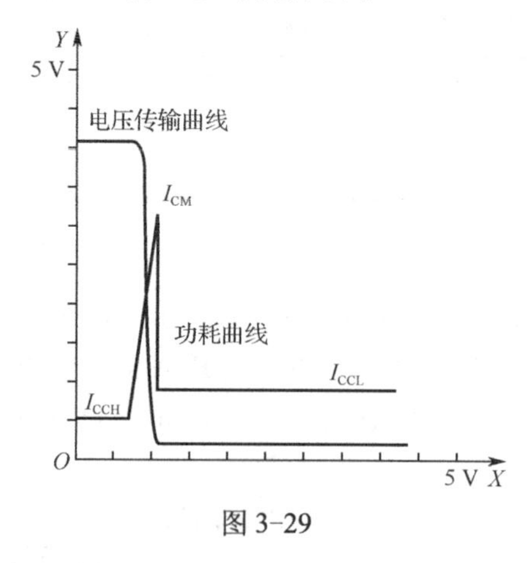

图 3-29

2．简述 TTL 与非门集成电路输出低电平 V_{OL}、高电平 V_{OH} 与电源电压 V_{CC} 的关系。

3．应用 CD4013 集成电路设计 4 分频电路。

4．参考 LM358 集成电路工作手册，设计对该集成电路输入失调电压的测试电路。

5．简述汽车音响功放集成电路 CD7388 的主要特点。

6．简述低压差线性可调稳压集成电路 CS4927 的主要特点。

第4章 集成电路验证系统的设计与制作

扫一扫看本章思政要点统

扫一扫看教学课件：设计集成电路验证系统的 PCB

扫一扫看动画视频：PCB 的介绍

4.1 设计集成电路验证系统的 PCB

在进行集成电路的测试验证前，首先要设计和制作用于测试和验证集成电路的系统。

所谓集成电路的验证系统是指用于对某一集成电路的功能和各项性能参数指标进行测试和验证的由一块印制电路板（printed-circuit board，PCB）及这块 PCB 上的该集成电路和其他元器件组成的整个电路，其中核心部件是承载该集成电路和其他元器件的 PCB，因此设计和制作集成电路验证系统的第一步就是设计 PCB。

设计集成电路验证系统 PCB 的依据是该集成电路的测试电路图。根据测试电路图，使用专业的设计工具进行 PCB 的设计。PCB 的设计从本质上来说是版图设计，需要考虑 PCB 与外部连接的布局、内部元器件的优化布局、金属连线和通孔的优化布局、电磁保护和热耗散等多种因素。PCB 设计得好可以节约生产成本，并且实现良好的电路性能和散热性能。

关于使用 Protel DXP 或 Altium 进行 PCB 的设计方法这里不做具体介绍，只给出一些基本原则。在设计完成后进行 PCB 的加工；完成 PCB 加工后就可以进行集成电路验证系统的制作。

扫一扫看微课视频：基于 Altium 的 PCB 设计

4.1.1 PCB 布局的基本原则

（1）考虑确定 PCB 的尺寸和形状。如果尺寸太大，则印制线条长，阻抗增加，抗噪声能力下降，成本也增加；如果尺寸太小，则散热不好，且邻近线条易受干扰。PCB 的最佳形状为矩形，长宽比为 3∶2 或 4∶3。

（2）在确定 PCB 的尺寸和形状后，按照结构要素布置安装孔、接插件等需要定位的元器件。需要考虑定位孔、标准孔等非安装孔周围 1.27 mm 内不得贴装元器件，螺钉等安装

孔周围 3.5～4 mm 内不得贴装元器件。

（3）按电路模块进行布局。实现同一功能的相关电路称为一个模块，电路模块中的元器件应就近集中，同时数字电路和模拟电路应分开。按照“先大后小，先难后易”的原则，应当优先布局重要的单元电路、核心元器件；然后以每个功能电路的核心元件为中心，围绕它来对其余元器件进行布局。元器件应均匀、整齐、紧凑地排列在 PCB 上，尽量减少和缩短各元器件之间的引线和连接；相同结构电路部分尽可能采用“对称式”标准布局；同类型插装元器件在 X 或 Y 方向上应朝一个方向放置；同一种类型的有极性分立元器件也要尽量保持一致的方向。

（4）布局中需要参考测试电路图，根据电路图中的主信号流向规律来安排主要元器件。布局应尽量满足以下要求：

① 总的连线尽可能短，关键信号线应最短。

② 高压大电流信号和低压小电流信号完全分开，高频信号与低频信号分开。

③ 卧装电阻、电感（插件）、电解电容等元器件的下方避免布局过孔，以免波峰焊后过孔与元器件壳体短路。

④ 元器件的外侧距板边的距离为 5 mm 以上。

⑤ 贴装元器件焊盘的外侧与相邻插装元器件的外侧距离大于 2 mm。

⑥ 金属壳体元器件和金属件（屏蔽盒等）不能与其他元器件相碰，不能紧贴印制线、焊盘，其间距应大于 2 mm；定位孔、紧固件安装孔、椭圆孔及板中其他方孔外侧距板边的距离大于 3 mm。

⑦ 发热元器件不能紧邻导线和热敏元器件。高热器件要均衡分布。

⑧ 电源插座要尽量布置在 PCB 的四周，电源插座与其相连的汇流条接线端应布置在同侧。特别应注意不要把电源插座及其他焊接连接器布置在连接器之间，以利于这些插座、连接器的焊接及电源线缆设计和扎线。电源插座及焊接连接器的布置间距应考虑方便电源插头的插拔。

⑨ 所有 IC 元器件要单边对齐，有极性元器件的极性应标示明确。同一印制板上的极性标示不得多于两个方向。当出现两个方向时，两个方向应互相垂直。

⑩ 贴片元器件的焊盘上不能有通孔，以免焊膏流失造成元器件虚焊。重要信号线不能从插座脚间穿过。

⑪ 板面布线应疏密得当。当疏密差别太大时应以网状铜箔填充，网格尺寸应大于 0.2 mm。

4.1.2 PCB 布线的基本原则

（1）首先应对电源线和地线进行布线，以保证电路板的电气性能；然后预先对要求比较严格的线（如高频线）进行布线，输入端与输出端的边线应避免相邻平行，以免产生反射干扰，必要时要加地线隔离；划定布线区域：在距离 PCB 边小于 1 mm 的区域内，以及安装孔周围 1 mm 内，禁止进行布线。

（2）电源线应尽可能地宽，其宽度不应低于 18 mil（1 mil≈0.02 mm）；信号线的宽度不应低于 12 mil；CPU 的入出线宽度一般不应小于 10 mil（特殊情况应不小于 8 mil）；线间距不小于 10 mil；正常过孔间距不小于 30 mil。

（3）振荡器外壳应接地，时钟线尽量短；时钟振荡电路下面、特殊高速逻辑电路部分要加大周围面积，且不应该布置其他信号线，以使周围电场趋近于零。

（4）对双列直插式焊盘直径为 60 mil、孔径为 40 mil；对 1/4 W 电阻焊盘尺寸为 51 mil×55 mil（0805 表面贴装），其直插时焊盘直径为 62 mil、孔径为 42 mil；对无极电容焊盘尺寸为 51 mil×55 mil（0805 表面贴装），其直插时焊盘直径为 50 mil、孔径为 28 mil。

（5）尽量采用 45° 的折线布线，不可使用 90° 折线，以减小高频信号的辐射；注意电源线与地线应尽可能呈放射状，以及信号线不能出现回环走线。

（6）关键的连线要尽量短而粗，并在两边加上保护地；并且关键信号应预留测试点，以方便生产和维修检测用。

（7）按照电路原理图完成布线后应对布线进行优化；同时进行初步网络检查和设计规则检查（design rule check，简写为 DRC）。当检查无误后，应对未布线区域进行地线填充，使用大面积铜层作为地线用，在印制板上把没有用上的地方都与地连接作为地线用。

4.2　验证系统的制作

扫一扫看教学课件：验证系统的制作（1）

扫一扫看教学课件：验证系统的制作（2）

扫一扫看微课视频：验证系统的制作-元器件装配

在完成 PCB 设计后，通常会产生一份关于该验证系统的说明文件，可以是验证系统的完整电路图、PCB 图，以及整个验证系统所包含的元器件列表文件等。基于以上文件就可以开展验证系统的制作过程。

验证系统的制作过程通常分为元器件的准备、预处理及采用焊接工艺进行装配两大部分工作，其中焊接在验证系统的制作过程中是至关重要的。在完成验证系统的装配后就可以采用该系统对需要验证的集成电路进行验证工作，但在具体验证前还需要进行相应的准备。

4.2.1　元器件的准备和预处理

根据验证系统所需要的元器件的汇总表，选择符合规格要求的各种元器件，在选择过程中需要用到本书第 1 章中详细介绍的各种元器件的选择原则。

选择好元器件后首先要学会识别和检测，以判断这些元器件质量的好坏。具体包括以下内容：把验证系统所用到的元器件按照大的类别进行识别，注意观察它们的外形结构、名称、标称值、允许误差及其他性能指标（如电解电容的耐压等）；然后用万用表等仪器对这些元器件进行必要的测试，并与标称值进行比较，以判断其质量的好坏；对于电解电容、二极管等要判断出它们的极性；对于晶体管，要辨别出其 E、B、C 引脚；对照元器件列表和电路图，检查是否有元器件的遗漏。

在完成上面的步骤后需要对以上元器件在装配之前进行预处理，并对验证系统中所使用的导线提前加工。

1．元器件的安装及预处理

所谓元器件的安装就是将其引脚插入 PCB 上相应的安装孔内的过程。这种安装过程可以是手工安装，也可以采用机器自动安装。手工安装适合于小批量生产，如本书所介绍的集成电路验证系统就比较适合采用这种方式，可以由一个人完成所有元器件的安装，当然如果需要的话也可以采用传送带的方式由多人流水作业完成安装。自动安装是指根据 PCB 上元器件的位置编制相应的程序，控制自动安装机将元器件固定在 PCB 上，完成元器件的

安装工作。与手工安装相比，自动安装可以提高 PCB 的焊接强度，并且消除手工安装的误操作等，可以大大地提高生产质量和效率。

元器件的安装形式通常分成卧式安装、立式安装、横向安装、倒立安装及嵌入式安装等。

1）卧式安装

这种安装形式是指将元器件紧贴 PCB 或与板面之间留有一定间隔后水平放置。当元器件为金属外壳、安装面又有印制导线时，应加垫绝缘衬垫或套绝缘套管。要求元器件的标记面和色码部位应朝上，方向应该与 PCB 上的要求一致，易于辨认，如图 4-1 所示。

2）立式安装

立式安装是指将元器件垂直插入 PCB，符号标识向外，色标法的读数方向一般是从上到下较为方便，或按装配图规定的方向，以便于辨认和检查，如图 4-2 所示。这种安装形式适用于密集度较高的场合，但对于质量大且引线细的元器件不宜采用。其优点是密度较大，占用 PCB 面积小，拆卸方便；缺点是若引脚过长时易倒伏，可能出现碰触引起短路现象，降低整机的可靠性。

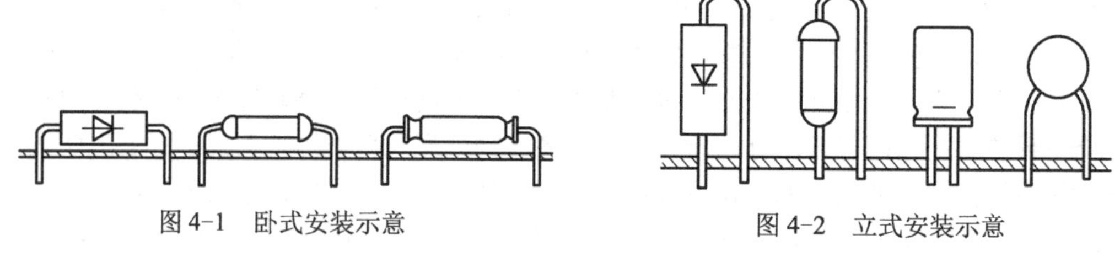

图 4-1　卧式安装示意　　图 4-2　立式安装示意

3）横向安装

横向安装是指将元器件先垂直插入 PCB，然后将其朝水平方向弯曲，以降低高度，如图 4-3 所示。

4）倒立安装

这种安装形式是指把元器件的壳体倒立起来，将其安装在 PCB 上，如图 4-4 所示。

5）嵌入式安装

这是一种把元器件的壳体嵌入 PCB 内的安装形式，主要目的是降低高度，提高元器件的防震能力和加强牢靠度，如图 4-5 所示。

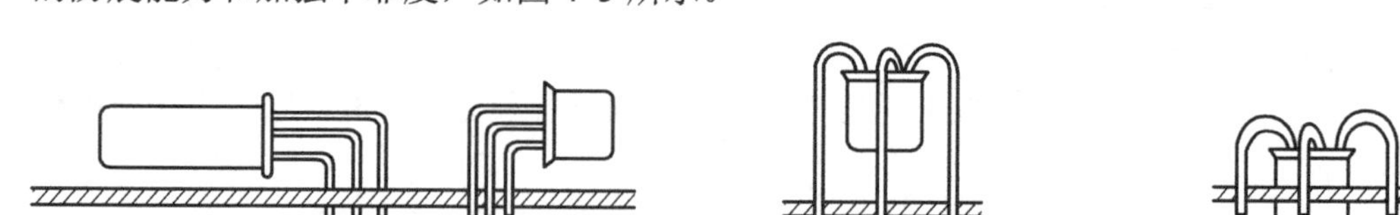

图 4-3　横向安装示意　　图 4-4　倒立安装示意　　图 4-5　嵌入式安装示意

根据以上元器件的安装形式及元器件在 PCB 上安装位置的特点和元器件的特性等，需要对其引脚进行预处理，即预先弯成一定的形状，打弯的总体原则是有利于元器件焊接时的散热和焊接后保持足够的机械强度。如图 4-6 所示为几种已经处理好的元器件的引脚。

通常元器件的打弯成形需要按照一定的尺寸大小来进行，总体原则是元器件引脚整形后，其引脚间距要求与 PCB 对应的焊盘孔间距保持一致。在如图 4-7 所示的打弯形式中，打弯的半径 R 不能小于 1.5 mm，打弯处距离元器件根部的距离 L 不能小于 2 mm。

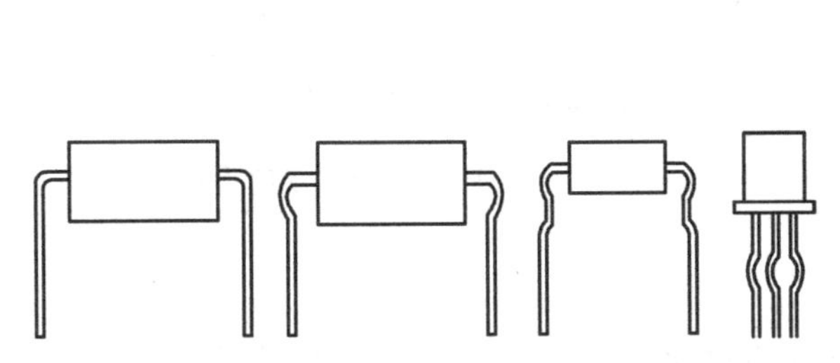

图 4-6　经过预处理后的几种元器件引脚形式

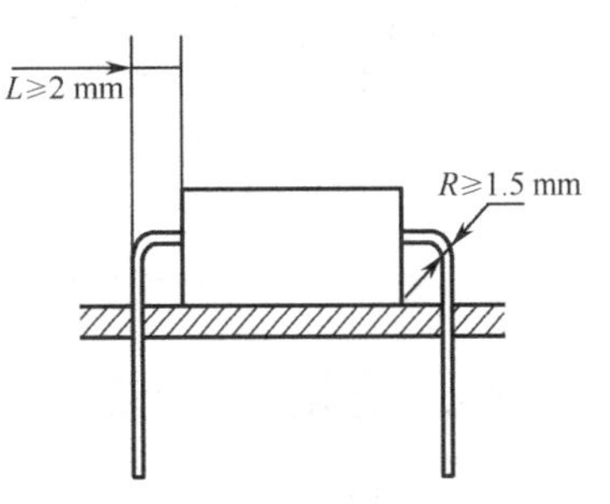

图 4-7　元器件引脚打弯尺寸要求

在采用自动安装机进行元器件的安装过程中，该机器配置了元器件引脚自动打弯装置，可以自动进行元器件引脚的打弯。

元器件在安装前需要对其进行可焊接性处理，即引脚在焊接前都要重新镀锡。镀锡前对表面进行清洁，用刮刀或砂纸去除引脚表面的氧化物，然后放在松香或松香水里蘸一下，用电烙铁给引脚镀上一层很薄的锡。

2. 导线的预处理

电路中用到的导线通常分为普通绝缘导线和屏蔽线缆两大类，它们在进行装配前同样需要预处理。

1）普通绝缘导线的预处理

普通绝缘导线通常分为单股导线和多股导线两种。其中单股导线包括漆包线的绝缘层内部只有一个导线，俗称“硬线”，容易成形固定，常用于固定位置连接；而多股导线的绝缘层内通常有数根到数十根导线，俗称“软线”。在使用前，首先根据实际使用的要求和导线类型等，用剪刀、斜口钳、剪线机等剪切出一段一定长度的导线；然后用电工刀、剪刀或剥线钳等专门工具，将导线一头的绝缘层剥去，露出一定长度的内部芯线。图 4-8 中的所剥除的长度 L 根据实际需要来确定，这种剥线过程也可以用专业的热控剥皮器来完成，在此过程中要注意不能伤及导线。在完成剥除处理后用尖嘴钳、平口钳或镊子等工具将导线拉直；接着用小刀或砂纸，清除导线表面的氧化层和其他残留物；为防止芯线的松散和折断，可以用手指或其他工具将这些芯线捻在一起；最后将这些芯线上锡，方法是先将电烙铁加热至能够熔化焊锡，然后将芯线放在松香上，用电烙铁使芯线蘸上一层松香，然后给芯线上锡。处理过程如图 4-8 所示。

2）屏蔽线缆的预处理

屏蔽线缆是在导线外面再套上一层金属编织网线（作为屏蔽层）的特殊导线，其处理过程如图 4-9 所示。首先剥除最外面的绝缘层，露出金属编织网线；然后剪除金属编织网线，露出内部芯线；最后对露出的内部芯线进行整形，并上锡。

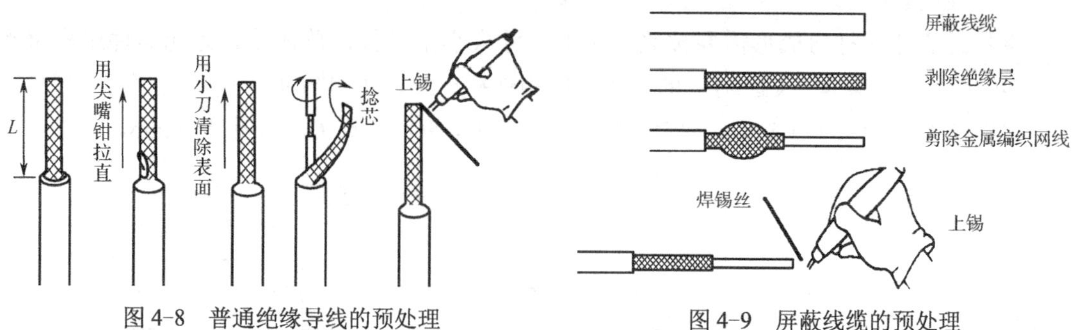

图 4-8　普通绝缘导线的预处理　　图 4-9　屏蔽线缆的预处理

4.2.2　焊接工具与操作

手工焊接是指通过加热的烙铁将固态焊锡丝加热熔化，再借助于助焊剂的作用，使其流入被焊金属之间，待冷却后形成牢固可靠的焊接点的过程。手工焊接是最早出现的焊接技术，这种焊接方式通常需要使用焊料和助焊剂来完成焊接过程。

焊料是指能熔合两种或两种以上的金属成为一个整体的易熔金属或合金。常用的锡铅焊料中，锡占 62.7%，铅占 37.3%。这种配比的焊锡熔点和凝固点都是 183 ℃，可以由液态直接冷却为固态，缩短焊接时间，减少虚焊。这种配比的焊锡称为共晶焊锡，其具有熔点低、流动性好、表面张力小、润湿性好、机械强度高、导电性能好等特点。

助焊剂是指辅助焊接材料，其主要作用是去除氧化膜、防止氧化，减小焊点表面张力，使焊点外形比较美观。常用的助焊剂有松香、松香酒精助焊剂、焊膏、氯化锌助焊剂、氯化铵助焊剂等。

在实际应用中常采用中心含有松香助焊剂、含锡量为 61%的锡铅焊锡丝，也称为松香焊锡丝。

1. 焊接工具

扫一扫看微课视频：验证系统的制作-焊接相关知识

手工焊接过程中经常要用到以下工具。

1）外热式电烙铁

这种电烙铁的发热电阻在其外面，适合于焊接各类的元器件。由于发热电阻丝在烙铁头的外面，有大部分热散发到外部空间，所以加热效率低、加热速度慢（通常需要加热 6～7 min 才能使用）。这种烙铁的体积较大，在焊接小型元器件时不太方便，但其烙铁头的使用寿命较长，且功率较大。其外形如图 4-10 所示。

2）内热式电烙铁

这种烙铁的加热元器件在焊锡铜头的内部，使热量从内部传到烙铁头，具有加热速度快、效率高、体积小、质量轻、使用灵巧等优点，适合焊接小型元器件，但功率较小。由于该烙铁头的温度高，容易氧化变黑，且易损坏。其外形如图 4-11 所示。

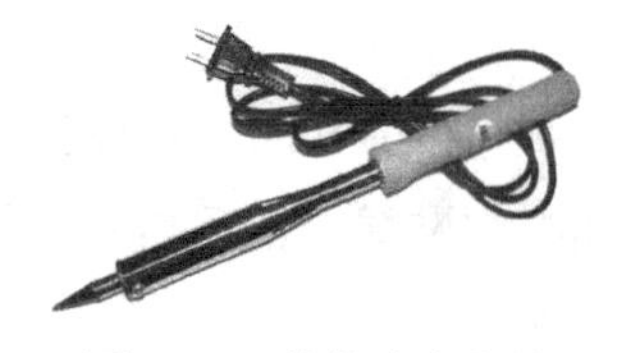

图 4-10　外热式电烙铁

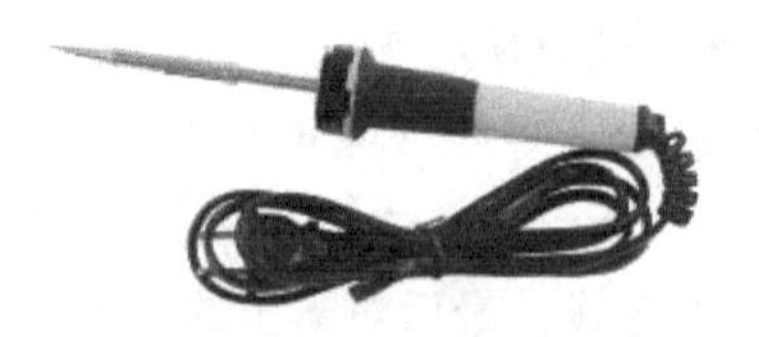

图 4-11　内热式电烙铁

3）热风枪

热风枪主要是利用发热电阻丝的枪芯被吹出的热风来对元器件进行焊接与拆除。根据热风枪的工作原理，热风枪控制电路的主体部分应包括温度信号放大电路、比较电路、晶闸管控制电路、传感器、风量控电路等。另外，为了提高电路的整体性能，还应设置一些辅助电路，如温度显示电路、关机延时电路和过零检测电路。设置温度显示电路是为了便于调温。温度显示电路显示的温度为热风枪的实际温度，在操作过程中可以依照显示的温度来进行调节。热风枪的外形如图 4-12 所示。

4）吸锡器

吸锡器是用来吸取 PCB 上拆卸电子元器件焊盘时融化的焊锡的，有手动、电动两种。维修拆卸零件需要使用吸锡器，尤其是在拆卸大规模集成电路时要谨慎些，拆不好容易破坏 PCB，造成不必要的损失。简单的吸锡器是手动式的，且大部分是塑料制品，它的头部由于常常接触高温，因此通常都采用耐高温塑料制成。其外形如图 4-13 所示。

图 4-12　热风枪

图 4-13　吸锡器

2. 手工焊接的步骤和注意事项

在进行手工焊接前，首先要清除焊接部位的氧化层，然后给需要焊接的元器件镀上锡。手工焊接需要同时具备以下条件：焊件必须具有良好的可焊性，焊件表面必须保持清洁，要使用合适的助焊剂，焊件要加热到适当的温度，设定合适的焊接时间等。

如图 4-14 所示，手工焊接的五步操作法如下：

（1）准备焊接，包括准备焊锡丝和电烙铁。

（2）加热焊接件：用烙铁接触焊接点，使焊接件均匀受热。

（3）熔化焊料：当焊件加热到能熔化焊料的温度后，将焊锡丝放置在焊点，焊料开始熔化并湿润焊点。

（4）移开焊锡丝：当熔化一定量的焊锡后将焊锡丝移开。

（5）移开烙铁：当焊锡完全湿润焊点后移开烙铁。

手工焊接时的注意事项：

（1）以上五步操作法是一个连续过程，对每一个焊点都是一次性完成的。

（2）加焊锡时应加在离中烙铁头前端约 3 mm 处，不能加在 PCB 上的铜片位置。

（3）移除电烙铁时动作要快。

（4）电烙铁头上的焊锡数量要适量；放置时间久后电烙铁头上氧化的黑色焊锡要去掉。

（5）焊盘、焊锡丝、元器件引脚的表面要保持清洁。

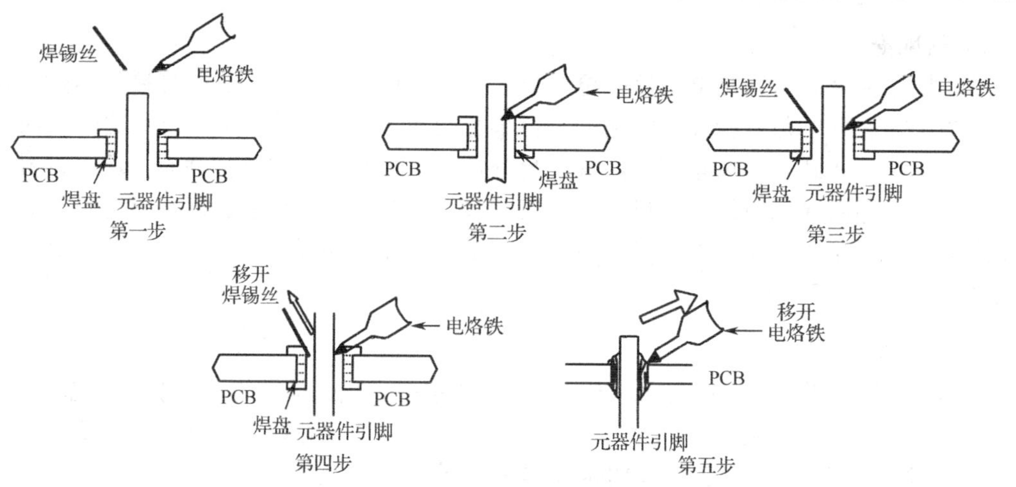

图 4-14 手工焊接的五步操作法

在集成电路芯片验证系统的焊接过程中尤其要注意：

（1）应选择内热式 20～35 W 电烙铁，电烙铁的温度不宜超过 300 ℃。因为验证系统通常体积都很小，因此要选择尖嘴式电烙铁头。

（2）加热时应尽量使电烙铁头同时接触 PCB 上的铜箔和所安装的元器件引脚，对于较大的焊盘可以移动电烙铁头，以免长时间停留一点导致局部过热。

（3）有些验证系统采用两层 PCB，因此要首先进行金属化处理，焊接时不仅要让焊料润湿焊盘，并且孔内也需要润湿填充。

（4）焊接时不要用电烙铁头摩擦焊盘的方法增强焊料润湿性能，而要靠表面清理和预先进行的焊接。

3. 常见的焊接缺陷

通常要求焊点的机械强度要足够，并且焊接可靠，保持良好的导电性能，焊点表面要光滑、清洁。常见的焊接缺陷如表 4-1 所示。

表 4-1 常见的焊接缺陷

缺陷名称	缺陷外貌	外貌描述	存在问题	避免措施
焊料过多		焊点整体向外凸起	可能包藏缺陷，并且浪费焊料	焊锡丝移开时加快速度
焊料过少		焊点整体向内凹进	焊接强度不足	避免焊锡丝移开过早，延长焊接时间，增加助焊剂
冷焊		焊点表明不光滑	焊接强度低，导电性能差	焊料尚未凝固前避免抖动
过热		焊点发白，无光泽	焊点强度低，易脱落	适当减小电烙铁功率，避免焊接时间过长
虚焊		焊锡丝、元器件引脚及 PCB 之间有明显的界线	可能导致工作不稳定	清洁引脚或 PCB；选用高质量的焊锡丝；避免电烙铁温度太高或太低

续表

缺陷名称	缺陷外貌	外貌描述	存在问题	避免措施
拉尖		焊点有尖端	外形不美观，易短路	增加助焊剂，保证电烙铁以正确角度移开
铜箔翘起		铜箔从 PCB 上翘起	损坏 PCB	减少焊接时间，避免温度太高
桥连		相邻焊点短接	造成电路短路	减少焊锡，保证电烙铁以正确角度移开
针孔		焊点存在针孔或气泡	导电性能差	增加焊料和助焊剂
剥离		焊点从 PCB 上剥离	工作不稳定	适当增加焊料、避免焊接时间过短

4. 焊接新技术

PCB 在完成元器件的安装，并经质量检查合格后，就可以手工焊接元器件了。但随着电子技术的发展，电子元器件日趋集成化、小型化和微型化，电路越来越繁杂，PCB 上元器件的排列密度越来越高，手工焊接已不能同时满足焊接高效率和高可靠性的要求，一些新的焊接技术应运而生。这些焊接新技术可以大大提高焊接效率，并使焊接点质量有比较高的一致性，在电子产品生产中得到普遍的使用。

1）波峰焊

波峰焊是指利用焊料处于沸腾状态时的波峰接触到被焊件，形成浸润焊点、完成焊接的过程，如图 4-15 所示。

波峰焊通常包含以下工艺流程：焊前准备、喷涂焊剂、预热、波峰焊接、冷却和清洗。

2）浸焊

浸焊是指将插装好元器件的 PCB 浸入装有已熔化焊锡的锡锅内，一次完成 PCB 上所有焊点的焊接过程。浸焊包括手工浸焊（见图 4-16）和采用自动浸焊机两种。

浸焊通常包括以下工艺流程：插装元器件、喷涂焊剂、浸焊、冷却剪脚和检查修补。

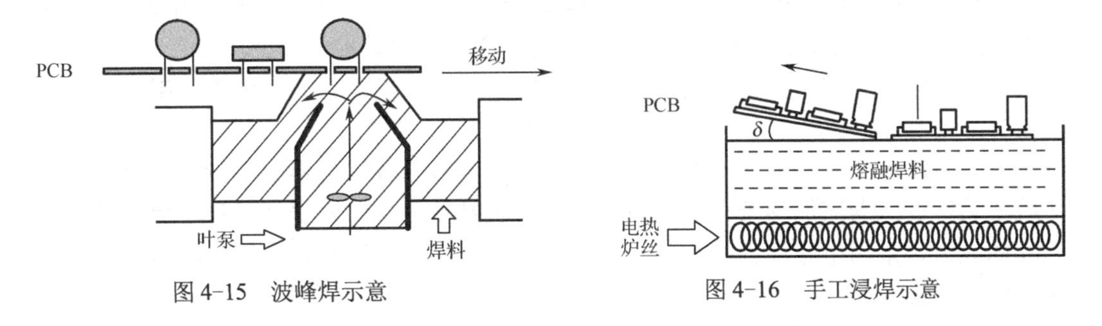

图 4-15　波峰焊示意　　图 4-16　手工浸焊示意

3）无铅焊

由于无铅焊料的特殊性，无铅焊的工艺要求无铅焊接设备必须解决无铅焊料带来的焊接缺陷及焊料对设备的影响，如预热/锡炉温度升高、喷口结构、氧化物、腐蚀性、焊后急冷、助焊剂涂敷、氮气保护等。

4）回流焊

回流焊技术是将焊料加工成一定颗粒的并拌有适当液态黏合剂的具有一定流动性的糊状焊膏，用它将贴片元器件粘在 PCB 上，然后通过加热使焊膏中的焊料熔化而再次流动，最后将元器件焊接到 PCB 上。

5. 拆焊

当焊接出现错误、元器件损坏或需要更换元器件以便调试产品相关功能或性能参数时，需要将元器件从已经焊接好的 PCB 上拆卸下来，这一过程就是拆焊。

拆焊的原则是不损坏要拆除的元器件、导线、PCB 焊盘和印制板导线及原焊接部位的结构件。对于已经判断为损坏的元器件，可先行将其引脚剪断，再进行拆除，这样可以减少其他损伤的可能性。另外，在拆焊过程中，应尽量避免变动其他元器件的位置。

在拆焊过程中，通常要用到电烙铁、镊子、吸锡器等工具。

对于引脚较少的元器件，最简单的拆焊方法是一边用电烙铁加热元器件的焊点，一边用镊子或尖嘴钳夹住其引脚，轻轻地拔出来；对于多焊点的元器件和引脚较硬的元器件，采用吸锡器或吸锡铜网逐个地将引脚焊锡吸干净，再用夹子取出元器件。拆焊示意图如图 4-17 所示。

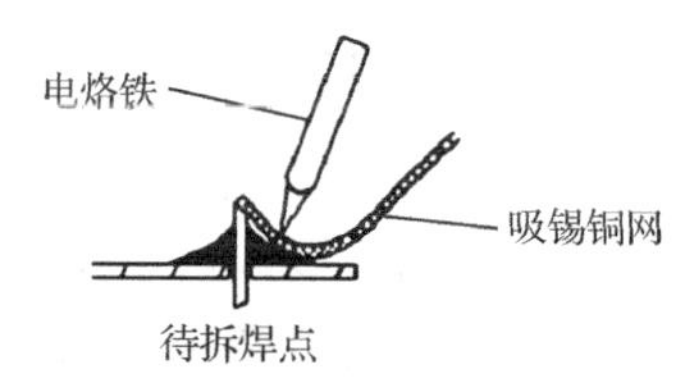

图 4-17　拆焊示意

4.2.3　装配

1. 元器件的装配原则

（1）元器件的标记、色码等要面向易于认读的方向，并尽可能按从左到右的顺序排列。

（2）有极性的元器件要根据 PCB 上极性的要求进行安装。

（3）安装的顺序应该是先铆后装、先装后焊、先小后大、先轻后重、先里后外、先低后高、先一般器件后特殊器件。

（4）要注意元器件之间的距离。这个距离主要是在设计 PCB 时决定的，通常 PCB 上元器件之间的距离不能小于 1 mm，引脚间距要大于 2 mm。在安装时如果发现引脚有可能触碰到，则要套上绝缘套管。

（5）元器件在 PCB 上安装时应尽量均匀地分布，排列整齐美观，不能斜排、立体交叉和重叠排列；不能一边高、一边低；也应尽量避免引脚一边长、一边短。

（6）对于较大、较重的特殊元器件，如大电解电容、变压器、阻流圈、磁棒等，在进行安装时必须要使用金属固定件或固定架进行固定。

（7）为了减小干扰，地线的布设要避免回路和电磁干扰，电容要尽量靠近电源和地线的主线安装，变压器应加屏蔽外壳并有效接地，将易受干扰的元器件尽量布置在离干扰源远一点的地方，采用电容和并排式二极管可吸收和减小部分干扰，也可加粗电源和地线、在空白处多布些地线。

（8）为使电气安全可靠，在整流电路前可加熔丝管，当电路出现短路时能避免其他元器件的损坏。

（9）在装配过程中对元器件要采取防静电措施，以免损坏元器件，包括使用防静电材料和器具（如工作服、手套、鞋帽、防静电指套、手环等），对可能存在静电的部位进行良

好的接地，用离子风机和静电消除剂等来减弱物体表面的静电，采用静电屏蔽罩等。

随着电子产品的小型化和元器件的集成化，以短、小、轻、薄为特点的表面贴装元器件的应用越来越广泛。这些元器件的安装通常都采用表面贴装技术进行自动安装，在元器件的引脚上粘上特质的含锡粉的黏合剂，使用贴装机将它们粘贴在 PCB 上，然后加热使锡粉熔化完成焊接过程。

2. 几种常见元器件及集成电路的安装

1）电阻和电容

在安装电阻时要注意标记朝上，全部安装完一种规格的电阻后再安装另外一种规格的电阻，且多个电阻的高低尽量保持一致。当焊接完成后，露在 PCB 表面上的引脚应该齐根剪去。

对于有极性的电容在安装时要注意“+”与“-”极性不能接错，通常应该先安装玻璃釉电容、金属膜电容、陶瓷电容等，最后安装电解电容。

2）二极管

在安装二极管时要注意极性。在焊接较短引脚的二极管时，焊接时间应尽量短，以免烧毁二极管。二极管安装的几种形式如图 4-18 所示。

3）晶体管

对晶体管的安装一般采用立式插装，在特殊情况下也有采用横向或倒立安装的。引线长度一般为 3～5 mm，不能太长或太短，太长会降低其稳定性；太短在焊接时会过热而损坏该晶体管。不同封装形式的晶体管安装形式也不同，如图 4-19 所示。

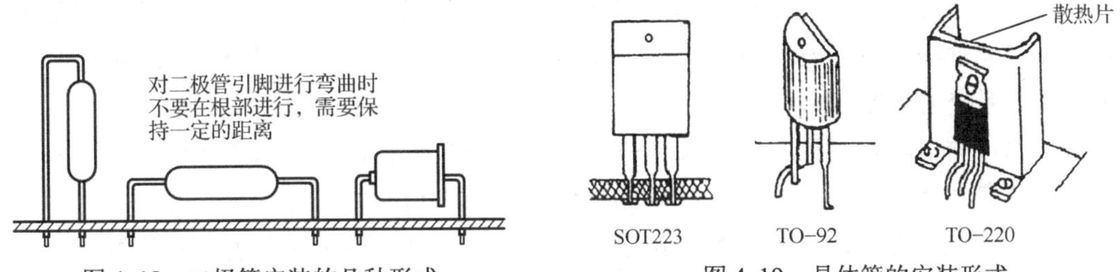

图 4-18　二极管安装的几种形式

图 4-19　晶体管的安装形式

焊接晶体管时可用镊子夹住引脚，以帮助散热。焊接大功率晶体管时要加装散热片，并且保证接触面平整，可以打磨光滑后再紧固。

4）变压器、磁棒和电解电容

由于这三种元器件外形的特殊性，在安装过程中要特别注意。在安装中频变压器时，将其固定引脚插入 PCB 的相应孔位。电源变压器的体积大且质量重，要用螺钉固定，并能加上弹簧垫圈，以防止螺钉或螺母的松动。安装磁棒时一般采用塑料支架固定，先将塑料支架插到 PCB 的支架孔位上，然后从 PCB 反面给塑料脚加热熔化，待塑料脚冷却后，将磁棒插入即可。体积较大的电解电容器，可采用弹性夹固定，如图 4-20 所示。

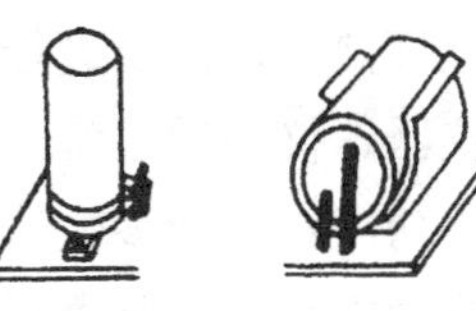

图 4-20　几种特殊元器件的安装形式

5）集成电路

在安装集成电路时一定要先了解引脚排列的顺序及找准第一引脚，检查引脚线是否与PCB的孔位相同，然后插入PCB。注意不能用力过猛，以防止弄断和弄偏引脚线，否则，有可能装错或装不进孔位。集成电路的引脚线比其他元器件多，而且间距很小，所以安装和焊接的难度比较大。如果集成电路需要加散热片时，必须用螺钉固定，以免松动、脱落而影响其电气性能。另外对这种发热量大的元器件，一定要预留周围空间，以便于有效地散热。

在焊接时应该先焊集成电路边沿的两只引脚，以使其定位，然后按一定顺序逐个焊接引脚。焊接时电烙铁的一次蘸锡量以满足焊接2～3只引脚为宜；电烙铁头先接触PCB铜箔，待焊锡进入集成电路引脚底部时电烙铁头再接触引脚，并且接触时间尽量短，确保焊锡均匀包住引脚。

3. 装配过程中的注意事项

（1）一定要非常清楚该集成电路验证系统的电路原理图，这是装配的最重要的依据。

（2）基于以上电路原理图，学习和熟悉该验证系统的工作原理与工作流程。

（3）装配前可以对PCB进行防氧化处理，可用棉签蘸取配好的松香溶液对电路板进行涂抹。重点在裸露的铜箔上均匀涂抹，若在允许的情况下可以整板涂抹。在装配过程中尤其要注意观察元器件应该从PCB的哪一面插入焊盘孔，在哪一面进行焊接；要不断进行检查，看看是否有漏件、错件、多件、插反、翘脚、倾斜等现象，尤其是针对卧式安装的元器件，检查这些元器件是否贴近PCB；检查元器件之间的引脚是否因为靠近而有可能引起短路。在装配过程中不要损坏PCB上的铜导线和铜箔，并且保持它们表面的整洁，以免影响整个验证系统的性能。

（4）焊接前需将焊盘用砂纸磨掉铜箔上的污物和氧化物，直至露出光泽为止，不可将铜箔刮伤或磨得太薄。插好元器件的电路板经确认无误后即可开始焊接。在焊接过程完成后，需要对PCB进行详细的检查，包括检查元器件引脚是否过长，若过长则要用斜口钳进行剪除；要检查焊点是否有短路、虚焊、未焊等不良现象；检查PCB上是否有锡球等残留物。

（5）对验证系统进行完整的检查，对安装、焊接过程中不到位之处要及时补救、维修。

4.2.4 验证准备

在以上装配过程完成后，就可以利用该验证系统对集成电路进行功能和性能参数的测试验证。在正式验证前，还需要进行一些准备工作，包括以下内容：

（1）验证用仪器、仪表的准备。

（2）集成电路功能和性能参数的熟悉。

（3）集成电路功能和性能参数测试方法的熟悉。

典型案例 3　汽车音响功放集成电路验证系统的制作

1. 待测集成电路

该集成电路验证系统用来测试和验证华润微电子公司的 CD7388 集成电路，申请验证的样品为 B 版和 U 版各 3 块，如图 4-21 所示，图中上方为集成电路正面，下方为集成电路背面。对待测集成电路芯片进行编号。

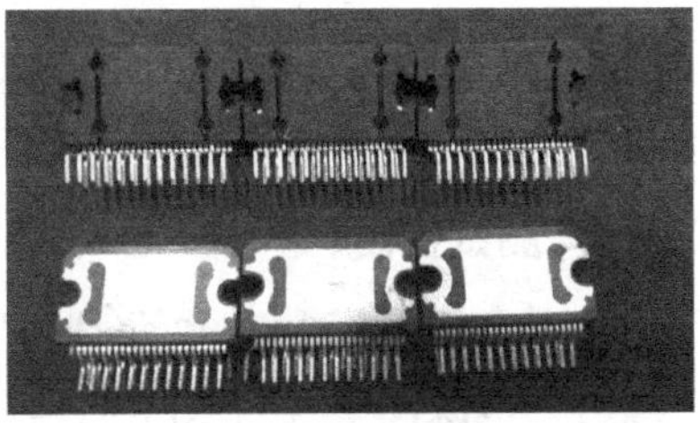

图 4-21　汽车功放集成电路 CD7388 的外形

2. 测试验证系统

CD7388 集成电路的测试电路原理如图 3-27 所示，按照前面介绍的集成电路验证系统要求与步骤进行设计和制作，完成后的 CD7388 集成电路测试与验证系统，如图 4-22 所示。

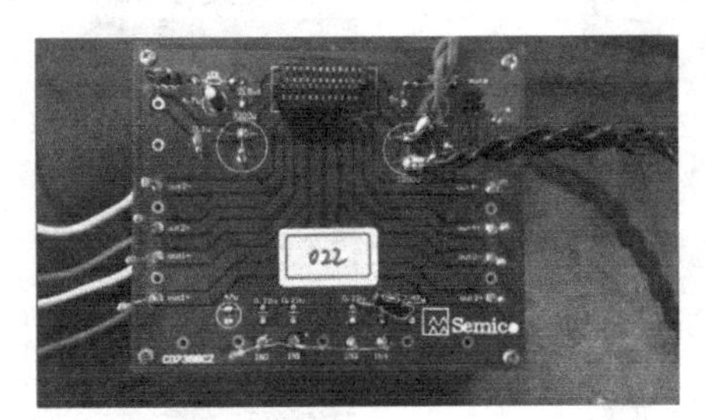

（a）正面

（b）背面

图 4-22　测试与验证系统

3. 集成电路的安装

将待测集成电路安装在图 4-22 所示的测试与验证系统上，为集成电路的测试和验证做好准备，如图 4-23 所示。通过该测试与验证系统来完成汽车音响功放集成电路各项性能参数的测试和功能验证。

4. 测试和验证需用的仪器

测试和验证系统以及所需用的仪器，如图 4-24 所示。

图 4-23　安装好待测集成电路的测试与验证系统

图 4-24　测试和验证系统以及所需用的仪器

典型案例 4　低压差线性可调稳压集成电路验证系统的制作

该验证系统主要用来测试和验证华润微电子公司的 CS4927 集成电路，这是一款具有超低压差的低功耗的线性可调的稳压电路，将待测集成电路芯片进行编号。

1. 测试仪器

在本案例中，CS4927 集成电路的测试和验证需要用到的仪器有：

（1）电源，型号为 NI PXI-4130 Power SMU，如图 4-25 所示。

（2）万用表，型号为 FLUKE17B，如图 4-26 所示。

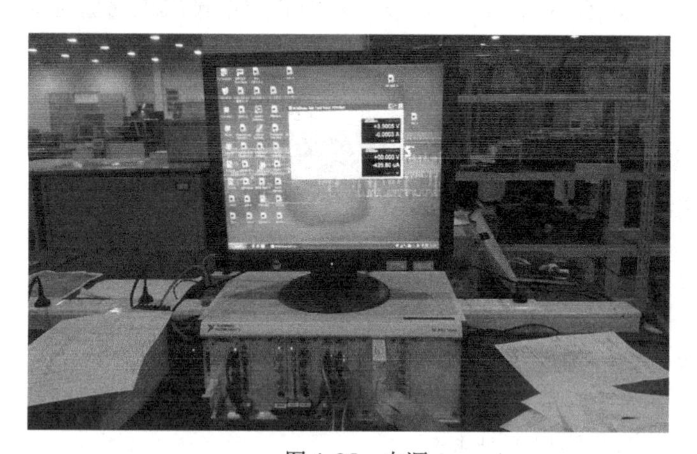

图 4-25　电源

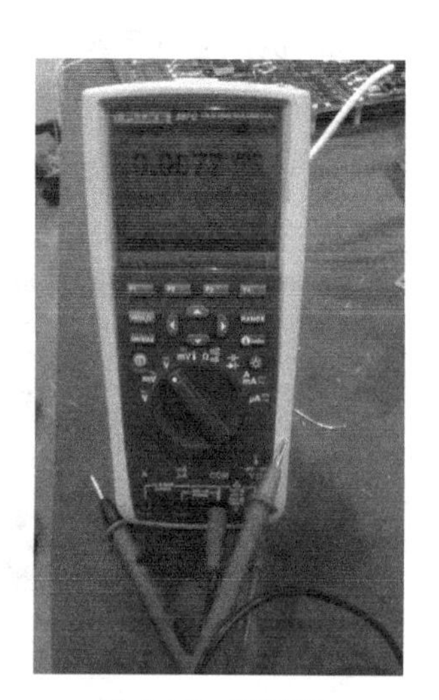

图 4-26　万用表

（3）高低温试验箱，型号为 SH-661，如图 4-27 所示。

（4）示波器，型号为 TDS2024B，如图 4-28 所示。

图 4-27　高低温试验箱

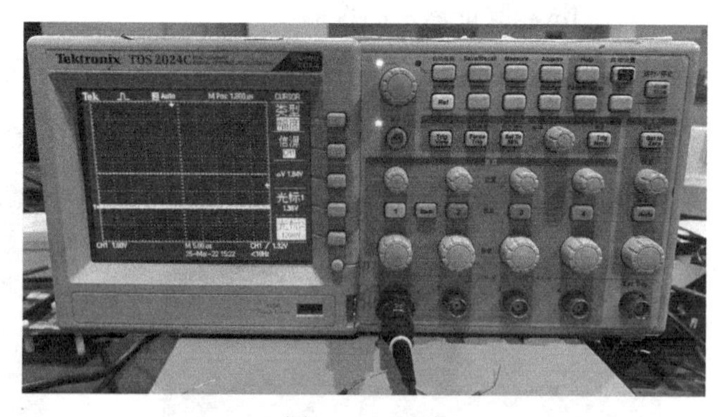

图 4-28　示波器

（5）信号发生器，型号为 Agilent 33220A，如图 4-29 所示。

（6）电子负载仪，型号为 Prodigit 3311D，如图 4-30 所示。

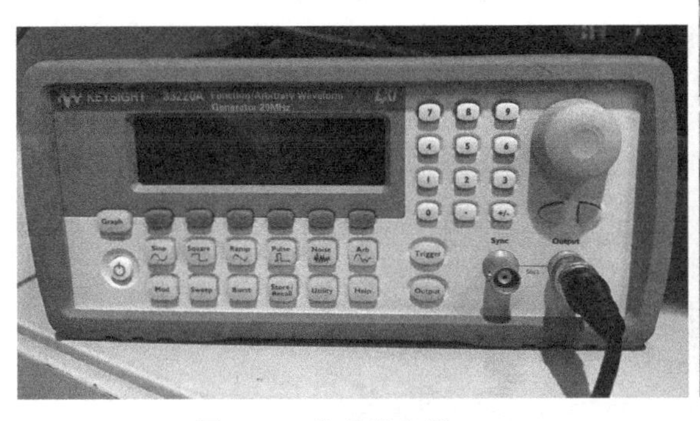

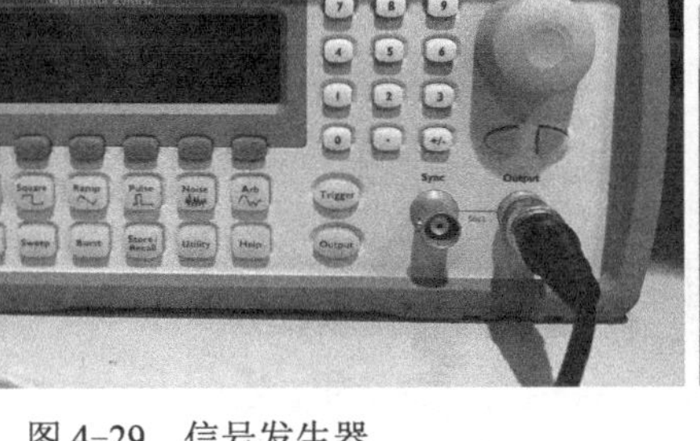

图 4-29　信号发生器

图 4-30　电子负载仪

2. 测试电路

CS4927 集成电路测试所用的电路原理如图 3-28 所示，依据此电路图可以知道该集成电路每个引脚所接的电子元器件。

3. 测试所需的电子元器件

测试所需的电子元件器包括 PCB、电容、电阻。

1）PCB 的设计与制作

可通过查阅文献数据、上网看视频、请教有经验的工程师，根据图 3-28 所示电路原理，学习并绘制 CS4927 集成电路测试与验证系统的 PCB 版图如图 4-31 所示，制作完成的 CS4927 测试电路的 PCB 实物如图 4-32 所示。

图 4-31　CS4927 测试电路的 PCB 版图

图 4-32　CS4927 测试电路的 PCB 实物

2）电容的选取

对 CS4927 集成电路要进行过热保护功能的温度测试，考虑到贴片电容对温度的影响较大，而陶瓷电容不仅对温度影响小，而且具有超低损耗、高稳定、高耐压、高可靠、无极性、低容值等优点，故选用陶瓷电容为此次测试电路的电容。

3）电阻阻值的选取

为了方便测量，现将输出电压 V_{OUT} 设定为 1 V，根据公式：$V_{OUT}=0.8(1+R_2/R_1)$，可以得出 $R_2/R_1=1:4$。为了降低电路的静态电流，将 R_2 设置为 200 kΩ，则 R_1 为 800 kΩ。

4. 测试与验证系统

在上面制作完成的 PCB 上，按照图 3-28 所示电路原理及上面选择的电子元器件，再按照前面介绍的集成电路验证系统要求和步骤进行制作，完成后的 CS4927 集成电路测试与验证系统实物如图 4-33 所示。

（a）实物正面

（b）实物反面

图 4-33 CS4927 集成电路测试与验证系统

思考与练习题 4

1．简述 PCB 布局的基本原则。

2．简述 PCB 布线的基本原则。

3．简述手工焊接元器件的操作步骤和注意事项。

4．利用 Altium Designer 设计 CD7388 集成电路的测试电路原理图和 PCB。

5．利用 Altium Designer 设计 CS4927 集成电路的测试电路原理图和 PCB，要求输出电压可调，调节范围为 1～5V。

第5章 集成电路的验证和结果分析

扫一扫看本章思政要点统

扫一扫看微课视频：汽车功放电路的验证和结果分析（1）

在前面典型案例1～4中完成设计与制作的基础上，本章介绍集成电路芯片的验证和结果分析方法。

扫一扫看教学课件：汽车音响功放电路的验证和结果分析（1）

5.1 汽车音响功放集成电路的验证和结果分析

扫一扫看教学课件：汽车音响功放电路的验证和结果分析（1）

测试CD7388集成电路的各项参数、性能指标，以便设计人员对该电路进行针对性优化和改进，并且方便对比市场同类竞争产品。本次测试与验证分析实验共申请到6块CD7388实物电路，其中B版和U版各3块，U版为最新版。B版编号为1号、2号、3号，U版编号为4号、5号、6号。

5.1.1 静态电流

测试条件：电路输出端空载，输入端接地，缓慢调节 V_{CC} 从6 V至22 V左右，测试电路静态电流的变化情况（单位为mA）。

测试仪器：直流稳压电源、音频信号发生器、万用表。将测试与验证系统输入端正负极接音频信号发生器的地端使输入信号为零，测试与验证系统电源端串联一台电流表到直流稳压电源，使用直流稳压电源提供测试所需的电压。

测试得到的CD7388集成电路的静态电流曲线如图5-1所示。

测试结论：CD7388 U版集成电路的静态电流符合产品资料中的性能规范，较CD7388 B版集成电路的静态电流高出约10 mA。两种集成电路均具备过电压保护功能，当 V_{CC} 上升至20 V左右时静态电流几乎下降至零。

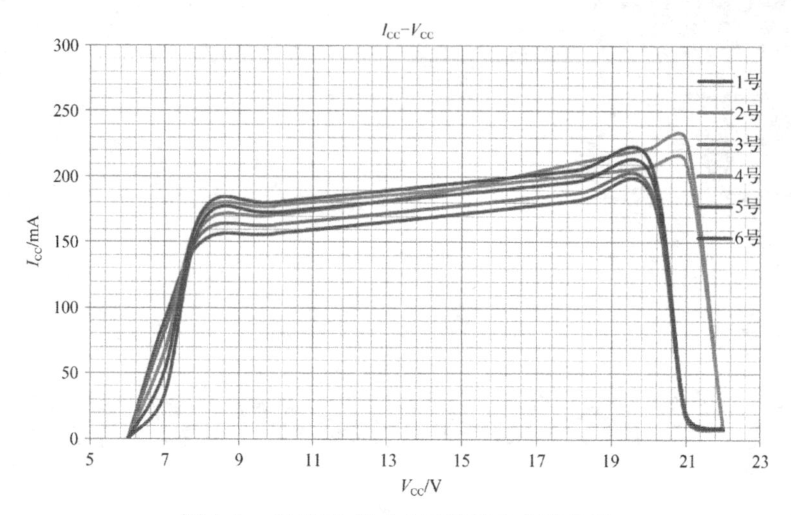

图 5-1　CD7388 集成电路的静态电流曲线

5.1.2　输出失调电压

测试条件：V_{CC}=14.4 V，输入端接地，测试集成电路各输出端口的失调电压 V_{OS}，如表 5-1 所示，单位为 mV。

测试结论：CD7388 U 版集成电路的输出失调电压比 CD7388 B 版集成电路的略高，但两者的输出失调电压均符合产品资料中的性能规范（最大值为±80 mV）。

5.1.3　热保护功能

测试条件：V_{CC}=12 V，负载为 4 Ω，电路的 4 个通道同时输出，调节输入信号的幅度使电源端电流约为 800 mA，记录通道输出值为 V_{OUT}，随着电路的内部温度不断上升，达到热保护温度后通道输出会出现缓慢下降的过程，记录通道输出下降为 98%V_{OUT} 时电路的表面温度（环境温度约为 25 ℃）（单位为℃）

仪器的使用：红外测温仪。使用测温仪准星对准电路需要测试温度的部分，按下温度测试按钮读取电路温度，如表 5-2 所示。

表 5-1　输出失调电压测试结果　（mV）

电路编号	静音关				静音开			
	OUT1	OUT2	OUT3	OUT4	OUT1	OUT2	OUT3	OUT4
1 号	19.9	8.9	17.0	0.8	20.8	11.9	17.8	6.6
2 号	11.9	2.4	20.3	6.6	9.2	1.2	20.9	13.6
3 号	2.1	8.4	5.1	14.0	4.8	10.0	2.0	14.1
4 号	5.2	24.7	36.0	30.2	6.6	33.1	32.4	17.5
5 号	3.1	36.1	6.8	33.9	3.7	19.5	14.4	24.0
6 号	3.2	38.6	12.8	32.9	2.3	4.3	6.0	10.9

表 5-2　热保护温度测试数据

电路型号	编号	热保护温度/℃
CD7388（B 版）	1 号	147
	2 号	146
	3 号	146
CD7388（U 版）	4 号	161
	5 号	161
	6 号	161

测试结论：CD7388 U 版集成电路的热保护温度比 CD7388 B 版集成电路的高出 15 ℃左

右。两种集成电路进入热保护功能后的现象一致：电流维持在 600～700 mA，电路进入热平衡，增大输入信号后电源端电流基本不变。

5.1.4　电压增益

测试条件：V_{CC}=14.4 V，f=1 kHz，负载为 4 Ω，4 个通道同时输出，输入信号约为 0.295 V，测试集成电路各个通道的增益。电压增益 $Gv=20\lg(V_O/V_I)$，如表 5-3 所示，单位为 dB。

表 5-3　电压增益测试数据　（dB）

电路型号	编号	OUT1	OUT2	OUT3	OUT4
CD7388（B 版）	1 号	26.7	26.8	26.7	26.8
	2 号	26.7	26.7	26.7	26.7
	3 号	26.7	26.8	26.7	26.8
CD7388（U 版）	4 号	26.7	26.8	26.7	26.7
	5 号	26.5	26.6	26.6	26.6
	6 号	26.7	26.6	26.6	26.6

测试使用元器件：4 Ω 大功率水泥电阻，将其连接至测试与验证系统输出端以代替音响。

测试结论：CD7388 U 版集成电路的电压增益比 CD7388 B 版集成电路的无明显差异，两者的增益均符合产品资料中的性能规范。

5.1.5　输出功率和通道一致性

测试条件：f=1 kHz，负载为 4 Ω，4 个通道同时输出，测试电源电压从 9 V 变化到 16 V 时集成电路各通道输出功率变化曲线（单位为 W）。

CD7388 B 版集成电路、CD7388 U 版集成电路 4 个通道的输出功率变化曲线，如图 5-2 所示。

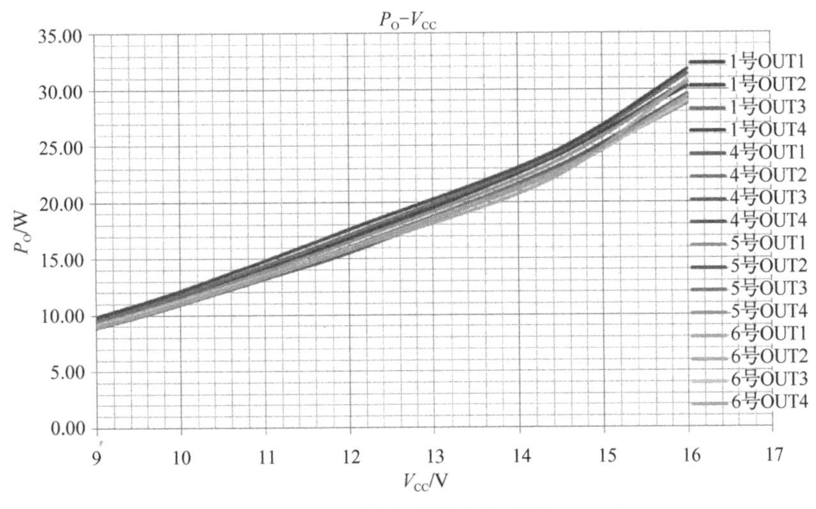

图 5-2　输出功率变化曲线

如图 5-3 所示为 CD7388 B 版集成电路、CD7388 U 版集成电路 4 个通道的平均输出功率变化曲线。

图 5-2 和图 5-3 中各条曲线的具体测试数据，如表 5-4 和表 5-5 所示。

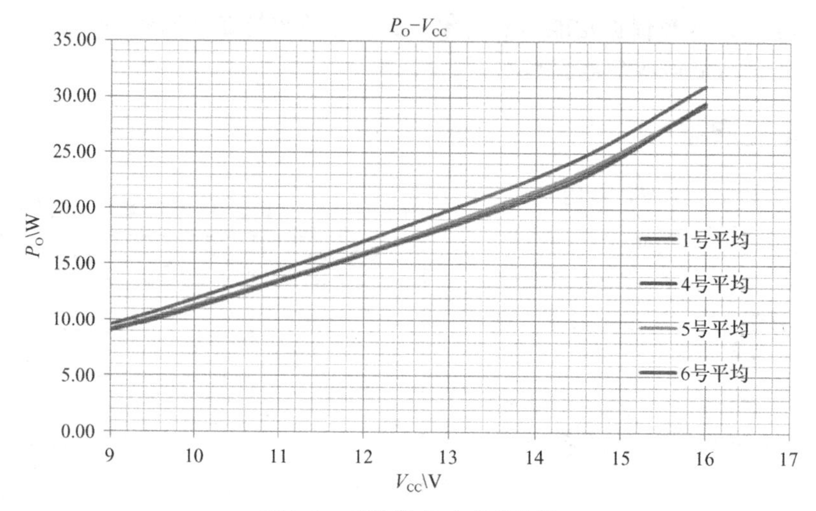

图 5-3 平均输出功率变曲线

表 5-4 输出功率测试数据 （W）

电路型号	通道	9 V	10 V	12 V	14.4 V	16 V
CD7388（B 版）	1 号 OUT1	9.33	11.56	16.64	23.91	30.69
	1 号 OUT2	9.54	11.83	16.89	24.10	30.30
	1 号 OUT3	9.61	11.87	17.14	24.16	31.36
	1 号 OUT4	9.85	12.18	17.56	24.40	31.75
	1 号平均	9.58	11.86	17.06	24.14	31.03
CD7388（U 版）	4 号 OUT1	9.03	11.16	16.00	22.94	29.59
	4 号 OUT2	9.12	11.16	16.00	22.66	29.16
	4 号 OUT3	8.91	10.96	15.68	22.61	29.27
	4 号 OUT4	9.09	11.19	16.04	22.90	29.21
	4 号平均	9.04	11.12	15.93	22.78	29.31
CD7388（U 版）	5 号 OUT1	9.12	11.22	16.04	22.75	28.89
	5 号 OUT2	9.09	11.26	15.56	22.90	29.54
	5 号 OUT3	9.18	11.29	16.04	22.70	28.78
	5 号 OUT4	9.30	11.49	16.48	23.38	30.64
	5 号平均	9.17	11.32	16.03	22.93	29.46
CD7388（U 版）	6 号 OUT1	9.03	11.09	15.80	22.09	30.80
	6 号 OUT2	9.09	11.16	15.92	22.37	29.05
	6 号 OUT3	9.18	11.32	15.92	22.52	28.94
	6 号 OUT4	9.03	11.12	15.88	22.52	29.43
	6 号平均	9.08	11.17	15.88	22.38	29.56

表 5-5　平均输出功率测试数据　　(W)

电路型号	通道	输出功率（V_{CC}=14.4 V）	输出功率与平均值的差
CD7388（B 版）	OUT1	23.91	−0.23
	OUT2	24.10	−0.04
	OUT3	24.16	0.02
	OUT4	24.40	0.26
	平均	24.14	—
CD7388(U 版)	OUT1	22.94	0.16
	OUT2	22.66	−0.12
	OUT3	22.61	−0.17
	OUT4	22.90	0.12
	平均	22.78	—
CD7388（U 版）	OUT1	22.75	−0.18
	OUT2	22.90	−0.03
	OUT3	22.70	−0.23
	OUT4	23.38	0.45
	平均	22.93	—
CD7388（U 版）	OUT1	22.09	−0.29
	OUT2	22.37	0.00
	OUT3	22.52	0.15
	OUT4	22.52	0.15
	平均	22.38	—

测试结论：CD7388 U 版集成电路的输出功率符合产品资料中的性能规范，与 CD7388 B 版集成电路的相比略小约 1～2 W；CD7388 U 版集成电路的通道输出一致性良好，与 CD7388 B版集成电路的无明显差异。

5.1.6　谐波失真

测试条件：V_{CC}=14.4 V，f=1 kHz，电路的负载为 4 Ω，电路的 4 个通道同时输出，调节输入信号幅度使通道输出功率为 4 W，测试输出端的失真度（单位为%）。

仪器的使用：失真仪、示波器。将示波器测量表笔连接至测试与验证系统各输出端口读取输出波形，将失真仪并联至测试与验证系统各输出端口读取失真度，测试数据如表 5-6 所示。

表 5-6　谐波失真测试数据　　(%)

电路型号	编号	OUT1	OUT2	OUT3	OUT4
CD7388（B 版）	1 号	0.24	0.22	0.23	0.22
	2 号	0.23	0.21	0.23	0.22
	3 号	0.22	0.21	0.23	0.21
CD7388（U 版）	4 号	0.23	0.22	0.23	0.23
	5 号	0.21	0.19	0.21	0.20
	6 号	0.21	0.19	0.21	0.20

测试结论：CD7388 U 版集成电路与 CD7388 B 版集成电路无明显差异，两者的失真均符合产品资料中的性能规范。

扫一扫看微课视频：汽车功放电路的验证和结果分析（2）

5.1.7 带宽

测试条件：V_{CC}=14.4 V，负载为 4 Ω，电路的 4 个通道同时输出，输入信号幅度约为 66.8 mV，测试信号频率从 1 kHz 变化到 700 kHz 时电路的输出电压变化数据，并绘制频响曲线。

测试曲线如图 5-4 所示，具体测试数据如表 5-7 所示。

测试结论：CD7388 U 版集成电路的上限截止频率比 CD7388 B 版集成电路的高出约 50 kHz。

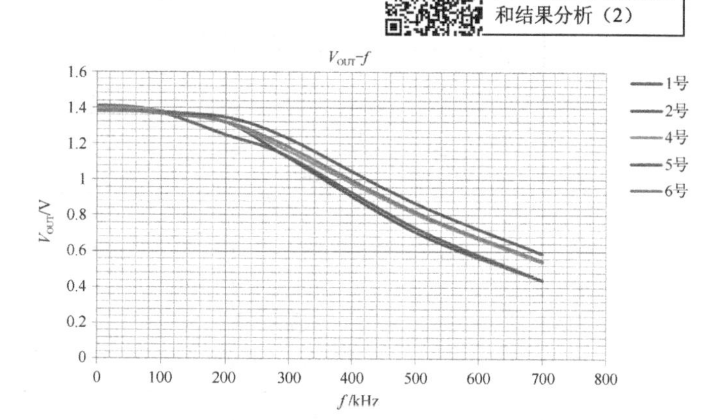

图 5-4　CD7388 集成电路的带宽测试曲线

5.1.8 输入阻抗

测试条件：直接测量电路输入引脚的对地阻抗，测试数据如表 5-8 所示，单位为 kΩ。

表 5-7　CD7388 带宽测试数据

电路型号	编号	上限截止频率/kHz
CD7388（B 版）	1 号	400
	2 号	390
CD7388（U 版）	4 号	430
	5 号	470
	6 号	440

表 5-8　输入阻抗测试数据　（kΩ）

电路型号	编号	IN1	IN2	IN3	IN4
CD7388（B 版）	1 号	166.5	166.9	166.4	167.0
	2 号	165.2	164.6	164.6	165.0
	3 号	167.5	167.4	167.1	167.5
CD7388（U 版）	4 号	140.3	140.4	140.5	140.3
	5 号	138.8	138.6	138.1	138.2
	6 号	139.3	139.3	139.5	139.4

测试结论：CD7388 U版集成电路输入阻抗比 CD7388 B版集成电路低 25 kΩ 左右。

5.1.9 通道串音

测试条件：V_{CC}=14.4 V，f=1 kHz，调节输入信号幅度使输出功率为 4 W。在某一个通道输出时测试其他通道的输出值，并计算通道串音。测试数据如表 5-9 所示，单位为 dB。

表 5-9　通道串音测试数据　（dB）

通道工作状态	通道编号	CD7388（B 版）			CD7388（U 版）		
		1 号	2 号	3 号	4 号	5 号	6 号
通道 1 工作	OUT2	56.8	57.2	56.8	55.3	58.8	59
	OUT3	64.4	64.8	65.2	64.8	65.6	65.6
	OUT4	65.6	66	66.9	65.6	65.2	65.2

续表

通道工作状态	通道编号	CD7388（B 版）			CD7388（U 版）		
		1 号	2 号	3 号	4 号	5 号	6 号
通道 2 工作	OUT1	56.1	56.2	56.2	56.8	57.2	56.9
	OUT3	58.4	58.4	58.4	58.4	58.6	58.6
	OUT4	57.7	57.7	57.7	57.6	57.9	57.7
通道 3 工作	OUT1	61.4	61.9	61.7	63.4	63.4	63.1
	OUT2	59.6	59.8	59.2	63.4	64.4	63.7
	OUT4	56.3	56.5	55.9	57.2	57.2	57.6
通道 4 工作	OUT1	59.6	59.6	59.6	60.4	61.4	60.9
	OUT2	56.5	56.6	56.2	58.6	59.2	59.2
	OUT3	57.1	57.1	57.1	58.2	58.8	58.8

测试结论：f=1 kHz 时 CD7388 U版集成电路与 CD7388 B版集成电路无较大差异，通道隔离度均符合产品资料中的性能规范。

5.1.10　过电压保护

测试条件：V_{CC}=14.4 V，f=1 kHz，负载为 4 Ω，电路的 4 个通道同时输出，调节输入信号幅度使通道输出功率为 4 W。缓慢加大 V_{CC} 电压，当电路的输出降低为 0 时记录 V_{CC} 的值，即为过电压保护点。测试数据如表 5-10 所示，单位为 V。

测试结论：CD7388 U版集成电路的过电压保护点与 CD7388 B版集成电路的无明显差异，两者的过电压保护功能正常。

5.1.11　效率

测试条件：V_{CC} 分别为 12 V、14 V、16 V，f=1 kHz，负载为 4 Ω，电路的 4 个通道同时输出，调节输入信号幅度使通道输出功率为 16 W，计算电路的效率。测试数据如表 5-11 所示。

表 5-10　过电压保护测试数据　（V）

电路型号	编号	过电压保护点/V
CD7388（B 版）	1 号	20.1
	2 号	20.1
	3 号	20
CD7388（U 版）	4 号	20.1
	5 号	20.1
	6 号	20.1

表 5-11　效率测试数据　（%）

电路型号	编号	12 V	14 V	16 V
CD7388（B 版）	1 号	72.0	62.2	54.3
	2 号	71.5	62.5	54.6
	3 号	71.6	62.3	54.5
CD7388（U 版）	4 号	70.2	62.0	54.2
	5 号	70.2	61.9	54.2
	6 号	70.2	62.2	54.3

测试结论：在上述测试条件下，CD7388 U版集成电路与 CD7388 B版集成电路的效率相近。

5.1.12 转换速率

测试条件：V_{CC}=14.4 V，输入 1 kHz 方波信号，负载为 4 Ω，电路的 4 个通道同时输出，调节输入信号幅度使通道输出电压约为 4 V，测试电路的转换速率。

测试仪器：示波器。调出示波器的时间测量功能，测试验证系统输出端从 0 V 上升到 4 V 所需要的时间。测试数据如表 5-12 所示，单位为 V/μs。

表 5-12 转换速率测试数据 （V/μs）

电路型号	编号	上升速率
CD7388（B 版）	1 号	3.40
	2 号	3.70
	3 号	3.45
CD7388（U 版）	4 号	5.00
	5 号	4.50
	6 号	4.50

测试结论：CD7388 U 版集成电路的转换速率明显优于 CD7388 B 版集成电路的转换速率。

5.1.13 结果分析

1. 总体情况

（1）CD7388 U 版集成电路在热保护功能和上限截止频率方面均有所改善。

（2）CD7388 U 版集成电路相比 CD7388 B 版集成电路在电压增益、谐波失真、通道输出一致性、过电压保护、效率参数上基本相当，无明显差异。

（3）新版 CD7388 U 版集成电路经确认可以送客户试用。

2. CD7388 U 版集成电路的优势

（1）热保护功能：CD7388 U 版集成电路的热保护温度值比 CD7388 B 版集成电路的高出约 15 ℃。

（2）转换速率：CD7388 U 版集成电路的转换速率明显优于 CD7388 B 版集成电路的转换速率，更高的转换速率会带来更好的瞬态响应，能够使中音和高音清晰、明亮、层次性好。

（3）输入阻抗：CD7388 U 版集成电路的输入阻抗与 CD7388 B 版集成电路相比低 25 kΩ 左右。

（4）上限截止频率：CD7388 U 版集成电路的上限截止频率比 CD7388 B 版集成电路高出约 50 kHz，对于音质更有利。

3. CD7388 U 版集成电路的劣势

（1）CD7388 U 版集成电路的输出失调电压比 CD7388 B版集成电路的略高。

（2）CD7388 U 版集成电路的静态电流比 CD7388 B版集成电路的高出约 10 mA。

5.2 低压差线性可调稳压集成电路的验证和结果分析

测试 CS4927 集成电路的各项参数、性能指标，以便设计人员对该电路进行针对性优化和改进。本次测试与验证分析实验共申请到 5 块 CS4927 实物电路，分别编号为 1 号、2 号、3 号、4 号、5 号。

扫一扫看教学课件：低压差线性可调稳压集成电路的验证和结果分析（1）

扫一扫看教学课件：低压差线性可调稳压集成电路的验证和结果分析（2）

5.2.1　参考电压

扫一扫看微课视频：低压差线性稳压源电路的验证和结果（1）

定义：在测量电压时，一般用地作为参考点，把电压表的负端接地、正端接被测点，这样测得的值即为参考电压。

测试条件：$V_{IN}=\overline{SHUTDOWN}=2.5$ V，输出为空载，测量集成电路的 ADJ 端电压（单位为 V）。

性能规范：0.784～0.816 V。

测试数据如表 5-13 所示。

表 5-13　参考电压测试数据

电路编号	参考电压/V
1 号	0.807
2 号	0.808
3 号	0.81
4 号	0.806
5 号	0.806

测试结论：5 块集成电路的参考电压均符合产品的性能规范。

5.2.2　输出电压

定义：在输出端接上负载后，测试负载两端的电压 V_{OUT}，即为输出电压。

测试条件：$V_{IN}=\overline{SHUTDOWN}=2.5$ V，输出接 1 mA、300 mA 的负载，测量电路的输出端电压（单位为 V）。

性能规范：0.98～1.02 V（负载电流 1～300 mA）。

测试数据如表 5-14 所示。

表 5-14　输出电压测试数据

电路编号	输出电压/V	
	负载 1 mA	负载 300 mA
1 号	1.003 3	1.004 9
2 号	1.006 1	1.007 5
3 号	1.005 9	1.007 3
4 号	1.001 6	1.002 4
5 号	1.000 1	1.001 4

测试结论：5 块集成电路的输出电压均符合产品的性能规范。

5.2.3　最大输出电流

定义：当输出电压为标准输出电压（1 mA 时的输出电压）的 98%时，此时的输出电流就是最大输出电流。

测试条件：$V_{IN}=\overline{SHUTDOWN}=2.5$ V，测量逐渐增大时的输出电流，一直测试到输出电压下降到标准输出电压的 98%时的输出电流（单位为 mA）。

性能规范：典型值为 450 mA，未标最大、最小值。

测试数据如表 5-15 所示。

表 5-15　最大输出电流测试数据

电路编号	最大输出电流/mA	
	电流逐渐增大	电流瞬间启动
1 号	430	330
2 号	450	350
3 号	410	320
4 号	430	360
5 号	450	350

测试结论：

（1）5 块集成电路使用不同的测试方法测试出的最大输出电流有所不同。

（2）使用电流逐渐增大的方法测试其最大输出电流约为 440 mA，和性能规范的典型值 450 mA 相一致。

（3）使用电流瞬间启动法测试其最大输出电流约为 350 mA，比性能规范的典型值 450 mA 约小 100 mA（5 块集成电路的限流保护电流分别为 450 mA、480 mA、430 mA、490 mA、480 mA）。

5.2.4 负载调整率

定义：当输入电压 V_{IN} 和环境温度保持不变时，由输出电流 I_O 变化而引起的输出电压 V_O 的相对变化量。

测试条件：$V_{IN}=\overline{SHUTDOWN}$ =2.5 V，负载电流从 1 mA 变化到 300 mA 时，输出电压从 V_{OUT} 变化到 $V_{OUT}+\Delta V_{OUT}$，再根据公式ΔV_{OUT}/（$\Delta I_{OUT}\times V_{OUT}$）计算负载调整率（单位为%A）。

性能规范：最大值为 0.6%A。

测试数据如表 5-16 所示。

测试结论：5 块集成电路的负载调整率均符合产品的性能规范。

表 5-16　负载调整率测试数据

电路编号	负载调整率/%A
1 号	0.53
2 号	0.47
3 号	0.47
4 号	0.27
5 号	0.43

5.2.5 线性调整率

定义：当输出电流 I_O 和环境温度保持不变时，由输入电压 V_{IN} 变化而引起的输出电压 V_{OUT} 的相对变化量。

测试条件：$\overline{SHUTDOWN}$ =2.5 V，负载电流设置为 30 mA，集成电路输入从电压 V_{IN}= 2.5 V 变化到 $V_{IN}+\Delta V_{IN}$=2.5 V+3.5 V=6 V 时，输出电压相对于负载电流为 1 mA 时的变化为ΔV_{OUT}，再根据公式ΔV_{OUT}/（$\Delta V_{IN}\times V_{OUT}$）计算线性调整率（单位为%V）。

性能规范：最大值为 0.06%V。

测试数据如表 5-17 所示。

测试结论：5 块集成电路的线性调整率均符合产品的性能规范。

表 5-17　线性调整率测试数据

电路编号	线性调整率/%V
1 号	0.03
2 号	0.02
3 号	0.03
4 号	0.03
5 号	0.02

5.2.6 输出电压温度系数

定义：外围环境温度的变化对输出电压变化影响的系数。温度系数越小，表示输出电压受温度的影响越小。

测试条件：$V_{IN}=\overline{SHUTDOWN}$ =2.5 V，负载电流为 60 mA，将集成电路放入高低温试验箱中，记录温度 T 从−40 ℃到 85 ℃变化时集成电路的输出电压最大值 V_{max} 和最小值 V_{min}，再根据公式（$V_{max}-V_{min}$）×1 000 000/（$V_{min}\times\Delta T$）计算温度系数（单位为 ppm/℃）。

性能规范：典型值±100 ppm/℃，未标最大、最小值。

测试数据如表 5-18 所示。

测试结论：5 块集成电路的温度系数均比典型值小（均符合产品的性能规范，温度系数越小越好）。

表 5-18　输出电压温度系数测试数据

电路编号	温度系数/（ppm/℃）
1 号	52.23
2 号	43.35
3 号	58.46
4 号	57.96
5 号	24.80

5.2.7　输入输出压差

定义：输入电压与输出电压的差值，压差越小，表示电路的消耗越少。

测试条件：$V_{IN}=\overline{SHUTDOWN}=2.5\ V$，负载电流为 1 mA，此时的输出电压为 $V_{(NOM)}$，调整负载电流到 300 mA 后，再降低输入电压直到输出电压等于 98%$V_{(NOM)}$，此时的输入电压减去输出电压即为输入输出压差（单位为 mV）。

性能规范：典型值为 1 400 mV；最大值为 1 500 mV。

测试数据如表 5-19 所示。

测试结论：5 块集成电路的输入输出压差均符合产品的性能规范。

表 5-19　输入输出压差测试数据

电路编号	输入输出压差/mV
1 号	652
2 号	650
3 号	653
4 号	655
5 号	642

5.2.8　静态电流

定义：在输出为空载时，由电源流入集成电路到地的电流即为静态电流。静态电流越小，电路的无负载功耗越小。

测试条件：$V_{IN}=\overline{SHUTDOWN}=2.5\ V$，输出为空载，测量从电源流入集成电路到地的电流（单位为μA）。

性能规范：典型值为 60 μA，最大值为 90 μA。

测试数据如表 5-20 所示。

测试结论：5 块集成电路的静态电流均符合产品的性能规范。

表 5-20　静态电流测试数据

电路编号	静态电流/μA
1 号	62
2 号	59.5
3 号	60.7
4 号	60.5
5 号	62

5.2.9　关断电流

定义：在输出为空载、使能端为低电平时，由电源流入集成电路到地的电流即为关断电流。关断电流越小，电路不工作时的功耗越小。

测试条件：$V_{IN}=2.5\ V$，$\overline{SHUTDOWN}=0\ V$，在输出为空载、使能端为低电平时，测量从电源流入集成电路到地的电流（单位为μA）。

性能规范：典型值为 0.1 μA，最大值为 1 μA。

测试数据如表 5-21 所示。

测试结论：5 块集成电路的关断电流均符合产品的性能规范。

表 5-21　关断电流测试数据

电路编号	关断电流/μA
1 号	0.01
2 号	0.01
3 号	0.01
4 号	0.01
5 号	0.01

5.2.10　短路电流

定义：当输出短路时，此时的输出电流即为该集成电路的最大负载输出电流。

测试条件：$V_{IN}=\overline{SHUTDOWN}=2.5\ V$，输出短接到地，测量从电源流入集成电路的电流

（单位为 mA）。

性能规范：典型值为 50 mA，未标最大、最小值。

测试数据如表 5-22 所示。

测试结论：5 块集成电路的短路电流均为 30 mA 左右，和典型值 50 mA 相比小 20 mA（短路电流越小电路发热也会越小，所以短路电流偏小对芯片的可靠性来说是有利的）。

表 5-22　短路电流测试数据

电路编号	短路电流/mA
1 号	29.4
2 号	26.4
3 号	27
4 号	32.4
5 号	29.4

5.2.11　纹波抑制比

定义：输出电压的峰峰值 $V_{OUT\ PP}$ 比输入电压的峰峰值 $V_{IN\ PP}$，表示输入电压的纹波对输出电压纹波的影响，比值越大越好。

测试条件：V_{IN}=2.5 V 叠加 1×V_{PP} 的交流正弦波（频率为 100 Hz、1 kHz、10 kHz），$\overline{\text{SHUTDOWN}}$=2.5 V，负载接 30 mA 电流，分别测量输出 100 Hz、1 kHz、10 kHz 频率的交流信号电压的峰峰值，利用公式 20 log（$V_{OUT\ PP}/V_{IN\ PP}$）计算纹波抑制比（计算出来的值取绝对值）（单位为 dB）。

性能规范：100 Hz 频率时，典型值为 68 dB，未标最大、最小值。

测试数据如表 5-23 所示，曲线如图 5-5 所示。

表 5-23　纹波抑制比测试数据

电路编号	纹波抑制比/dB		
	100 Hz	1 kHz	10 kHz
1 号	66	65	50
2 号	64	64	51
3 号	71	71	51
4 号	63	61	50
5 号	66	65	51

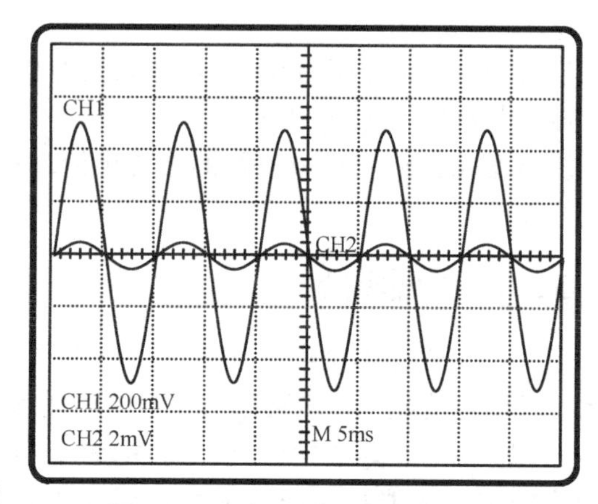

图 5-5　纹波抑制比测试数据曲线

测试结论：5 块集成电路在 100 Hz 下的纹波抑制比和产品的性能规范相符合。

扫一扫看微课视频：低压差线性稳压源电路的验证和结果（2）

5.2.12　过热保护温度、过热保护滞回温度

定义：过温保护温度，当环境温度升高到一定值时，集成电路进入不工作状态，此时无输出电压。过温保护滞回温度，当环境温度由高温下降到一定值时，集成电路进入工作状态，此时有输出电压。

测试条件：V_{IN}=$\overline{\text{SHUTDOWN}}$=2.5 V，输出为空载，升高、降低温度时测量输出端电压。

性能规范：过热保护温度典型值为 165 ℃，未标最大、最小值；过热保护滞回温度典型值为 30 ℃，未标最大、最小值。

测试数据如表 5-24 所示。

测试结论：2 号集成电路升温到 190 ℃时未保护，其他电路过热保护温度在 180 ℃左右。

表 5-24　过热保护温度、过热保护滞回温度测试数据

电路编号	过热保护温度/℃	过热保护滞回温度/℃	备注
1 号	185	50	—
2 号	190（未保护）	—	锡在 190 ℃左右就会融化，温度不能再升高
3 号	180	45	—
4 号	183	46	—
5 号	175	39	—

5.2.13　$\overline{\text{SHUTDOWN}}$使能端电平输入电压差

定义：使能端的高低电平分别在一定电压范围内（高电平为 1.5～6 V；低电平为 0～0.4 V），输出电压随着使能端高低电平的变化值，即为$\overline{\text{SHUTDOWN}}$端电平输入电压差。

测试条件：V_{IN}=2.5 V，输出为空载，调节$\overline{\text{SHUTDOWN}}$端输入电压，测量输出电压。

规格：$\overline{\text{SHUTDOWN}}$端输入高电平，电压的最小值为 1.5 V、最大值为 6 V（单位为 V）；$\overline{\text{SHUTDOWN}}$端输入低电平，电压的最小值为 0 V、最大值为 0.4 V（单位为 V）。

测试数据如表 5-25 所示。

测试结论：5 块集成电路$\overline{\text{SHUTDOWN}}$端高电平输入电压、低电平输入电压都符合产品的性能规范。

表 5-25　$\overline{\text{SHUTDOWN}}$端电平输入电压差测试数据

电路编号	$\overline{\text{SHUTDOWN}}$端高电平输入电压/V	$\overline{\text{SHUTDOWN}}$端低电平输入电压/V
1 号	0.95 ↑	0.83 ↓
2 号	0.94 ↑	0.82 ↓
3 号	0.95 ↑	0.84 ↓
4 号	0.95 ↑	0.83 ↓
5 号	0.95 ↑	0.83 ↓

5.2.14　软启动时间

定义：使能端由低电平到高电平变化时，输入电压启动时间与输出电压启动时间的差值即为软启动时间。

测试条件：V_{IN}=2.5 V，输出为空载，在$\overline{\text{SHUTDOWN}}$端加 2.5 V 电压，输出电压启动时间比$\overline{\text{SHUTDOWN}}$端电压启动时间的延迟时间即为软启动时间（单位为μs）。

性能规范：典型值为 50 μs，未标最大、最小值。

测试数据如表 5-26 所示，曲线如图 5-6 所示。在图 5-6 中，CH1 为输出电压波形；CH2 为$\overline{\text{SHUTDOWN}}$端输入电压波形。

表 5-26　软启动时间测试数据

电路编号	软启动时间/μs
1 号	25
2 号	25
3 号	25
4 号	25
5 号	25

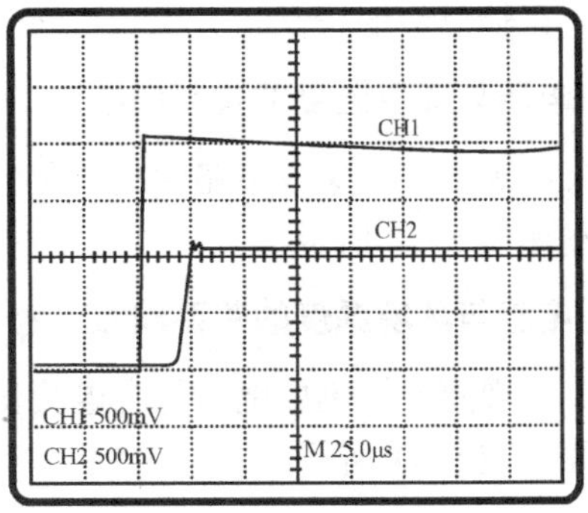

图 5-6　软启动时间测试数据曲线

5.2.15 数据曲线对比与结果分析

1. 启动波形

定义：集成电路刚上电的瞬间，观察输出电压和输出电流的瞬态启动波形。

1）测试条件 1

负载接 300 mA 的输出电流，将示波器的 CH1 探头和 CH2 电流探头接在输出端的正极，地接在输出端的负极。测试波形如图 5-7 所示。

其中绿色为输出电流波形，黄色为输出电压波形（颜色是指示波器显示的，下同）。

测试结论：电压瞬间降 180 mV 左右，时间持续约 25 μs。

2）测试条件 2

负载 350 mA 瞬态启动波形，将示波器的 CH1 探头和 CH2 电流探头接在输出端的正极，地接在输出端的负极。测试波形如图 5-8 所示。其中绿色为输出电流波形，黄色为输出电压波形。

测试结论：电压波形会瞬间降低到 0 V，约过 300 μs 后再上升到 1 V。

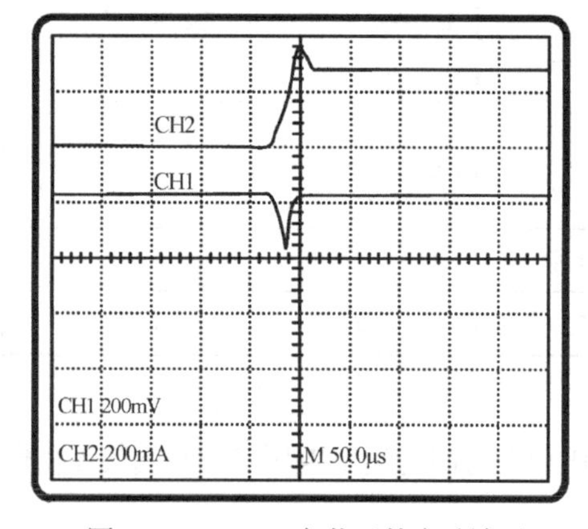

图 5-7 300 mA 负载下的启动波形

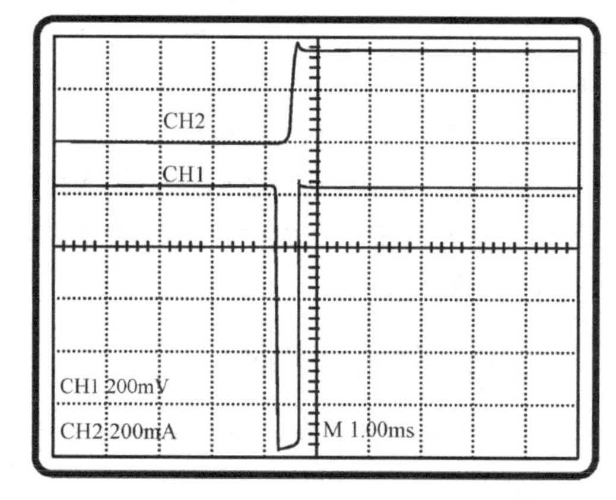

图 5-8 350 mA 负载下的启动波形

2. 输出电压与输出电流波形

定义：输出负载由 1 mA 升到 300 mA，观察输出电压和输出电流的瞬态启动波形。

测试波形如图 5-9 所示。其中绿色为输出电流波形，黄色为输出电压波形。

测试结论：输出波形正常。

3. 输出电压与环境温度的关系曲线

测试意义：观察 5 块集成电路输出电压受环境温度影响的一致性。

测试曲线如图 5-10 所示。

4. 静态电流与环境温度的关系曲线

测试意义：观察 5 块集成电路静态电流受环境温度影响的一致性。

测试曲线如图 5-11 所示。

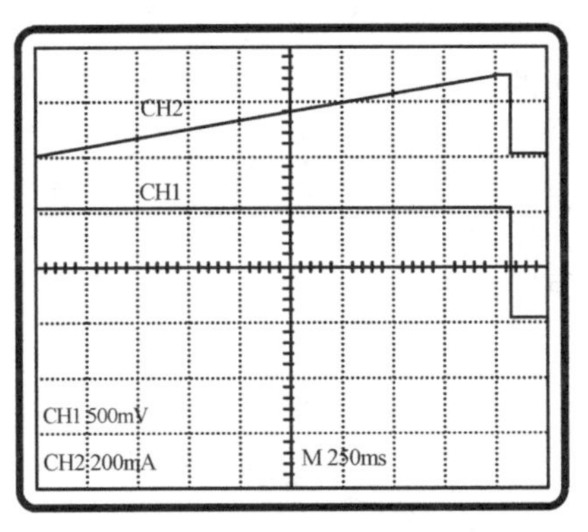

图 5-9　输出电压与输出电流的波形

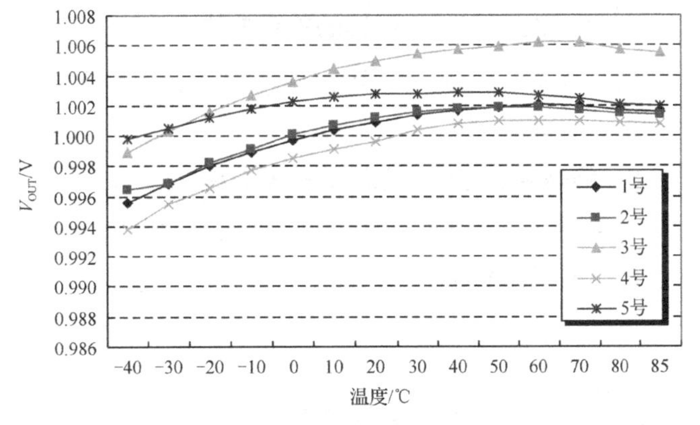

图 5-10　输出电压与环境温度的关系曲线（I_{OUT}=60 mA）

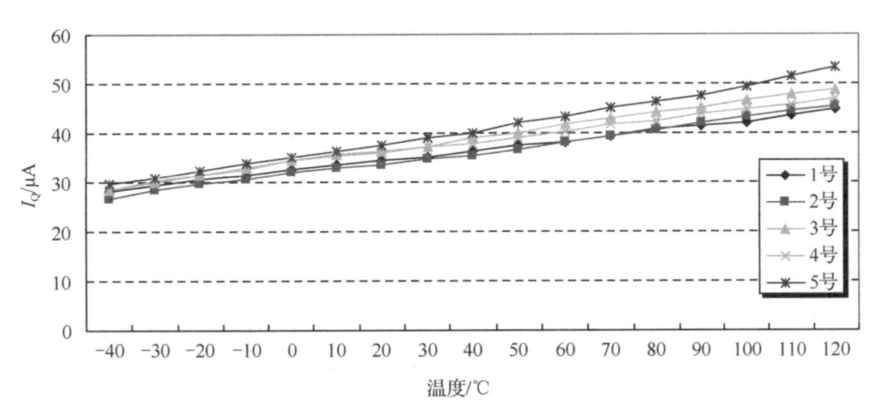

图 5-11　静态电流与环境温度的关系曲线

5. 压降电压与输出电流的关系曲线

测试意义：观察 5 块集成电路压降电压受输出电流影响的一致性。

测试曲线如图 5-12 所示。

6. 输出电压与输入电压的关系曲线

测试意义：观察 5 块集成电路输出电压受输入电压影响的一致性。

测试曲线如图 5-13 所示。

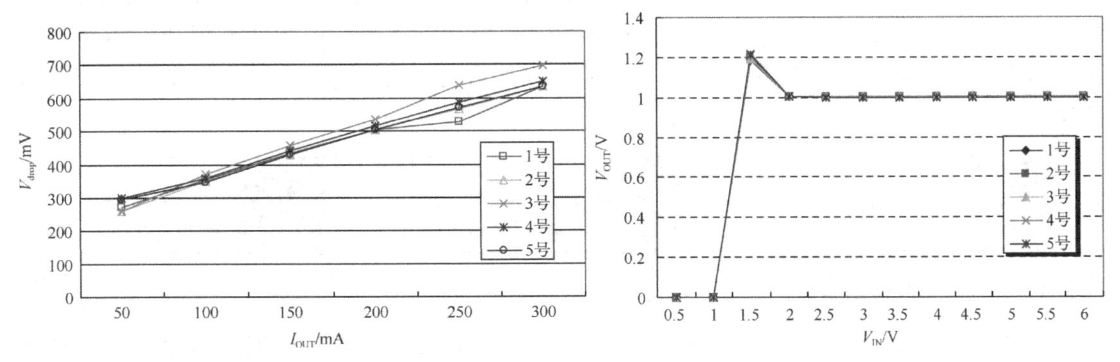

图 5-12　压降电压与输出电流的关系曲线

图 5-13　输出电压与输入电压的关系曲线

7. 静态电流与输入电压的关系曲线

测试意义：观察 5 块集成电路静态电流受输入电压影响的一致性。

测试曲线如图 5-14 所示。

8. 静态电流与输出电流的关系曲线

测试意义：观察 5 块集成电路静态电流受输出电流影响的一致性。

测试曲线如图 5-15 所示。

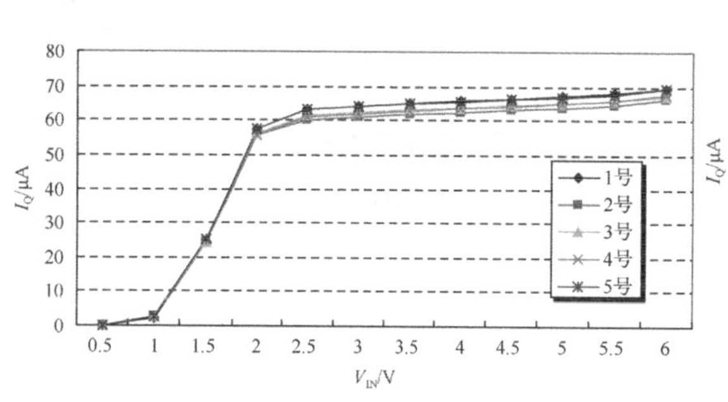

图 5-14 静态电流与输入电压的关系曲线

图 5-15 静态电流与输出电流的关系曲线

9. 结果分析

（1）带 300 mA 负载，在瞬间启动时会有约 180 mV 的压降（时间约为 25 μs）。

（2）带 350 mA 左右负载（CR 模式），在瞬间启动时输出电压瞬间会降低到 0 V，约过 300 μs 后再上升到 1 V。

（3）过热保护温度约为 180 ℃；过热保护滞回温度约为 45 ℃（偏大）。

（4）过热保护温度典型值为 165 ℃；过热保护滞回温度典型值为 30 ℃。

（5）最大输出电流，用瞬态法测试约为 350 mA（和典型值 450 mA 相差较大）；采用电流逐渐增大的方法测试约为 440 mA。

典型案例 5　LED 照明驱动电路的制作

扫一扫看微课视频：LED 照明及整体方案介绍（1）

在全球范围内的能源短缺和发展低碳经济大背景下 LED 作为一种新型的绿色光源产品得到了广泛应用，LED 照明产业近年来也凭借其在节能降耗领域的性能优势取得快速发展。本案例介绍采用集成电路 R9133 和热释电红外感应集成电路 CS9803 的典型应用 LED 照明驱动电路的设计与操作。

扫一扫看教学课件：LED 照明驱动电路验证应用（1）

扫一扫看教学课件：LED 照明驱动电路验证应用（2）

扫一扫看教学课件：LED 照明驱动电路验证应用（3）

1. LED 照明驱动方式

LED 是一种半导体固体发光器件，LED 照明具有节能、绿色环保和使用寿命长等优点。LED 的驱动方式一般有两种：线性驱动和开关型驱动。

（1）线性驱动是指在 LED 驱动电路中采用工频变压器的驱动形式，这是一种最为简单和直接的驱动方式，但效率低、调节性差，由于其电路简单、体积小巧，可应用于一些特定的场合。

（2）开关型驱动是指在 LED 驱动电路中起调整稳压控制功能的元器件以开关方式来工作的驱动形式，可以获得良好的电流控制精度和较高的总体效率。它是利用现代电力电子技术，通过控制开关管通断的时间比率来维持输出电压稳定的，具有体积小、质量轻、功耗小、效率高、纹波小、噪声低、智能化程度高、易扩容等优良特性，广泛应用在计算机、程控交换机、摄像机、电子游戏机等电子设备上。

开关型驱动按照应用方式主要分为降压式和升压式两大类。降压式开关驱动是针对电源电压高于 LED 的端电压或是多个 LED 采用并联驱动情况下的应用。升压式开关驱动是针对电源电压低于 LED 的端电压或是多个 LED 采用串联驱动情况下的应用。开关型驱动又分为非隔离型和隔离型两种，其中非隔离型是指在工作期间输入源和输出负载共用一个电流通路；而隔离型是用一个相互耦合的磁性元器件（变压器）来实现能量转换的。一般认为，隔离型驱动安全但效率较低，非隔离型驱动的效率较高，应按实际使用的要求来选择。

本案例所介绍的 R9133 是非隔离型驱动集成电路，这种类型的驱动集成电路正逐步向高频、高效、高密度化、低压、大电流化和多元化发展。其封装结构、外形尺寸必然向国际标准化发展，以适应全球一体化市场的要求进而使国内电源产品进入国际市场。

2. 开关电源的工作原理

开关电源是一种电压转换电路，因为其开关晶体管总是工作在“开”和“关”的状态，所以称为开关电源。开关电源实质就是一个振荡电路，这种转换电能的方式，不仅应用在电源电路，在其他电路中的应用也很普遍，如液晶显示器的背光电路、日光灯等。开关电源与变压器驱动电源相比具有效率高、稳定性好、体积小等优点；其缺点是功率相对较小，而且会对电路产生高频干扰。能产生有规律的脉冲电流或电压的电路称为振荡电路，变压器反馈式振荡电路就是能满足这种条件的电路。

开关电源的原理框图如图 5-16 所示。

开关电源一般由开关元器件、控制电路和滤波电路三部分组成。开关元器件串联在电源的输入和负载之间，构成串联型的电源电路。实际的开关元器件常常是功率开关晶体管或 MOS 管。集成电路供电到达一定电流时集成电路电压趋于稳定，其原理是类似稳压管供电，而稳压管制作在集成电路内部的。采用开关电源方式的 LED 驱动集成电路通常都是直接接入到 220V AC 环境中的，因此必须要进行整流和滤波。另外，在开关电源的设计过程中需要考虑电磁干扰、电磁兼容，另外还要考虑效率问题。下面以一个降压型电路为例具体介绍开关电源的工作原理。如图 5-17 所示为降压型（BUCK）LED 驱动集成电路原理图。

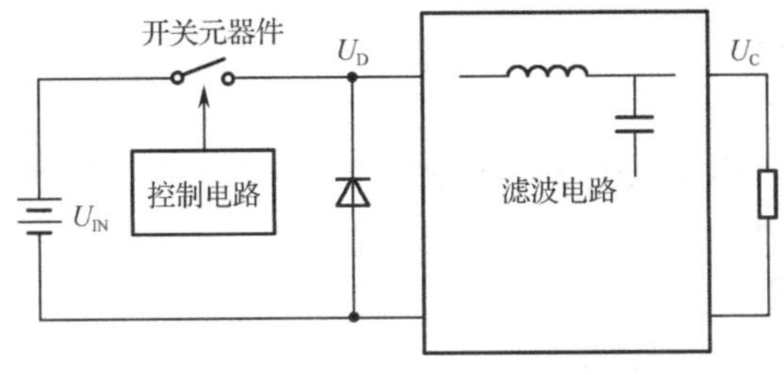

图 5-16 开关电源的原理框图

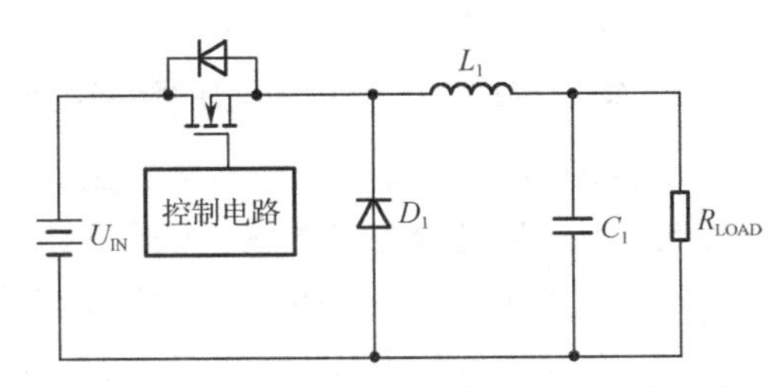

图 5-17 BUCK LED 驱动集成电路原理图

BUCK LED 驱动集成电路是通过在 MOS 管栅极加电压信号进行控制的，此电压信号为

PWM 信号，可以理解为一个占空比可变的方波信号，通过这个信号将输入的电压进行分割，这一类开关电源通常称为 PWM 开关电源。这是目前电路设计中常用的一种调节电压电流的方式，通过调节功率 MOS 管的开关时间来控制输出的波形。

当开关导通时，电流回路如图 5-18 所示。当开关断开时，电流回路如图 5-19 所示。由于电感中的电流不能突变，所以此时电感放电，二极管导通，并且二极管两端的电压为导通电压（取参考方向是上正下负），这样就可以得到二极管两端电压和电感上电流的时间关系，如图 5-20 所示。从图中可以看到，当开关导通时，输入电压给电感充电，电感上的电流呈线性上升。

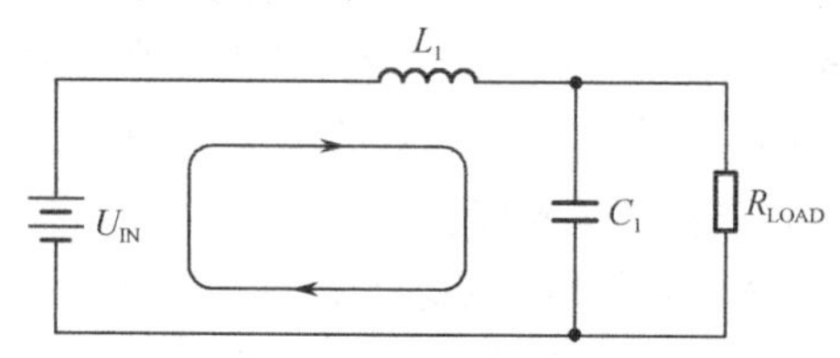

图 5-18　BUCK 电路导通状态

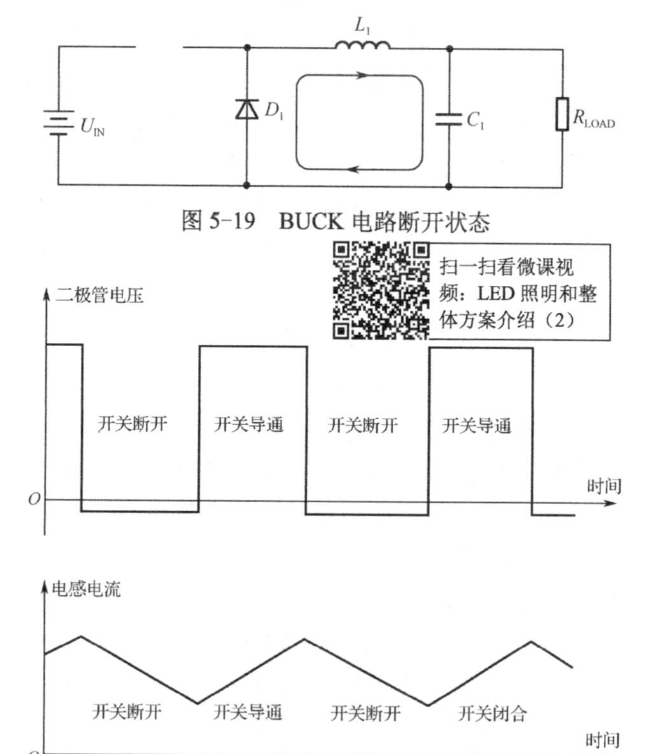

图 5-19　BUCK 电路断开状态

图 5-20　BUCK 电路的输出波形示意

总之，BUCK 电路是用 PWM 开关原理对直流电路进行斩波的一种 DC-DC 变换器。

3. LED 照明驱动电路原理

如图 5-21 所示为 LED 照明驱动电路原理图。其中，左边的集成电路 CS9803 在检测到红外信号后使输出有效，通过设置外部连接的阻容定时元器件来确定输出有效时间。集成电路内部定时器用来决定是否可以重复触发。集成电路外接的硫化镉（CDS）传感器用来屏蔽白天情况下的输出，输出信号直接驱动 MOS 管。右边的 R913××是降压型驱动控制集成电路系列，本应用电路中采用 R9133，可实现高精度恒流驱动 LED。该方案可以被应用在家庭安全系统、办公室和商店的自动报警系统、车库和楼梯的自动感应照明系统等场合，具有较大的实际使用价值。

4. 集成电路 CS9803 的功能参数与典型应用

CS9803 是为热释电红外传感器配套设计的专用集成电路；应用于照明控制、电动机和电磁阀控制、防盗报警等领域。该集成电路具有以下特点。

（1）工作电压：4.5～5.5 V（DC），工作电流≤1 mA。

（2）外接有硫化镉（CDS）传感器，用于在白天抑制输出。

（3）输出可驱动继电器、可控硅和 MOS 管。

（4）内置两级运放，增益可调，控制时间可调。

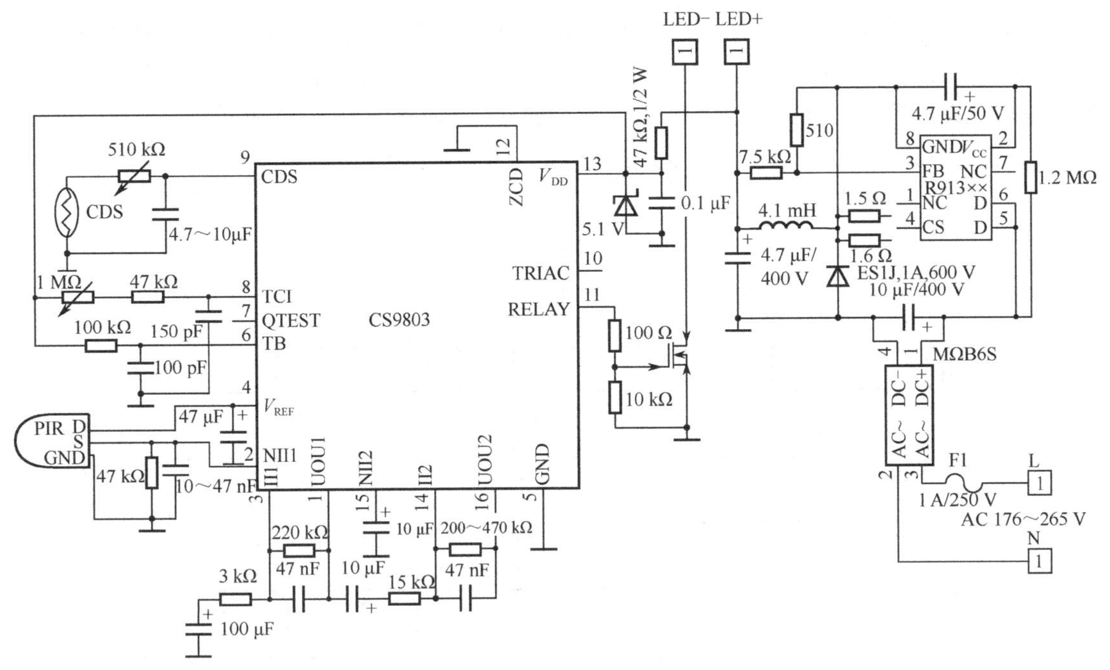

图 5-21　LED 照明驱动电路原理

（5）内置稳压输出 3.1 V 直接驱动热释电红外传感器（PIR）。

（6）集成过零检测，交流电源同步触发，降低电源污染。

（7）封装形式：DIP16 或 SOP16。

1）引脚排列

CS9803 的引脚排列如表 5-27 所示。

表 5-27　CS9803 的引脚排列

引脚编号	符号	功能	属性	引脚编号	符号	功能	属性
1	UOU1	运放输出 1	O	9	CDS	CDS 检测	I
2	NII1	运放正输入 1	I	10	TRIAC	TRIAC 输出	O
3	II1	运放负输入 1	I	11	RELAY	RELAY 输出	O
4	V_{REF}	参考电压	O	12	ZCD	过零检测	I
5	GND	地	P	13	V_{DD}	电源	P
6	TB	系统时钟	I	14	II2	运放负输入 2	I
7	QTEST	测试	I	15	NII2	运放正输入 2	I
8	TCI	定时时钟	I	16	UOU2	运放输出 2	O

2）功能说明

上电后集成电路进入自检测状态，在 6 s 内闪烁输出 3 次，接下来集成电路进入待机状态。在待机状态且 CDS 端为高电平时，电路可以被有效的 PIR 检测信号触发进入工作状态，输出有效。输出有效的持续时间为（245 760×T_c）由外接阻容定时元器件决定。在输出有效期间，有效的 PIR 检测信号可以使定时器复位，实现可重复触发功能。在定时器溢出

后，集成电路进入为期 1.2 s 的触发封锁周期，此时输出置为无效，且电路不能被 PIR 检测信号触发，这一功能的设置有效地抑制负载切换过程中产生的各种干扰。封锁周期结束后，集成电路再度进入待机状态。集成电路工作的主要时序如图 5-22 所示。

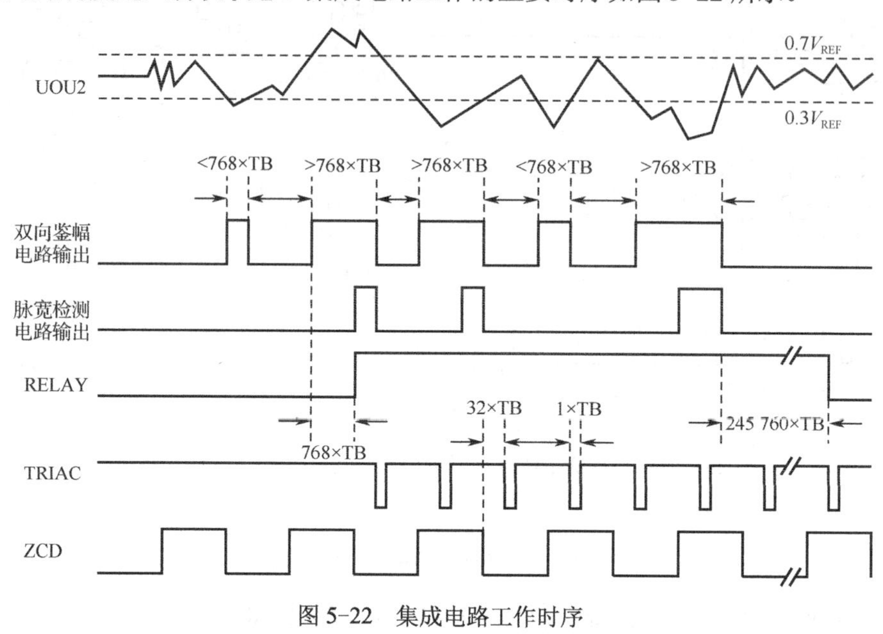

图 5-22　集成电路工作时序

3）参数

集成电路 CS9803 的极限参数（T_{amb}= 25 ℃），如表 5-28 所示。

CS9803 的电特性参数（T_{amb}= 5 ℃，V_{DD}=5.0 V，V_{SS}=0 V）如表 5-29 所示。

表 5-28　CS9803 的极限参数

参数名称	符号	额定值	单位
极限工作电压	V_{DD}	−0.3～6.0	V
极限输入电压	V_{IN}	−0.5～（V_{DD}+0.5）	V
极限功耗	P_D	500	mW
工作环境温度	T_{amb}	−25～70	℃
储存温度	T_{stg}	−65～150	℃

表 5-29　CS9803 的电特性参数

参数名称	符号	测试条件	规范值			单位
			最小	典型	最大	
工作电压	V_{DD}	—	4.5	5	5.5	V
工作电流	I_{OP}	无负载	—	—	1	mA
参考电压	V_{REF}	V_{OH}=3.3 V	2.8	3.1	3.3	V
参考电压输出电流	I_{REF}	—	200	—	—	μA
运放开环增益	A_{vo}	—	—	60	—	dB
TRIAC 输出灌电流	I_{OL1}	V_{OL}=1.5 V	—	—	15	mA
TRIAC 输出拉电流	I_{OH1}	V_{OH}=3.5 V	50	—	—	μA
RELAY 输出灌电流	I_{OL2}	V_{OL}=1.5 V	—	—	5	mA
RELAY 输出拉电流	I_{OH2}	V_{OH}=3.5 V	—	—	5	mA

4）典型应用

CS9803 集成电路用于晶闸管控制的典型应用电路如图 5-23 所示。

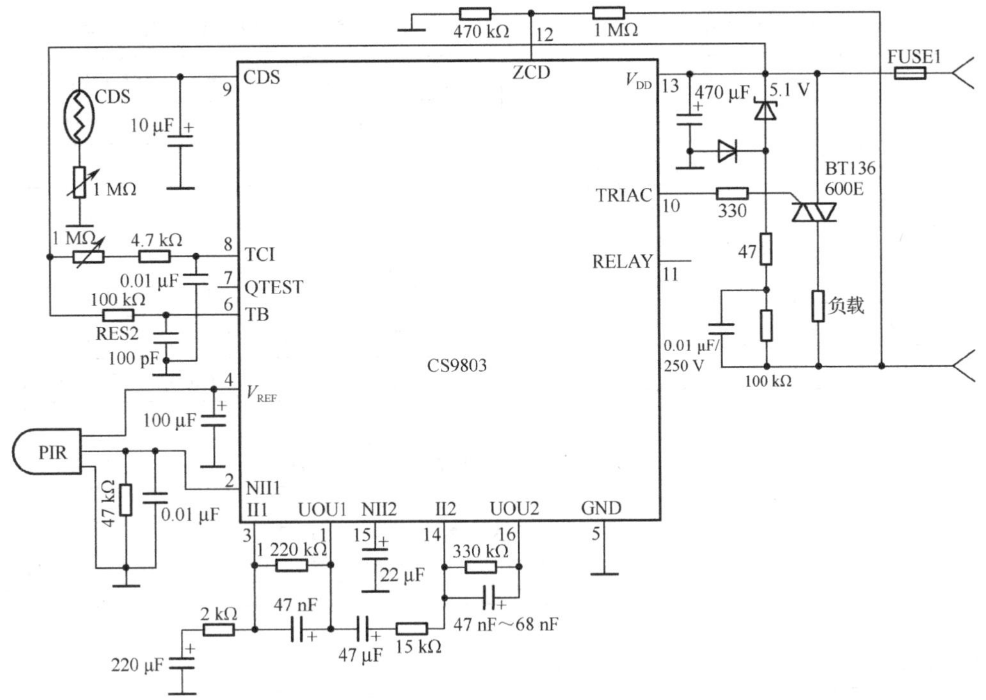

图 5-23　CS9803 用于晶闸管控制的应用电路

扫一扫看微课视频：LED 照明芯片 R9133 和 PIR

5. 集成电路 R9133 的性能参数与设计要求

R9133 是一款非隔离降压型 LED 恒流驱动集成电路，工作在准谐振软开关（谷底导通）模式，电磁干扰低，其内部集成了丰富的保护功能，该集成电路有以下一些特点。

（1）内置 550 V 的 MOSFET，支持高达 150 mA 输出电流。

（2）专为降压型（BUCK）电路研发，低应力，效率高。

（3）微功耗设计，支持无辅助 V_{CC} 供电模式。

（4）采用自动线电压补偿技术，无须线电压采样。

（5）电感利用率高，自适应变压器电感量变化。

（6）线性过渡的温度保护，能在超温前平滑降低输出电流，直到关机保护。

（7）线性过渡的过电压（空载）保护，极低待机功耗；专门设计的短路保护，短路功耗极低。

（8）低于±3%的恒流误差。

（9）芯片集成度高，外围元器件少，应用成本低，性能稳定可靠。

（10）工作温度为-40～85 ℃。

（11）封装形式：SOP7。

（12）应用范围：各类 LED 驱动电源。

1）引脚排列

R9133 的引脚排列如表 5-30 所示。

2）参数

R9133 的极限参数和电性能参数分别如表 5-31 和表 5-32 所示。

表 5-30　R9133 的引脚排列

引脚编号	符号	属性	功能
1	NC	—	无内部连接
2	V_{DD}	电源	供电输入端
3	FB	输入	电压反馈信号输入
4	CS	双向	电流反馈信号输入/高压 MOS 管的源极
5,6	D	输入	高压 MOS 管的漏极
7	GND	地	基准地

表 5-31　R9133 的极限参数

参数名称	符号	最大工作范围	单位
电源电压	V_{DD}	-0.3～8.0	V
输入端电压	V_{IN}	-0.3～V_{DD}+0.3	V
输出端电压	V_{OUT}	-0.3～V_{DD}+0.3	V
SOP7 封装，功耗（25 ℃）	P_D	630	mW
SOP7 封装，热阻（25 ℃）	θ_{JA}	150	℃/W
ESD 保护（人体模式）	ESD	2 000	V
储存温度	T_{stg}	-55～150	℃
结温		150	℃
焊接温度（锡焊，10 s）		300	℃

表 5-32　R9133 的电性能参数（T_{amb}=25 ℃）

参数名称	符号	测试条件	最小值	典型值	最大值	单位
V_{DD} 供电						
内置稳压器电压	V_{DD}	I_{VDD}=1 mA	6.1	6.8	7.2	V
V_{DD} 最大灌电流	I_{VDD}		—	—	10	mA
启动电压	V_{UVLO}	V_{DD} 上升沿，H_{ys}=0.3 V	3.9	5.2	5.4	V
启动电流	I_{ST}	V_{DD} 灌入电流	100	150	200	μA
工作电流	I_{VDD}	F_{sw}=40～60 kHz	350	410	—	μA
CS 电流检测						
CS 端阈值电压	V_{CS}	T_A=-45～85 ℃	410	420	430	mV
最小启动时间	T_{ON}(min)	设计电感量勿低于最大值	500	—	800	ns
前沿消隐时间	T_{CS}	—	—	0.5	—	μs
FB 反馈检测						
限流起控电压	V_{FB1}	T_A=-45～85 ℃	1.15	1.25	1.375	V
过压保护电压	V_{FB2}	T_A=-45～85 ℃	1.25	1.375	1.5	V
短路保护电压	V	—	—	0.3	—	V
线补偿（上拉）电阻	R_8	内部设定	680	820	1200	kΩ
前沿消隐时间	T_{FB}	—	—	1.5	—	μs
过温保护						
限流起控温度	T_{ED}	表面温度	110	115	120	℃
热关断保护温度	T_{SD}	表面温度	135	145	150	℃
温度保护迟滞	Δt	—	—	20	—	μs

3）PCB 设计要求

（1）充电回路及放电回路的面积尽量小，且集成电路的滤波电容尽量靠近 GND 端。

（2）接地端布线（小电流）和大电流地线分开，如图 5-24 所示，箭头 A 为大电流地线方向，箭头 B 为小电流地线方向，设计时要注意分开。

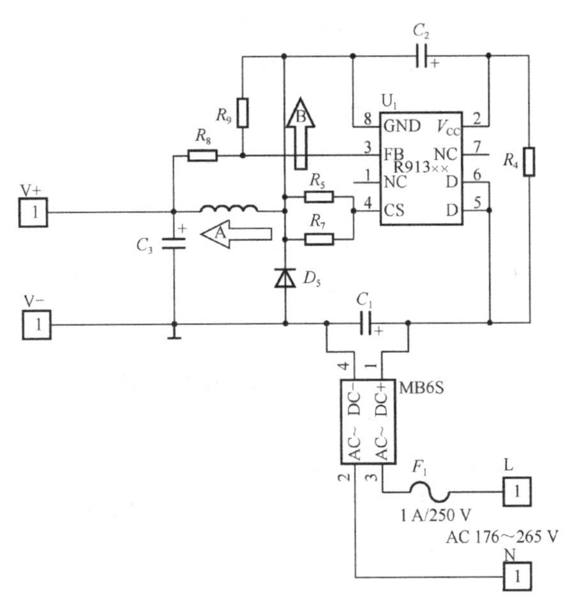

图 5-24　大电流地线和小电流地线分开

6. PIR 传感器的测试

图 5-6 所示的应用电路中除 CS9803 和 R9133 两块集成电路外，还有一个感应输入信号用的热释电红外传感器（PIR），该传感器是一个标准型号的结型场效应晶体管，如本电路中采用的型号为 D203S，以源极跟随器的形式实现阻抗变换。D203S 采用双元补偿结构，可以有效抵抗环境变化、震动、杂散光的干扰，适用于自动照明、智能玩具、防盗报警用入侵探测器和各种家用电器等。其相关参数如表 5-33 所示。

表 5-33　D203S 的参数

名称	参数	名称	参数
窗口尺寸	3 mm×4 mm	输出平衡度	<10%
红外接收电极	2 mm×1 mm	源极电压	0.3～1.2 V
封装	TO-5	电源电压	3～15 V
接收波长	5～14 μm	工作温度范围	−30～70 ℃
透过率	≥75%	保存温度范围	−40～80 ℃
输出信号峰值	≥3 500 mV	入射视角图	138° X-X　125° Y-Y
灵敏度	≥3 300 V/W		
探测率	1.4×10^8 cmHz$^{1/2}$/W		
噪声峰值	<70 mV		

D203S 的测试方法如图 5-25 所示。

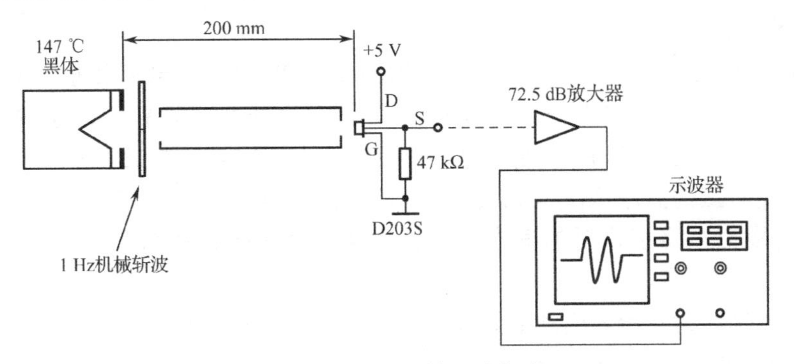

图 5-25　D203S 的测试方法

7. CS9803集成电路的验证

扫一扫看微课视频：CS9803和R9133芯片的验证

在制作LED驱动电路前需要对本案例中用到的两块集成电路进行功能和性能验证，一是为了熟悉这两块集成电路的详细应用要求，二是为确保安装到该驱动电路中的这两块集成电路功能、性能等都是满足要求的。进行集成电路验证时采用的电路图，可以跟该驱动电路的实际电路类似，也可以不同。

CS9803的验证分为电路功能验证，待机工作电流、输出参考电压、振荡器频率及输出驱动能力等主要性能参数的验证等两大部分。

1）功能验证

功能验证波形如图5-26所示。在圆片测试时还要观察test2脚的信号波形，因为在成品电路中test2脚是不封装出来的。CS9803还有一个快速测试模式，在该模式下电路处在上电自检或是待机工作状态时test2脚输出系统时钟的7分频信号，电路处在工作状态时test2脚输出系统时钟的7分频信号和TCI信号的9分频信号相与的信号；电路在正常工作模式下TEST2脚为低电平。

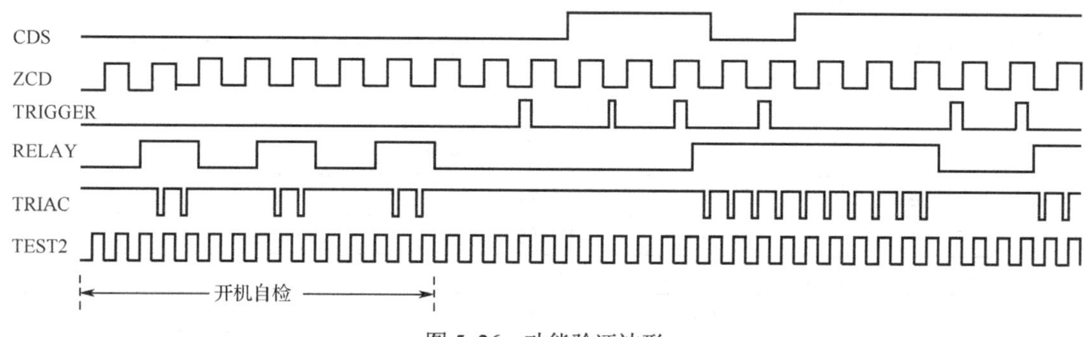

图5-26　功能验证波形

如图5-27所示为功能验证电路，一般可以采用实验专用的多孔板搭建后进行测试，无须专门进行设计和制作PCB。

因为TRIAC引脚是开漏输出，所以要连接一个上拉电阻。上电后，在TB和TCI引脚加100 kHz的时钟信号，ZCD脚加方波信号（周期为TB的150倍），CDS脚加控制信号，UOU2脚加触发信号TRIGGER，平时UOU2引脚上加1.6 V电压，触发时加一个4 V电压。在RELAY和TRIAC引脚观察输出信号。

2）性能参数验证

（1）参考电压V_{REF}和静态工作电流：采用如图5-28所示的电路来进行这两项参数的验证。上电后测V_{REF}引脚的电压，正常时该引脚的电压为3.2 V，流过R_0的电流约为200 μA，如果电压正常，则V_{REF}输出电压及驱动能力都正常。测试静态工作电流时，系统振荡器工作，定时振荡器停振，将R_0断开（因为有约200 μA的电流流过R_0），此时流过电源的电流即为模拟电路工作时的静态电流，但由于QTEST引脚接高电平，因此要减去300 μA的下拉电流。

（2）运放驱动能力：运放驱动能力验证电路如图5-29所示，其中图（a）和（b）分别为高电平驱动和低电平驱动验证电路。

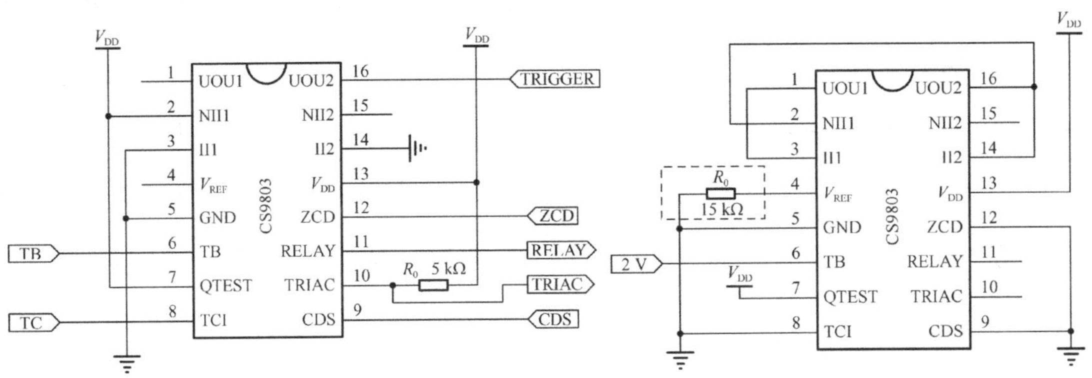

图 5-27　CS9803 功能验证电路　　　图 5-28　V_{REF} 和待机工作电流验证电路

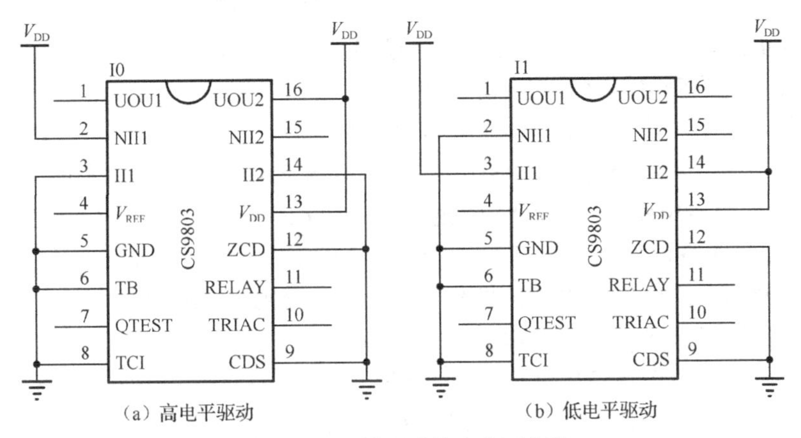

图 5-29　运放驱动能力验证电路

采用加压测流的方法，按图 5-29 连接好电路后，分别在 UOU1 和 UOU2 加适当的电压，测量流出或流入这两个引脚的电流。

（3）振荡频率的验证：振荡器频率的验证电路如图 5-30 所示。上电后 TB 和 TCI 脚应该有 16 kHz 左右的锯齿波输出。

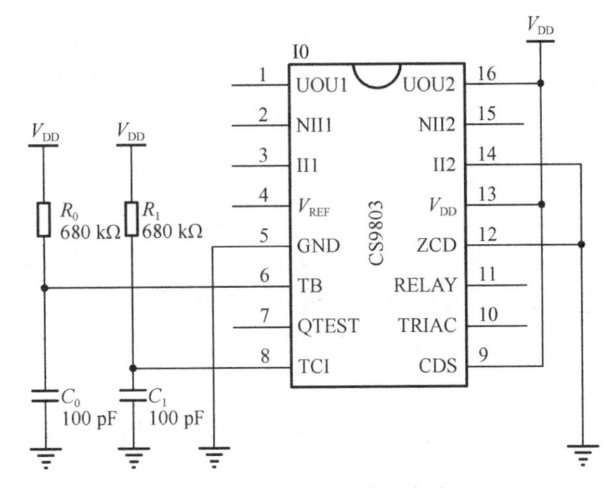

图 5-30　振荡器验证电路

3）集成电路验证的必要性

下面再举两个具体例子对集成电路验证的必要性进行说明。

（1）CDS 端检测跳变电压的验证：CDS 端检测跳变电压是指当 CDS 端电压高于该值时，集成电路进入黑夜模式，PIR 传感器信号可以被触发；否则集成电路进入白天模式，PIR 传感器信号不能被触发，其电路如图 5-31（a）所示。

在图 5-31（a）中 CDS 端接集成电路内部的施密特触发器，同时接一个有内部参考电压控制的上拉 P 管。图 5-31（b）所示的应用方案中，CDS 端接一个光敏电阻到地，因此

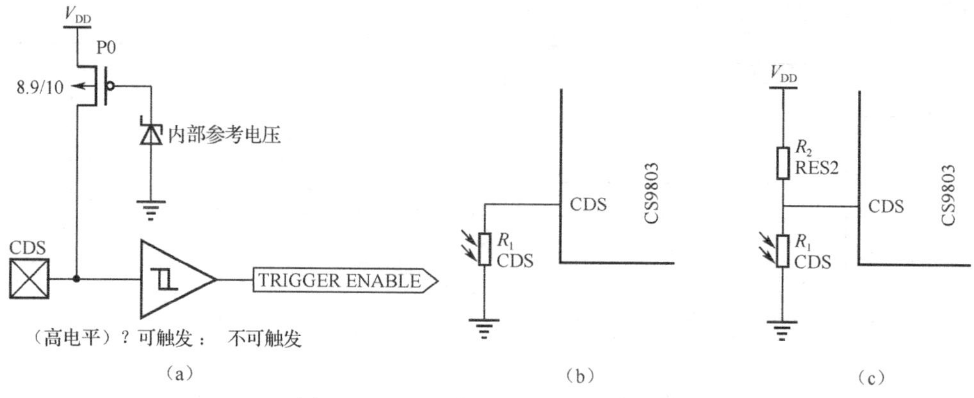

图 5-31　CDS 端检测跳变电压的验证

CDS 端电压其实就是 CDS 端流过的电流和光敏电阻 R_1 阻值的乘积，由此可见 CDS 端流过的电流对 CDS 端的跳变电压有非常大的影响。

影响流过 CDS 端电流大小的因素主要有以下两个。

① 集成电路内部参考电压对 CDS 端上拉管 VGS 的影响。内部参考电压的设计规范是 3～3.4 V，即不同集成电路的 P0 MOS 管栅极对 GND 的电压值是 3～3.4 V，有 0.4 V 的变动范围，假设 V_{DD} 不变，那么不同集成电路的 P0 MOS 管的栅源电压 V_{GS} 可能有 0.4 V 以上的变化，所以 P0 MOS 管的漏电流也将在一个范围内变化。实际测试时在 V_{DD}=5 V 不变情况下，该漏电流会在 4～8 μA 之间变化。

② V_{DD} 的影响。由图 5-31（a）所示的电路可以看出，V_{DD} 对流过 CDS 端的电流也有直接影响，可以直接采用图 5-23 所示的 CS9803 用于晶闸管控制的应用电路进行不同 V_{DD} 况下 CDS 端的电流变化测试。在实际测试时，V_{DD} 变化 0.1 V，CDS 端的输出电流就会变化约 1.3 μA。

通过以上分析和验证，可以发现 CS9803 集成电路在使用过程中可能出现的问题。为了解决这个问题，可以修改 CS9803 的应用电路，采用图 5-31（c）所示的应用电路。在该电路中，如果流过 R_1 和 R_2 的电流远大于 10 μA，则 CDS 端内部输出的电流对 CDS 引脚的电位影响将变小。因此采用图 5-31（c）所示的应用电路，可以得到一个较稳定的环境光强判断阈值。

（2）集成电路灵敏度的验证：集成电路灵敏度是指 PIR 传感器施加触发信号后，集成电路反应的灵敏程度。进行该参数的验证时也可以直接采用如图 5-23 所示的 CS9803 用于晶闸管控制的应用电路。如果验证结果反映 CS9803 的灵敏度低、无法满足客户的使用要求时必须修改电路。

PIR 传感器触发信号进入集成电路后对后续电路的影响是通过如图 5-32 所示的双向鉴幅器来实现的。

图 5-32 中的双向鉴幅器的门限电压高，会提高灵敏度，但是同时会降低集成电路的抗干扰能力；反之如果双向鉴幅器的门限电压低，会降低灵敏度，但可以增强集成电路的抗干扰能力。本例中双向鉴幅器的门限电压为±0.2V_{REF}，原 CS9803 的双向鉴幅器的门限电压为±0.11V_{REF}，其窗口的变化增强了抗干扰能力，降低了灵敏度。因此可以根据实际验证结果来调整门限电压，方法是修改图 5-32 中的分压电阻的比例也就是修改集成电路的内部设计。

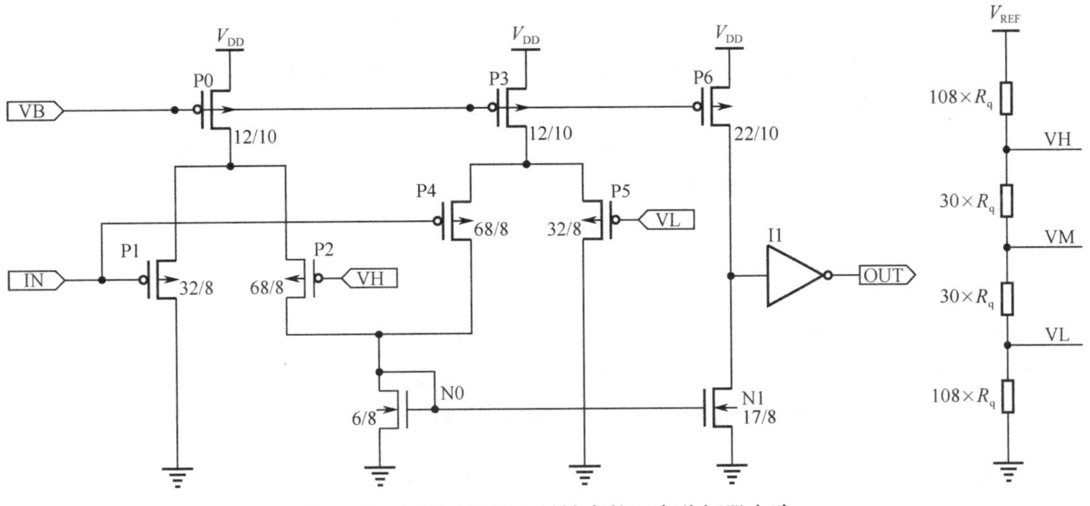

图 5-32　影响 CS9803 灵敏度的双向鉴幅器电路

通过以上两个例子说明集成电路验证可以从应用电路和集成电路内部设计两个层面上解决验证结果中所反映的问题，从而为利用该集成电路进行应用开发打好基础。

8. R9133 集成电路的验证

下面通过利用 R9133 集成电路开发一个具体的灯具的例子来进行 R9133 集成电路的验证，其应用电路如图 5-33 所示。

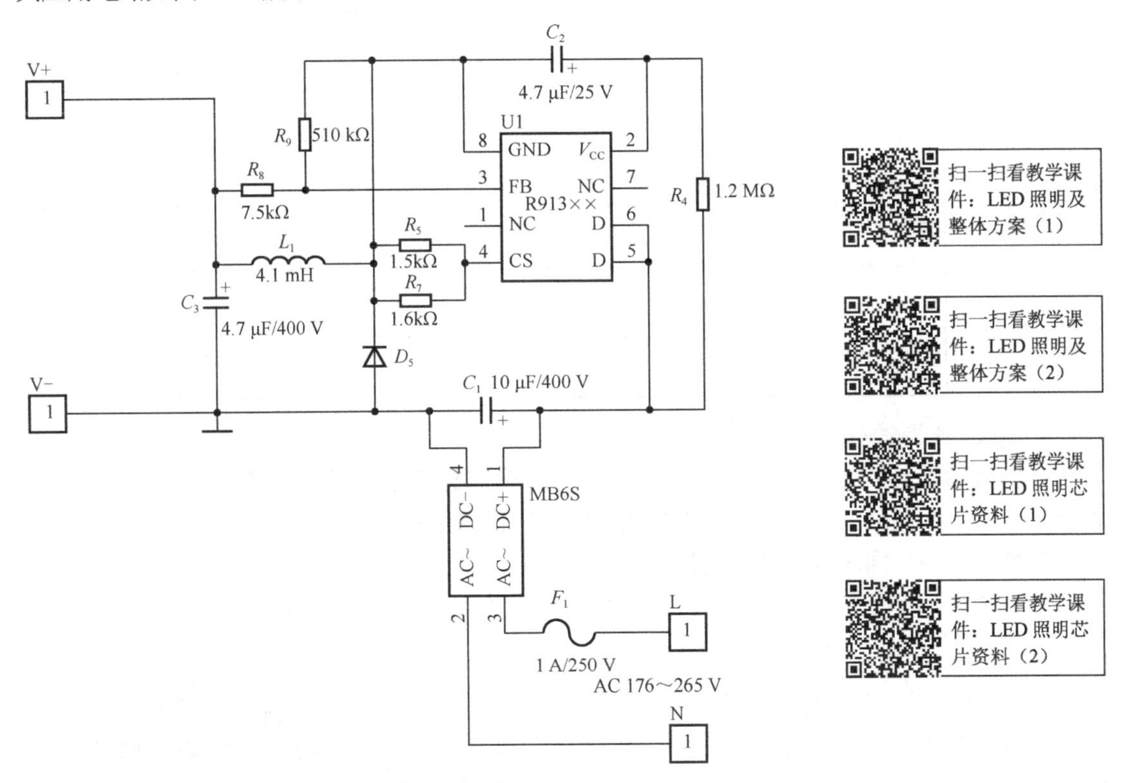

图 5-33　R9133 集成电路应用电路

扫一扫看教学课件：LED 照明及整体方案（1）

扫一扫看教学课件：LED 照明及整体方案（2）

扫一扫看教学课件：LED 照明芯片资料（1）

扫一扫看教学课件：LED 照明芯片资料（2）

验证步骤如下。

(1)根据使用灯具特点计算恒流电源的保护电压和输出电流，从而明确设计要求。

(2)根据所需的电性能参数计算电路中的具体参数。

(3)根据计算出的具体电路参数焊接电路，验证参数正确性，并根据需要调整参数。

(4)在通用测试板上进行集成电路验证及成品测试。

(5)在专用成品板上进行测试。

1)设计要求

要求设计一个 24 W 灯具的恒流电源，每个 LED 灯的压降在 2.8～3.4 V 之间，电流要视 LED 灯的情况而定，现在广泛销售的 LED 灯具（球光灯、面板灯、吸顶灯、T5T8 灯管）主要使用大小、功率不同的 LED 灯，如 3528、5050 等型号。

2)电路参数计算

根据以上设计要求计算图 5-33 所示电路中的相关参数，如表 5-34 所示。

表 5-34 设计参数

输入（176～265 V）	型号	输出（60～80 V，260 mA）
R_4	1.2 MΩ，1/2 W	启动电阻
R_5	1.5 kΩ，1/4 W	采样电阻
R_7	1.6 kΩ，1/4 W	采样电阻
R_8	7.5 kΩ，1/4 W	FB 端下拉电阻
R_9	510 kΩ，1/4 W	FB 端上拉电阻
D_1～D_4	1N4007	整流桥
D_5	ES1J	续流二极管
D_6	RS1M	—
C_1	10 μF/400 V	输入滤波电容
C_2	4.7 μF/25 V	V_{CC} 滤波电容
C_3	4.7 μF/400 V	输出滤波电容
L_1	EE13 0.21 450 Ts，4.1 mH	主电感

3)多孔板装配和验证

在完成参数计算后就可以进行恒流电源的电路板装配了。通常一开始都是在多孔万能板上进行的，如图 5-34 所示。采用多孔万能板的优点是可以随时进行元器件的调整、随时更改各种连接等，同时可以节省制作 PCB 的成本。

利用多孔万能板首先进行集成电路的功能验证，然后进行集成电路的参数验证，并根据验证结论对电路进行适当调整。

扫一扫看微课视频：LED 照明芯片通用测试板成品测试

4)基于通用测试板进行成品测试

在多孔万能板上完成集成电路验证后就可采用如图 5-35 所示的通用测试板进行恒流电源的电路板测试。通用测试板主要用于测试恒流电源的电路板电路的输入/输出电性能参数和温度特性等。

图 5-34　多孔万能板

图 5-35　通用测试板

（1）输入功率和输出电压/电流

测量输入功率和输出电压/电流所使用的是功率计、调压器、两只万用表、模拟负载、保护开关等。电源输出连接模拟负载，输入连接保护开关，保护开关连接功率计输出，功率计输出为调压器输出，调压器输出端要加熔断器以确保安全。两只万用表中的一只用于测量输出电压，另一只用于测量输出电流。测量输出电压的万用表，直接夹在输出两端，测量输出电流的表串联在负载上。测试设备和被测恒流电源的电路连接如图 5-36 所示。

图 5-36 中的调压器用来调节电压的高低，就是为被测电源选择适合的输入电压，也是一种保护，因为直接连接 220 V 市电很危险，所以使用调压器慢慢上电，如果电源存在短路、开路等问题，则可以在一个较低的电压下发现，后果不会很严重。功率计可以方便地测出输入电压和输入电流，从而得到输入功率、THD、功率因数等参数，方便进一步测量电源的工作效率，监测电源的工作状态等。在没有功率计的情况下也可以分别测出输入电流、输入电压的大小，其乘积就是输入功率。保护开关主要是为电源提供一个保护。如果电源有短路的情况，那么串联的灯泡就会发光，总共有 3 个开关可以分别接通零线、火线和直通，在接通零线、火线的时候先与被测电路串联一个灯泡，在按下直通开关后就短路灯泡，这样才能准确地测量电源的各个参数。

主要输入输出参数的测试数据如表 5-35 所示。

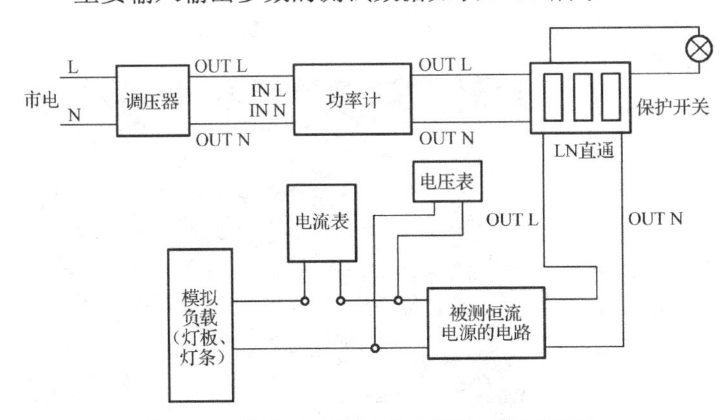

图 5-36　输入功率和输出电压/电流测试现场

表 5-35　输入输出参数测试数据

输入电压/V	176	220	265
V_{DD}/V	7.32	7.34	7.36
输出电压/V	84.5	84.5	84.5
输出电流/mA	220	218	218
输入功率/W	20.48	20.35	20.43

表 5-35 中只列出了部分参数，其他的参数也都可以采用类似的方法进行测试，并进行合适的计算，如工作效率等。例如，表 5-35 中的输入电压为 220 V 时，其输出功率为 0.218× 84.5=18.421 W，则工作效率为 18.421/20.35=90.5%。其实在表 5-9 中的输入电压为 220 V 时，输出电压应不止 84.5 V，但图 5-36 中的模拟负载［实际电路如图 5-37（a）所示］发热后每个二极管的压降会有所下降，从而导致负载的整体输出电压有所降低。如果

要精确地开展测试，可以使用如图 5-37（b）所示的直流电子负载，或者要等待模拟负载运行一段时间并对其进行调整后就可以测得比较精确了。

（a）模拟负载1n5408串联

（b）直流电子负载

图 5-37 用于测试的负载

（2）输出纹波

输出纹波是指输出电压以万用表测试的有效值为中心值，其波形的上下值是否超过设计要求，若超过则需要重新估计确认。输出纹波其实也是电流变化的峰值，这个峰值与输出滤波电容有着密不可分的关系，输出滤波电容越大，则电流输出纹波越小。输出纹波越小就意味着 LED 等的亮度在高频下变化越小，也就意味着频闪越小。

对纹波的测试可以使用示波器的电流探头。但由于电流探头价格比较高而且有些是互感形式的，对直流测不出来，因此实际测量时可以用一个 1 Ω电阻串联在电路输出端，可以测试出这个电阻两端的电压波形来等效输出的电流波形。

使用万用表测量电压和电流的平均值。如果要测试电压和电流的有效值（RMS 真实值），就需要使用示波器，但是对于非隔离电源一般不需要测试输出电流的真实值。

本案例的测试设备为图 5-38 所示的 RIGOL 普源精电 DS1052E 示波器（双踪、100 MHz 带宽、1 GHz 采样频率）和 FLUCK 15b+万用表。在输入电压为 220 V、输入频率为 50 Hz 的条件下，测试结果如下。

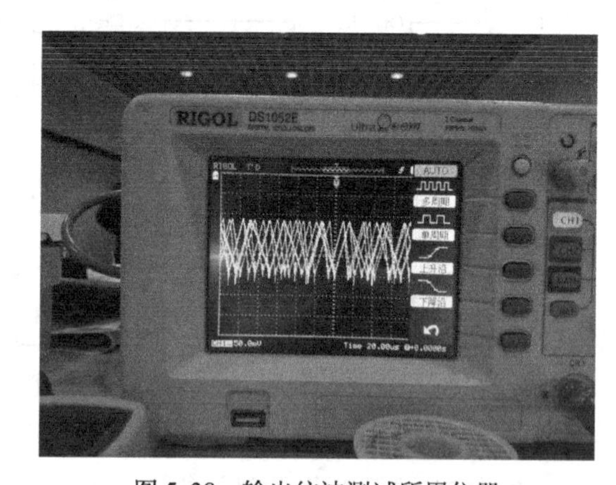

图 5-38 输出纹波测试所用仪器

① 最低、最高输入电压下的输出电压和电流波形，如图 5-39 所示，其中图（a）中的万用表的有效值为 52.6 V，波形最大电压为 1.2 V、最小电压为-1.3 V；图（b）中的万用表的有效值为 127 mV，波形最大值为 28 mV、最小值-34.4 mV。

② 带负载情况下的输出电压和电流波形如图 5-40 所示，其中图（a）中的万用表的有效值为 52.6 V，波形最大电压为 760 mV，最小电压为 920 mV；图（b）中的万用表的有效值为 125 mV，波形最大值为 22.4 mV、最小值为-31.2 mV。

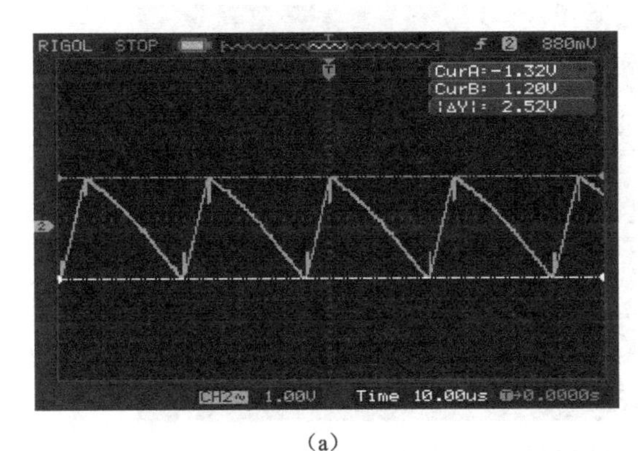

（a）

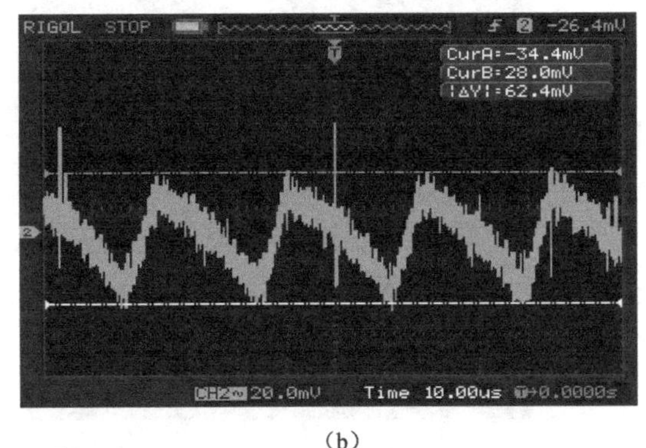

（b）

图 5-39　最低、最高输入电压下的输出波形

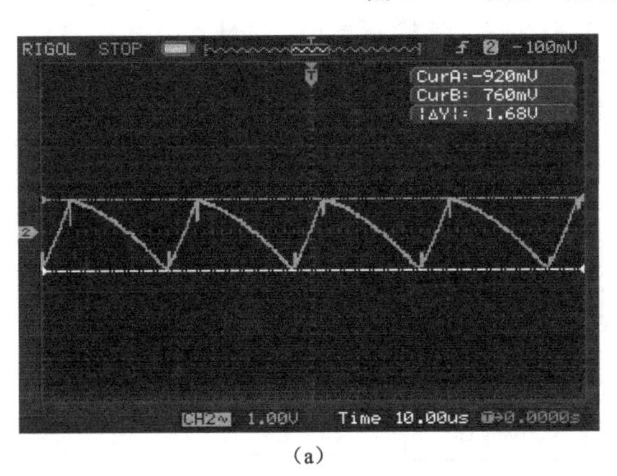

（a）

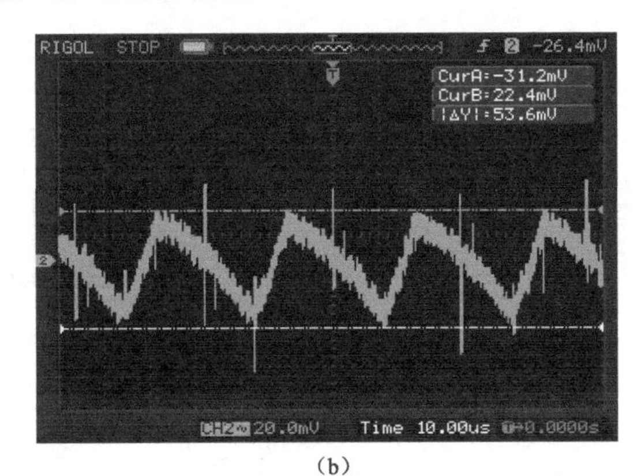

（b）

图 5-40　带负载情况下的输出波形

③ 空载时输出电压波形如图 5-41 所示，图中万用表的有效值为 56 V，波形最大电压为 91.2 V、最小电压为 30.4 V。

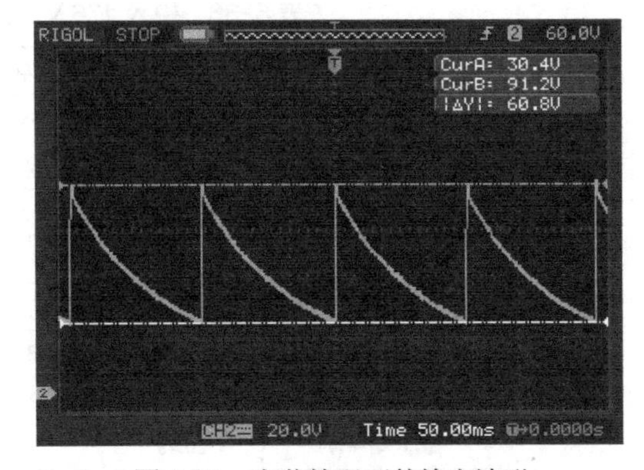

图 5-41　空载情况下的输出波形

（3）温升测试

温升测试实际上就是把一般常温的测试环境换到高温箱中进行。因为电源电路在不同温度情况下主要参数都有所变化，原因在于不同的温度对电源电路中的集成电路、电容、续流管、电阻等都有影响。另外，电源电路中的集成电路有一个过温保护功能，在到达一定的温度后集成电路自动进入保护模式，因此也可以通过温升测试来得到集成电路的温度保护数据。通过以上测试还可以防止主要元器件被热击穿，从而影响电源的寿命。

温升测试主要采用的测量设备为高低温实验箱和多路温度巡检仪，连接时要使用高温胶，将多路巡检仪的探头连接到被测电源上，测试温度是由该多路巡检仪得到，使用万用表测试电压和电流。测试用高低温实验箱和多路温度巡检仪如图 5-42 所示，温升测试电路的连接如图 5-43 所示。测试数据如表 5-36～表 5-38 所示。

图 5-42　温升测试现场

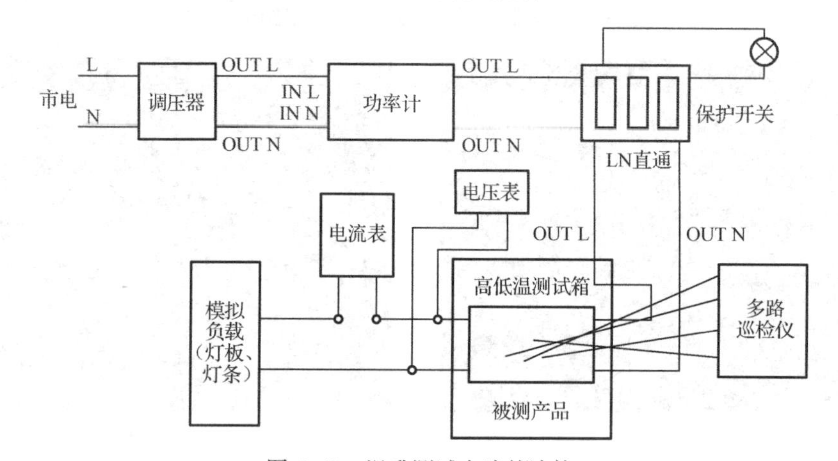

图 5-43　温升测试电路的连接

表 5-36　输入 176 V，输出 260 mA/85 V 的测试数据

表面温度/℃	常温	40	60	80	100
巡检仪 t_1 路温度/℃	—	39.6	59.2	78.9	99
巡检仪 t_2 路温度/℃	—	60.8	81.3	101.2	120.6
巡检仪 t_3 路温度/℃	—	55.4	74.3	93	111.7
巡检仪 t_4 路温度/℃	—	58.6	77.7	94.8	114.1
V_{CC}/V	7.32	7.38	7.44	7.49	7.55
输出电压/V	84.5	83.18	83.21	83.44	83.17
输出电流/mA	220	216	211	206	200
输入功率/W	20.48	19.5	19.1	18.6	18.1
效率	90.77%	92.14%	91.92%	92.41%	91.90%

表 5-37　输入 220 V，输出 260 mA/85 V 的测试数据

表面温度/℃	常温	40	60	80	100
巡检仪 t_1 路温度/℃	—	39.4	59	78.7	98.7
巡检仪 t_2 路温度/℃	—	58.9	78.9	98.5	118.4
巡检仪 t_3 路温度/℃	—	57	75.6	94.5	113.6

续表

巡检仪 t_4 路温度/°C	—	68.8	87.9	103.5	123.7
V_{CC}/V	7.34	7.39	7.45	7.49	7.53
输出电压/V	84.5	83.17	83.21	83.44	83.36
输出电流/mA	218	216	211	207	199
输入功率/W	20.35	19.6	19.1	18.7	18.1
效率	90.52%	91.66%	91.92%	92.36%	91.65%

表 5-38　输入 265 V，输出 260 mA/85 V 的测试数据

表面温度/°C	常温	40	60	80	100
巡检仪 t_1 路温度/°C	—	39.2	58.8	78.5	98.6
巡检仪 t_2 路温度/°C	—	59.4	79.2	98.8	119
巡检仪 t_3 路温度/°C	—	58.6	77.1	96	115.2
巡检仪 t_4 路温度/°C	—	84.3	101.8	116.1	137.1
V_{CC}/V	7.36	7.39	7.43	7.49	7.55
输出电压/V	84.5	83.24	83.17	83.31	83.21
输出电流/mA	218	217	212	207	200
输入功率/W	20.43	19.9	19.4	19	18.4
效率	90.17%	90.77%	90.89%	90.76%	90.45%

（4）负载调整率和电压调整率测试

恒流电源电路设计中最关键的性能是输出电流是否能够恒定，负载调整率和电压调整率是反映负载（即 LED 灯串数变化，同时也反映输出电压变化）和输入电压对输出电流影响的参数。

负载调整率的测试方法：增加一个 LED 灯或减少一个 LED 灯，一般测试的是正负两个 LED 灯情况下的输出电流，然后减去正常情况下的电流，再除以正常情况下的电流，即负载调整率。

电压调整率测试方法：首先测试 220 V 输入电压下的输出电流，然后分别测试 176 V 和 265 V 输入电压情况下的输出电流，那么 265 V 输入电压情况下的电压调整率就是（265×电流−220×电流）/（220×电流）。

测试数据如表 5-39 和表 5-40 所示。

表 5-39　负载调整率测试数据

LED 数量调整	−2	−1	正常	+1	+2
电压/V	77.7	81.1	84.5	87.9	91.3
电流/mA	223	222	220	219	219
调整率	1.36%	0.91%	0.00%	−0.45%	−0.45%

表 5-40　电压调整率测试数据

输入电压/V	176	220	265
输出电压/V	84.5	84.5	84.5
输出电流/mA	220	218	218
调整率	0.92%	0.00%	0.00%

5）对专用成品电路进行验证

电磁兼容性（EMC）、电磁干扰（EMI）及老化时间等与 PCB 的成品质量直接相关，因此只有对如图 5-44 所示的最终专用成品电路进行验证有实际意义。

（1）EMC/EMI 测试

对电源产品可以使用欧洲的标准去测试。要通过按欧洲标准的 EMC/EMI 测试需要外加一些专门的元器件，如安规电容和聚丙烯电容（CBB）。其中安规电容用于这样的场合，即电容失效后，不会导致电击，不危及人身安全，如用在全桥的前面，在抗干扰电路中起滤波作用，而 CBB 电容加在全桥的后面。

具体进行 EMC/EMI 测量时首先要选择测量标准，并且需要搭建一个电源网络，可以选用现成的 EMC200A 单相电源模拟电源网络，然后选择衰减器，并且连接衰减器（屏蔽线或同轴电缆）到 EMC500 接收机通过干式隔离变压器对电源产品供电，带实际负载测试不同频率下电源电路对外部的干扰。实际测试现场如图 5-45 所示。

图 5-44　专用成品电路

图 5-45　EMC/EMI 测试现场

利用以上测试设备得到测试数据，然后通过数据处理，得到如图 5-46 所示的测试曲线。图中红线是要求按照标准不能超出的范围，从结果来看本案例中的电源电路都满足要求。

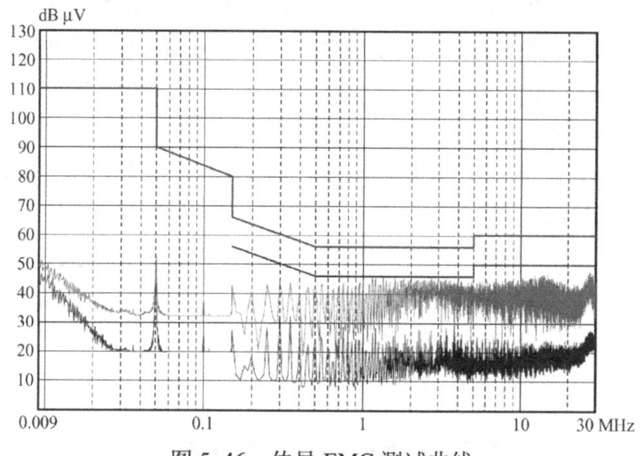

图 5-46　传导 EMC 测试曲线

（2）老化测试

将电源电路在工作状态下放入高温箱，高温加速电源电路的老化过程，使该电源电路的所有特性像是使用时间较长的电源电路。具体做法是将带负载工作的电源电路在高温箱中（220 V，90 ℃，湿度 80%），经老化 100 h，观察电流的变化情况。测试数据如表 5-41 所示。

表 5-41　电源电路老化测试数据

老化时间	1 h	2 h	5 h	10 h	100 h
巡检仪 t_1 路温度/℃	89	88.6	89.3	90.1	90
巡检仪 t_2 路温度/℃	111.1	110.1	112.3	113.5	113.6

续表

巡检仪 t_3 路温度/℃	102.6	101.4	103.2	101.1	102.1
巡检仪 t_4 路温度/℃	104.8	105.4	103.5	103.1	105.5
V_{CC}/V	7.5	7.5	7.5	7.5	7.5
输出电压/V	83.31	83.21	83.13	83.01	83
输出电流/mA	202	203	203	204	203
输入功率/W	18.4	18.5	18.3	18.4	18.2
效率	91.46%	91.31%	92.22%	92.03%	92.58%

扫一扫看微课视频：LED 照明驱动电路的制作

9. LED 照明驱动电路的制作

在完成集成电路的验证后，就可以开始如图 5-21 所示 LED 照明驱动电路的制作过程了。

1）PCB 的设计和制作

根据图 5-21 所示的电路原理设计 PCB。由于本驱动电路为多集成电路应用案例，因此在 PCB 设计过程中要考虑很多因素，具体在这里不再展开，最终完成的 PCB 如图 5-47 所示。

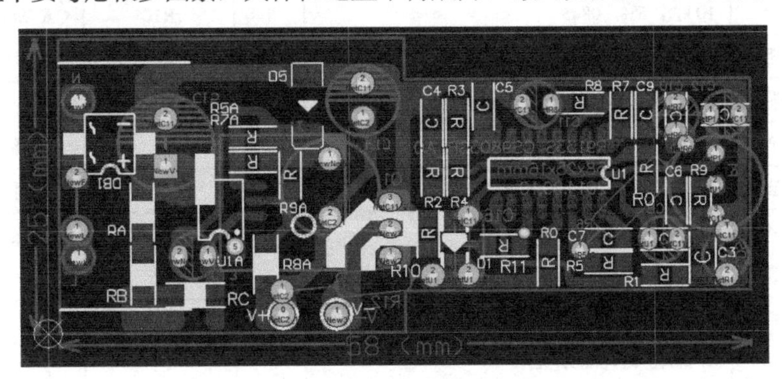

图 5-47　LED 照明驱动电路所用的 PCB

2）LED 照明驱动电路的 BOM 表和元器件准备

按照表 5-42 所示的 BOM（bill of material）表进行元器件的准备。其中变压器需要提前制作，如表 5-43 所示。

表 5-42　红外传感器和 LED 照明驱动电路 PCB 的 BOM 表

<table>
<tr><td colspan="2">产品类型</td><td>LED</td><td>制作</td><td>WYD</td><td colspan="3">PCB 尺寸：58×25×16（mm）</td></tr>
<tr><td colspan="2">输入电压范围</td><td>176～265（VAC）</td><td colspan="2">版本：A0</td><td>PFC</td><td>无</td><td>EMC　无</td></tr>
<tr><td colspan="2">输出电压范围</td><td colspan="3">30～40 V（120 mA）</td><td>日期</td><td colspan="2">2018.09.20</td></tr>
<tr><td>序号</td><td>类型</td><td colspan="3">详细规格参数</td><td>数量</td><td>位置</td><td>备注</td></tr>
<tr><td>1</td><td>PCB</td><td colspan="3">R9133S_CS9803GP_A0 58×25×1.0（mm）
单面板</td><td>1</td><td></td><td></td></tr>
<tr><td>2</td><td>SMD 桥堆</td><td colspan="3">MB6S，0.5 A，600 V</td><td>1</td><td>DB1</td><td>整流桥堆</td></tr>
<tr><td>3</td><td>SMD 二极管</td><td colspan="3">ES1J，SMA，1 A，600 V</td><td>1</td><td>D5</td><td>续流二极管</td></tr>
</table>

续表

4	SMD 电阻	68 kΩ，5%，1206	3	RA，RB，RC	启动电阻
5	SMD 电阻	3.3 Ω，1%，0805	1	R5A	取样电阻
6	SMD 电阻	3.3 Ω，1%，0805	1	R7A	取样电阻
7	SMD 电阻	620 kΩ，5%，1206	1	R8A	FB 上拉电阻
8	SMD 电阻	10 kΩ，5%，0805	1	R9A	FB 下拉电阻
9	SMD IC	R9133S，SOP7	1	U1A	无锡矽瑞微电子公司产品
10	SMD 电阻	27 kΩ，5%，0805	1	R1	调节光线感应
11	SMD 电阻	100 kΩ，5%，0805	1	R2	系统时钟振荡电阻
12	SMD 电阻	470 kΩ，5%，0805	1	R3	最短延时间
13	SMD 电阻	36 kΩ，5%，0805	1	R4	可调感应延时
14	SMD 电阻	470 kΩ，5%，0805	1	R5	调节放大器的放大倍数
15	SMD 电阻	220 kΩ，5%，0805	1	R7	调节放大器的放大倍数
16	SMD 电阻	3 kΩ，5%，0805	1	R8	调节放大器的放大倍数
17	SMD 电阻	47 kΩ，5%，0805	1	R9	调节放大器的放大倍数
18	SMD 电阻	10 kΩ，5%，0805	1	R10	GATE 引脚对地电阻
19	SMD 电阻	100 Ω，5%，0805	1	R11	MOS 场效应晶体管驱动
20	SMD 电阻	0 Ω，5%，0805	2	R0	—
21	SMD 电容	4.7 μF/16 V，0805，X7R	1	C3	光线感应信号滤波
22	SMD 电容	100 pF/16 V，0805，X7R	1	C4	系统时钟振荡电容
23	SMD 电容	150 pF/16 V，0806，X7R	1	C5	可调感应延时电容
24	SMD 电容	10 nF/16 V，0805，X7R	1	C6	—
25	SMD 电容	47 nF/16 V，0805，X7R	1	C7	—
26	SMD 电容	47 nF/16 V，0805，X7R	1	C9	—
27	SMD 二极管	5.1 V 稳压二极管，1/2 W	1	D1	—
28	SMD IC	CS9803GP，SOP-16	1	U1	—
29	熔丝	1 A/250 V	1	F1	—
30	电解电容	47 μF±20%，16 V，105℃，ϕ4×7（mm）	1	C8	—
31	电解电容	10 μF±20%，16 V，105℃，ϕ4×7（mm）	1	C10	—
32	电解电容	100 μF±20%，16 V，105℃，ϕ4×7（mm）	1	C11	—
33	电解电容	47 μF±20%，16 V，105℃，ϕ4×7（mm）	1	C12	—
34	电解电容	10 μF±20%，25 V，105℃，ϕ4 mm	1	C13	V_{CC}供电滤波电容
35	电解电容	4.7 μF±20%，160 V，105℃，ϕ6 mm	1	C14	输出滤波电容
36	电解电容	2.2 μF±20%，400 V，105℃，ϕ8 mm	1	C15	输入滤波电容
37	瓷片电容	0.1 μF，25 V，P:5 mm	1	C16	—
38	碳膜电阻	15 kΩ，5%，1/4 W	1	R6	—
39	碳膜电阻	47 kΩ，5%，1/2 W	1	R12	感应电阻供电限流电阻

续表

40	光敏电阻	—	1	CDS	—
41	热红外传感器	PIR，D223S	1	P1	—
42	MOS 管	2 A，200 V，TO-92	1	Q1	—
43	工字电感	EE10 立式 4+4，180 圈，0.15 线，2.6 mH	1	T1	—

表 5-43　LED 照明驱动电路用变压器规格

输入电压		176～265（VAC）		磁芯		EE10　PC40		
输出电压		30～40 V		输出电流	120 mA	骨架	EE10 立式 4+4	
序号	线圈	起端（PIN）	尾端（PIN）	匝数	线径/mm	电感量（测试条件 0.3 V，10 kHz）	绕线方式	备注
1	Np	1	3	180	ϕ0.15×1P	2.6 mH（±10%）	正向平整密绕	2EUW 铜线
2	绝缘胶纸	—	—	3 层	依骨架宽度	—	—	—

其他要求说明：

（1）PIN 距：2.5 mm；

（2）排距：8 mm；

（3）拔除其他不要的引脚；

（4）含浸 2 h，烘烤 2 h，确保无磁芯松动脱落；

（5）保持 PIN 引脚上的锡面最小

3）装配、调试和验证

在完成以上元器件的准备后，在正式进行装配、调试和验证前，还需要准备相关的工具和仪器。接下来按照前面介绍的步骤进行元器件装配前的预处理，然后在 PCB 上进行装配；当装配完成后进行 PCB 的调试和验证，发现不合格产品则需要进行维修；最后进行驱动电路整体的验证，主要是功能的验证，看在 PIR 端给出感应信号后，LED 是否正常显示。

4）总结和评价

在完成本案例的制作后，每位学生进行总结，并在小组内进行自评和互评，指导教师给出各小组的总体评价。

扫一扫看微课视频：无线充电系统整体介绍

扫一扫看教学课件：无线充电系统的制作（1）

扫一扫看教学课件：无线充电系统的制作（2）

典型案例 6　无线充电系统的制作

传统的电能传输主要是由导线直接连接进行传输的，电源与负载之间必须要有直接的物理连接。新型感应耦合式无接触电能传输系统（即无线充电系统）是一种基于法拉第电磁感应原理，解决向移动设备实现无线供电的新型电能传输技术。相比于传统的电能传输技术，该技术更加安全、可靠、灵活，具有广阔的应用前景。

本案例首先介绍一种电磁感应式无线充电系统的整体基本情况，然后具体介绍无线充电系统中相关的集成电路；最后介绍无线充电系统的实现，包括 PCB 设计、测试等相关内容。

1. 无线充电系统原理

无线充电技术本质上就是无线电能传输技术，是借助于磁场或电场进行能量传递的一种技术。目前有 4 种主流的无线充电模式，分别为电磁感应、电磁共振、无线电波和电场

耦合。其中，电磁感应技术主要利用法拉第电磁感应，当电流通过线圈后产生磁场，再通过发送和接收线圈之间的耦合进行传输，两个线圈类似于变压器的结构将电压转换为电流提供给负载充电。目前电磁感应式无线充电技术在市场上已有大量产品，且按国际无线充电联盟（WPC）的 Qi 标准进行认证。

一种典型的电磁感应式无线充电系统的原理框图如图 5-48 所示。

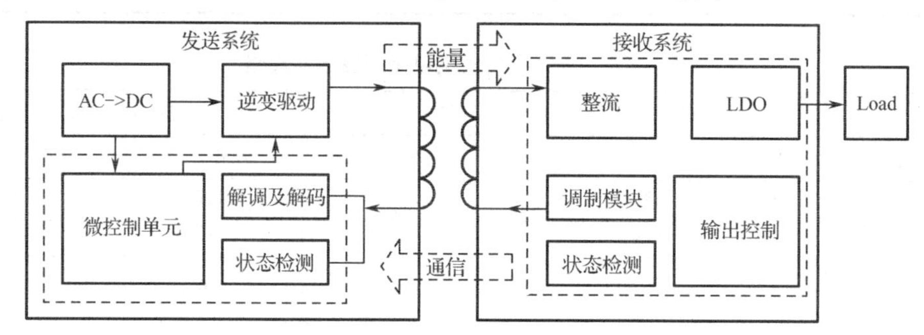

图 5-48　一种典型的电磁感应式无线充电系统的原理框图

该系统由一个充电板（初级，发送系统）和次级设备（接收系统）构成。当接收系统置于发送系统上时，基于电磁感应原理，初级线圈与次级线圈之间便会产生变化的磁场，然后变化的磁场在次级线圈内产生电动势，初级和次级设备中的线圈就会进行磁性耦合。功率通过线圈之间的变压器作用在初级和次级线圈中传递。接收系统可以通过改变频率、占空比或给初级线圈通信反馈让发送系统调整线圈频率来调整供能的大小，以达到控制传递多少功率的目的。

如图 5-48 所示的发送系统中的 AC->DC 模块的作用是将 220 V 交流电转变为直流稳压电源，目前常用的无线充电发送系统的供电有 5 V、9 V、12 V 及 19 V 等，逆变驱动模块通常是由 4 个功率 MOSFET 构成的全桥或两个功率 MOSFET 构成的半桥电路，主要完成功率放大的作用，通常发送系统的效率在 80%～95%之间。发送系统中虚线框起来的通常为发送系统的主控集成电路，主要功能为根据接收系统反馈回来的通信信号解调出接收系统的能量需求，由微控制单元 MCU 产生频率和占空比或相位可以调节的 PWM 波送给逆变驱动模块，实现功率的调整功能，同时实时监控充电系统的状态进行过电流、过电压、高温等异常状态保护。系统中的两个线圈主要完成了无线能量的传输作用，通常效率在 70%～90%之间，具体的效率与线圈的 Q 值、线圈的距离及耦合等相关，目前符合 Qi 标准的通用无线充电系统通常都采用标准规定的线圈型号，这样不管是标准的发送系统还是接收系统都可以和其他符合标准的对应系统兼容。接收系统中的整流模块作用为将线圈传输过来的 AC 信号转换为 DC 信号，为接收系统的效率关键点，一般在 80%～95%之间。低压差线性稳压（LDO）模块的主要作用是将整流的 DC 进行稳压控制输出给负载，确保输出稳定的电压给负载。输出控制模块主要集成功率计算及通信信息生成等功能。整个接收系统可以制作成一块集成电路。为了实现高效率的能量转换，整流及输出控制模块中的 MOSFET 必须采用功率级低导通电阻器件。

2. 无线充电发送系统

图 5-48 所示的无线充电发送系统的主要功能包括以下几部分。

1）数据传输

在电磁感应式无线充电系统中最重要的安全技术问题就是必须要能识别放置于发射线圈上的物体。感应功率与烹调用的电磁炉一样会发射强大的电磁波能量，若直接将此能量打在金属上则会发热造成危险。由接收系统的次级线圈反馈信号，由发送系统的初级线圈接收信号是最好的解决方式，完成在感应线圈上数据传输的功能是无线接收系统中比较重要的核心技术。在传送功率的感应线圈上要稳定传送数据非常困难，主要是载波用在大功率传输时会受到电源使用中的各种干扰状况，另外这是一个变频式的控制系统，主载波工作频率也不会固定。WPC 的 Qi 标准中提出利用感应线圈本身进行数据传输，是一种低成本的控制方式。

2）差分双向编码

WPC 通信使用的调整技术称为“反向散射调制”。其中接收线圈是动态负载，以提供发射器前期调幅的电压和电流。这个无线充电系统是两个松散耦合电感（如发送和接收线圈之间）之间的基本行为。通过改变接收系统中所接入的电容的大小，从而达到改变接收系统回路中的谐振频率。这样反射到发送系统电路中与发送系统谐振回路加在一起所构成的频率响应曲线也就发生了变化，从而使发送系统线圈两端上的电压值不同（通过的电流会不同）。

通过检测发送系统线圈的电压值（或流过的电流值）的大小，从而可以得出接收系统发出的信号（即数字信号中的“0”电平或“1”电平）。根据所获得的“0”“1”电平的组合，对应于 WPC 标准中的规定，可以知道接收系统次级线圈发出的信息。

WPC 标准采用差分双向编码方案调整数据位到发送系统线圈电压/电流上。每个数据位对齐在一个周期为 0.5 ms（T_{CLK}）上。1 用两个翻转表示，0 用单个翻转表示，如图 5-49 所示。

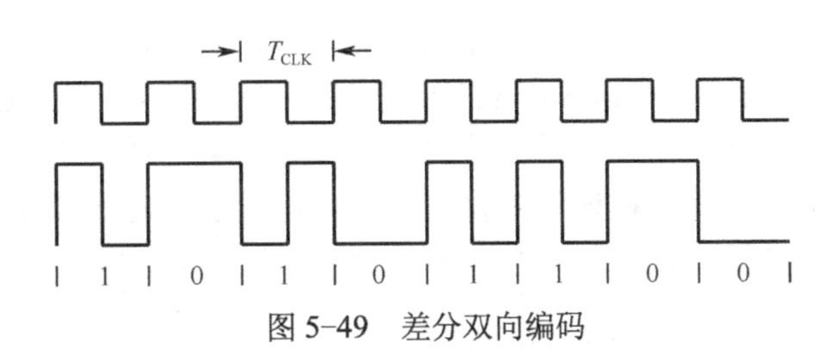

图 5-49　差分双向编码

3）编码解调

在 WPC 的 Qi 标准中所定义的调制期间信号与非调制期间信号在供电线圈上产生的高低差需要大于电流差 15 mA、电压差 200 mV，相较于送电期间在供电线圈上的主载波电压 50～100 V，这个电压变化量相当小，也就是透过放大电路将微小的变化量当作反馈信号处理。在实际应用时会发现，造成供电线圈上电压与电流变化的原因不仅有来自接收系统的反馈信号，还有接收系统输出的负载产生的变化。缩小反馈深度可使调制信号引起的功率损耗降低，但在实际应用中受电装置大多不是稳定的负载，市面上的手持装置在充电时会快速地汲取电流且发生变动，而这样的变动会使供电线圈上的电压与电流产生跳变，经过电路放大信号后会变成数据码中的噪声，而这样的噪声会使信号传送失效，所以接收系统的编码信号处理是设计难点。

4）变频式谐振控制

在电磁感应式充电系统中，利用两个线圈的相互感应，在线圈中搭配电容作为谐振匹

配，这样的构造类似于 LC 振荡装置。无线充电系统的目的是通过线圈传输功率，为了提高效率需要选用低阻抗的电容、电感以提高品质因子 Q，在这样的设计下其谐振曲线的斜率变得比较大。市面上的电容、电感存在不小的偏差，使系统的设计频率与电容、电感的搭配变得非常困难，这样的偏差足以使电容、电感的搭配偏移原设计谐振频率，导致发射功率与原设计值有所偏差，采用与接收系统类似的方法将会解决这个问题。

3. 无线充电接收系统

要提高无线充电系统传送的效率与功率，最简单的方式就是选用高性能的电子元器件，图 5-48 为一种典型的无线充电系统原理框图。在该系统中有 4 个主要传送功率的损耗点（从发射器直流电源输入开始看）：①发送系统的驱动组件，主要是电流通过 MOSFET 的损耗；②供电与受电线圈与谐振电容通过电流的损耗；③接收系统、整流模块交流到直流的转换损耗；④接收系统 LDO 模块转换损耗。由这 4 个损耗点可以看出发送系统占了 1 项、接收系统占了 3 项。这也是接收系统电路设计会比发射系统困难的原因，主要通过下面的方法来解决。

1）合适的功率传输与降低内部损耗

通过谐振控制与数据传送的调整，合理传送接收系统需求的功率。就是发送系统只发送接收系统所需要的功率，接收系统采用动态整流控制，如果收到过大的功率会通知发送系统减小功率传输。一个高效率的感应式功率系统的运作，使接收系统可以通过数据传送通知发送系统所需要的功率，而发送系统再通过谐振控制调整功率输出发送到接收系统，而这个动作需要快速地自动调整，所以需要非常稳定的数据传送才能实现。针对上述 4 个损耗点，采取相应的降低损耗方法，发送系统驱动组件可以通过采用低内阻的 MOSFET 来降低损耗。发送与接收线圈与谐振电容通过电流的损耗，可以通过采用高品质的电感、电容来降低损耗。接收系统的整流模块和稳压模块都是在集成电路内，除降低整流管和输出管的内阻外，接收系统集成电路内的整流模块和稳压模块的结构设计至关重要。

2）动态整流控制

采用变频式谐振控制可以达到传输不同功率的目的。因为无线充电系统是一个相对缓慢的反馈系统，对于充电过程中负载的突然增大，功率供应不足，导致整流电压突然降低。这时候比较合适的就是采用动态整流控制技术。

动态整流控制就是在不同的负载条件下设置不同的整流电压目标值，轻载时设置较高的目标电压，重载时设置较低的目标电压。对于给定的最大输出负载设置，动态整流控制算法为无线充电接收系统提供了最佳的瞬态响应。为内部稳压模块在轻负载时提供足够的电压裕量，以保证负载变化时容易管理。无线充电系统在调整到一个新的整流电压目标时需要上百毫秒的收敛时间。动态整流控制允许整流电压有 1.5 V 的变化。

3）同步整流

在集成电路设计时为节省芯片的面积，通常同步整流模块采用全 N 型 MOSFET 桥式驱动结构，提供 AC/DC 电源转换。模式上可以划分为二极管整流、半同步整流和全同步整流模式。在重载时采用同步整流模式工作，以尽量低的损耗来提高功率传输效率。

在电路启动时，首先利用二极管进行整流。在启动完成后，同步时序控制电路正常工

作，所谓同步就是与 AC 频率波形同步，保证整流时需要开通的 N 型 MOSFET 达到最大的 V_{GS} 电压，以提供最高 N 型 MOSFET 的开通效率。对于 AC 波形同步采样的低电平和高电平采用不同的方式，分别控制死区时间。同步时钟提供两项不交叠同步驱动。

4）LDO 模块设计

接收系统稳压模块由电流采样和输出控制组成。对于输出控制部分，除输出稳压控制外，还包括输出反冲、限流、控流、欠电压、过电压、高温等保护。

可以看出，无线充电系统中最重要的环节是其中的集成电路部分，下面分别介绍发送系统、接收系统的主控集成电路。

扫一扫看微课视频：无线充电系统发送和接收芯片介绍

4. 无线充电发送系统集成电路

CS4968 是一种无线充电发送系统控制集成电路，兼容 Qi 标准。CS4968 集成了控制功能，以最小的成本实现了无线功率发射，减少了外部元器件。CS4968 支持多种 Qi 标准指定的 A 型功率发射系统设计，包括 A6 和 A11。其集成通信解调及解码功能，兼容 WPC 1.1.2 标准。

CS4968 具有动态功率控制功能（DPM）。在 5 V 系统工作时，如果电源无法提供足够的功率，CS4968 会限制输出电流从而保护电源。CS4968 在过电流、过电压、高温及异物存在的情况下会中止充电。

CS4968 采用 QFN48 封装，大小为 6 mm×6 mm，工作温度范围为-40～85 ℃。

1）引脚说明

CS4968 的引脚说明如表 5-44 所示。

表 5-44　CS4968 的引脚说明

编号	名称	输入/输出（I/O）	引脚描述
1	T2_SENSE	AI	温度测量输入引脚 2
2	T3_SENSE	AI	温度测量输入引脚 3
3	AIN1	AI	预留 ADC 输入引脚
4	FOD	AI	金属异物检测 FOD 阈值设定引脚
5	V_{PP}	Power	一次性程序烧写脚（6.5V），芯片正常工作时悬空
6	RESETN	DI	外部复位脚，芯片正常工作时悬空
7	TEST_MODE	DI	拉高时进入测试模式，芯片正常工作时悬空
8	JTAG_TDI	DI	JTAG 数据输入脚
9	JTAG_RTCK	DO	JTAG 返回时钟脚
10	JTAG_TMS	DI	JTAG 模式选择脚
11	JTAG_TDO	DO	JTAG 数据输出脚
12	JTAG_TCK	DI	JTAG 时钟脚
13	SDA	DIO	I^2C 数据脚
14	SCL	DI	I^2C 时钟脚
15	GPIO1	DIO	GPIO

续表

编号	名称	输入/输出（I/O）	引脚描述
16	GPIO2	DIO	GPIO
17	GPIO0	DIO	GPIO
18	VD33	Power	电源（3.3 V）
19	GND	Ground	地
20	NC	—	—
21	NC	—	—
22	COIL2_EN	DO	线圈选择引脚 2
23	PWM_N	DO	PWM 波反向输出脚
24	NC	—	—
25	COIL3_EN	DO	线圈选择引脚 3
26	COIL1_EN	DO	线圈选择引脚 1
27	PWM	DO	PWM 波正向输出引脚
28	GPIO10	DIO	GPIO
29	LED2	DIO	红色 LED
30	LED1	DIO	绿色 LED
31	BUZ	DO	蜂鸣器
32	PD	DO	工作指示引脚，正常充电时为高，低功耗模式为低
33	VD33	Power	电源（3.3 V）
34	GND	Ground	地
35	VD18	AO	内部数字电源引脚（1.8 V），需要接 1 μF 电容到地
36	VA33	Power	模拟电源（3.3 V）
37	AGND	Ground	模拟地
38	COMP	AI	通信信号输入引脚
39	COMM	AI	通信信号电容连接引脚，需要接 1nF 电容到地
40	AGND_DM	Ground	模拟地
41	AIN8	AI	预留 ADC 输入引脚
42	AVDD_DM	Power	模拟电源（3.3 V）
43	AIN7	AI	预留 ADC 输入引脚
44	AVDD	Power	模拟电源（3.3 V）
45	AGND_AD	Ground	模拟地
46	V_SENSE	AI	电压测量输入引脚
47	I_SENSE	AI	电流测量输入引脚
48	T1_SENSE	AI	温度测量输入引脚 1

2）参数

CS4968 的极限参数和电性能参数分别如表 5-45 和表 5-46 所示。

表 5-45　CS4968 的极限参数

参数	描述	最小值	额定值	最大值	单位
VD33	数字电源	3	3.3	3.6	V
VA33	模拟电源	3	3.3	3.6	V
AVDD	模拟电源	3	3.3	3.6	V
AVDD_DM	模拟电源	3	3.3	3.6	V
AGND	模拟地	0	0	0.1	V
AGND_DM	模拟地	0	0	0.1	V
DGND	数字地	-0.3	0	0.1	V
T_{OP}	工作温度	-40	—	85	℃
T_{STG}	储存温度	-40	—	125	℃
T_J	结温	—	—	125	℃
ESD	防静电等级	HBM 2000			V

表 5-46　CS4968 的电性能参数

参数	描述	测试条件	最小值	额定值	最大值	单位
I_{TOTAL}	工作电流	VA33=VD33=3.3 V T_A=27 ℃	—	17	—	mA
$I_{STANDBY}$	待机电流	VA33=VD33=3.3 V T_A=27 ℃	—	1	—	mA
V_{IL}	低电平输入电压	VD33=3.3 V T_A=27 ℃	-0.3	—	0.8	V
V_{IH}	高电平输入电压	VD33=3.3 V T_A=27 ℃	2	—	5.5	V
V_{OL}	低电平输出电压	I_{OL}=4 mA VD33=3.3 V	—	—	0.4	V
V_{OH}	高电平输出电压	I_{OH}=4 mA VD33=3.3 V	2.4	—	—	V
I_{OL}	GPIO、PWM、JTAG、SDA、SCL 引脚为低电平的吸收电流	V_{OL}=0.4 V	—	6	—	mA
	BUZ 引脚为低电平的吸收电流		—	13	—	
I_{OH}	GPIO、PWM、JTAG、SDA、SCL 引脚为高电平的供电电流	V_{OH}=2.4 V	—	8	—	mA
	BUZ 引脚为高电平的供电电流		—	15	—	
V_{RESET}	复位电压	VD33=3.3 V T_A=27 ℃	2.1	—	2.4	V
F_{SW}	PWM 频率	—	110	—	205	KHz
V_{COM}	COMP 引脚输入电压	—	0.2	—	3.1	V

5. 无线充电接收系统集成电路

CS4978 是一种适用于便携式应用无线电源传输的接收系统的集成电路。其不但提供 AC/DC 电源转换，同时还集成符合 WPC 1.2 通信协议标准所需的数字控制功能，与发送控制

模块相结合，可为无线充电实现完整的电磁感应式电源传输。

1）引脚说明

CS4978 的引脚说明如表 5-47 所示。

表 5-47 CS4978 的引脚说明

编号	名称	I/O	描述
21，22	GND	—	电源地
23，24	AC1	I	来自接收线圈的交流电源输入
19，20	AC2	I	
1	BOOT1	O	外接用于驱动整流器高压管的自举电容。BOOT1 到 AC1 和 BOOT2 到 AC2 各连接 10 nF 的陶瓷电容
17	BOOT2	O	
18	RECT	O	内部整流电压输出端口，外接滤波电容到地
5,6	OUT	O	电压输出端口，传送电力到负载
4	OUT_R	—	设置输出的校准电压，默认值为 0.5 V
2	CLMP1	O	开漏输出，用于过电压交流钳位保护，外接电容。当 RECT 电压超过 15 V，开关会被打开，保护电路不被损坏
16	CLMP2	O	
3	COMM1	O	开漏输出，用于传送数据
15	COMM2	O	
7	CHG	O	开漏输出，用于充电指示，当输出使能时激活
8	AD_EN	O	控制外部电源到 OUT 之间的 P 高压管
9	AD	I	外部电源输入
10	EN1	I	使能或禁止无线和有线充电<EN1,EN2>：<00>无线充电使能，有线充电优先；<01>无线充电优先；<10>AD_EN 下拉到地，无线充电禁止；<11>有线和无线充电禁止，内有下拉电阻
11	EN2	I	
12	ILIM	I/O	过电流限制，外接限流电阻
13	TS	I	外接热敏电阻，用于外部温度检测。同时由 host 三态驱动
14	FOD	I	用于输出功率的测量，连接 188 Ω 电阻到地。

2）参数

CS4979 的极限参数和电性能参数分别如表 5-48 和表 5-49 所示。

表 5-48 CS4979 的极限参数

参数	端口	最小	最大	单位
输入电压	AC1，AC2	–0.8	20	V
	RECT，COMM1，COMM2，OUT，CHG，CLMP1，CLMP2			
	AD，AD_EN	–0.3	30	V
	BOOT1，BOOT2	–0.3	26	V
	EN1，EN2，FOD，ILIM，TS	–0.3	7	V
输入电流	AC1，AC2	—	2	A（RMS）

续表

参数	端口	最小	最大	单位
输出电流	OUT	—	1.2	A
输出灌电流	CHG	—	15	mA
	COMM1，COMM2	—	1	A
结温	T_J	-40	150	℃
存储温度	T_{STG}	-65	150	℃
ESD（HBM）（100 pF，1.5 kΩ）	ALL	2	—	kV

表 5-49　CS4979 的电性能参数

参数	描述	测 试 条 件	最小	典型	最大	单位
UVLO	欠电压阈值	V_{RECT}：0 V→3 V	3.2	3.3	3.4	V
V_{RECT}	V_{RECT} 过电压阈值	V_{RECT}：5 V→16 V	14.5	15	15.5	V
$V_{RECT\text{-}REG}$	动态 V_{RECT} 阈值 1	I_{LOAD}<10%I_{MAX}(I_{LOAD} rising)$V_{RECT\text{-}REG}$	—	7.08	—	V
	动态 V_{RECT} 阈值 2	10%I_{MAX}< I_{LOAD} <20% I_{MAX} (I_{LOAD} rising)	—	6.68	—	V
	动态 V_{RECT} 阈值 3	10%I_{MAX}< I_{LOAD} <40% I_{MAX} (I_{LOAD} rising)	—	5.73	—	V
	动态 V_{RECT} 阈值 4	I_{LOAD}>40%I_{MAX}(I_{LOAD} rising)	—	5.11	—	V
	V_{OUT} 跟踪 V_{RECT} 的压差	限流电压高于输出电压	—	VO+0.25	—	V
I_{LOAD}	动态 V_{RECT} 门槛的负载电流迟滞	负载电流下降	—	—	4%	—
$V_{RECT\text{-}DPM}$	$V_{RECT\text{-}DPM}$ 输出控制的整流欠电压保护	—	3.25	3.35	3.45	V
$V_{RECT\text{-}REV}$	输出端口整流反向电压保护	$V_{RECT\text{-}REV}$=V_{OUT}−V_{RECT}，V_{OUT}=10 V	—	8	9	V
I_{RECT}	无线充电集成电路工作的静态电流	I_{LOAD}=0 mA，0 ℃≤T_J≤85 ℃	—	8	10	mA
		I_{LOAD}=300 mA，0 ℃≤T_J≤85 ℃	—	2	3	mA
$I_{OUT\ (standby)}$	静态电流（待机）	V_{OUT}=5 V，0 ℃≤T_J≤85 ℃	—	20	35	μA
R_{ILIM}	限流电阻短路检测最大值	R_{LIM}：200 Ω→50 Ω，I_{OUT}>90 mA	—	—	120	Ω
$V_{OUT\text{-}REG}$	输出电压管理	I_{LOAD}=1 000 mA	4.96	5	5.04	V
		I_{LOAD}=10 mA	4.97	5.01	5.05	
K_{IMAX}	正常工作电流可编程因子	I_{IMAX}=K_{IMAX}/R_{LIM}，I_{OUT}=1 A	—	250	260	AΩ
I_{OUT}	电流限制可编程范围	—	—	—	1.2	A
R_{TS}	上拉到偏置电压的 NTC 电阻	—	1.5	20	80	KΩ

续表

参数	描述	测试条件	最小	典型	最大	单位
T_J	热关断温度	—	—	155	—	℃
	热关断迟滞	—	—	20	—	℃
$R_{DS(ON)}$	COM1/COM2 通信信号控制等效导通内阻	V_{RECT}=2.6 V	—	1.5	—	Ω
$R_{DS(ON)}$	CLMP1 和 CLMP2 过电压保护控制等效开关导通内阻	—	—	0.8	—	Ω
AD_EN	V_{AD} 上升门槛电压	V_{AD}：0 V→5 V	3.5	3.6	3.8	V
	上升门槛电压迟滞	V_{AD}：5 V→0 V	—	400	—	mV
V_{AD}	V_{AD} 和 AD_EN 压差	V_{AD}=5 V，0 ℃≤T_J≤85 ℃	3	4.5	5	V
		V_{AD}=9 V，0 ℃≤T_J≤85 ℃	3	6	7	V
I_{LIM_SC}	限流电阻短路最小值	I_{LOAD}：0 mA→200 mA	80	100	130	mA
	限流比较器迟滞电流	I_{LOAD}：0 mA→200 mA	—	25	—	mA
V_{IL}	EN1 和 EN2 输入低电压门槛	—	—	—	0.4	V
V_{IH}	EN1 和 EN2 输入高电压门槛	—	1.3	—	—	V
R_{PD}	EN1 和 EN2 内部下拉电阻	—	—	200	—	kΩ
$I_{OUT\ SENSE}$	采样电流精度	I_{OUT} 为 750～1 000 mA	-1.5	0	1	%

下面对基于上面介绍的两个主要集成电路的无线充电系统电路进行详细的介绍。

6. 无线充电发送系统设计

1）发送系统电路

基于 CS4968 集成电路的无线充电发送系统 DEMO 板一般采用全桥 D 类功放，通过调压、调相、调占空比、调频等功率控制算法，配合符合 Qi 标准接收系统可实现最大 15 W 的输出功率。发送系统采用串联谐振方式实现能量传输，用于实现电流、电压、温度及金属异物（FOD）检测，以及 PWM 输出、I²C 实时监控、LED 状态指示等功能。

无线充电发送系统电路框图如图 5-50 所示。

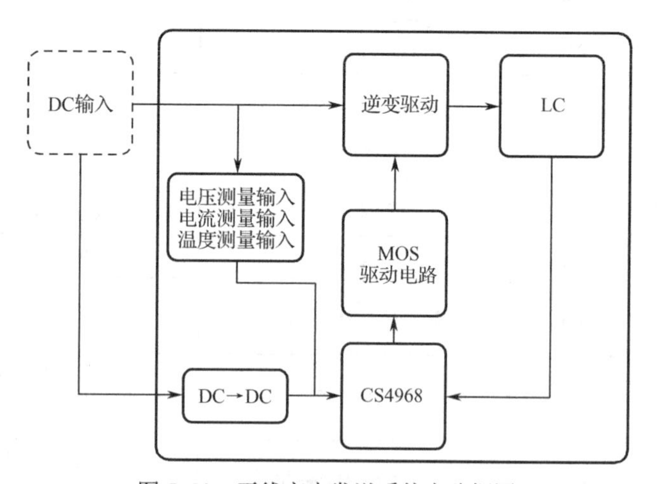

图 5-50 无线充电发送系统电路框图

2）PCB 设计

PCB 设计是保证无线充电系统稳定性和性能的关键。为保证产品的高性能，建议采用双层或以上的 PCB 叠层结构设计；为降低贴片成本，尽量保证单面贴片；建议使用厚度为 1 盎司（OZ）的铜箔，最大限度地增加 PCB 散热及长距离走线的压降。

双层 PCB 叠层结构要求如表 5-50 所示。

无线充电系统的发送系统分为信号控制部分和功率部分，布局时要将控制部分和功率部分分开放置，防止功率部分的干扰信号影响控制部分的弱信号。最后完成的无线充电发送系统的 PCB 如图 5-51 所示。

表 5-50　双层 PCB 叠层结构要求

名称	命名	类型	厚度/mil	介电常数	铜厚
顶层	Signal	Cu	1.4	—	1OZ
中间层	PP	FR4	12.6	4.3	—
底层	Signal	Cu	1.4	—	1OZ

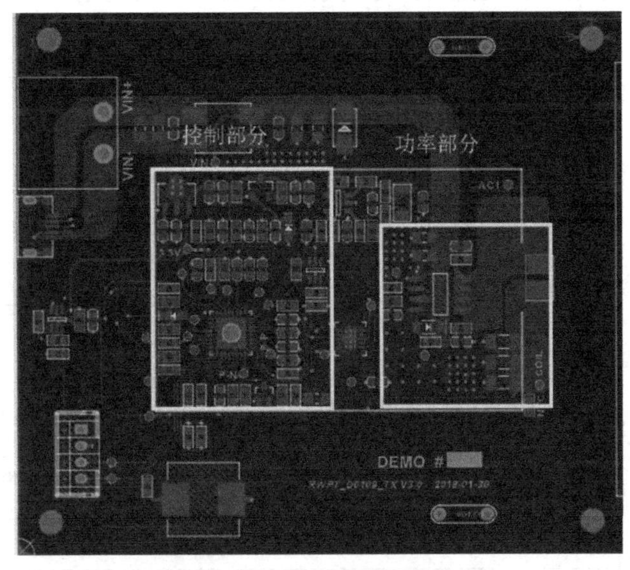

图 5-51　无线充电发送系统 PCB

3）BOM 表

如图 5-50 所示的无线充电发送系统的 BOM 表，如表 5-51 所示。

表 5-51　无线充电发送系统 BOM 表

规格	描述	位置	封装形式	厂商	数量
1 μF	陶瓷电容，0402，10 V，±10%	C1，C3，C29	0402	韩国世化（STD）	3
0.1 μF	陶瓷电容，0402，10 V，±10%	C2，C4，C8，C10，C12，C15，C17，C23，C27，C33，C42，C43，C44	0402		17
4.7 nF	陶瓷电容，0402，50 V，±10%	C20，C28，C31，C32，C40	0402		5
1 nF	陶瓷电容，0402，10 V，±10%	C30	0402		1
100 pF	陶瓷电容，0402，10 V，±10%	C48，C49	0402		2
10 μF	陶瓷电容，0603，10 V，±10%	C7，C9，C11，C13，C14，C16，C22，C25，C26，C34，C35	0603		11
100 nF	陶瓷电容，1206，50 V，C0G，±5%	C36，C37，C38，C39	1206		4
LED	典型的红外发光 GaAs LED，绿色	D1	0603		1
LED	典型的红外发光 GaAs LED，红色	D2	0603		1

续表

规格	描述	位置	封装形式	厂商	数量
PDZ5.6B	稳压二极管，0.4W，5.6 V，SOD323	D3	SOD323	荷兰恩智浦（NXP）	1
BAT54S	肖特基二极管，30 V，200 mA，SOT323	D4	SOT323		1
6.8 kΩ	贴片电阻，0402，1/16 W，±5%	R18，R26	0402	韩国世化（STD）	2
1.5 kΩ	贴片电阻，0402，1/16 W，±5%	R4，R43	0402		2
3 kΩ	贴片电阻，0402，1/16 W，±5%	R6，R35	0402		2
4.7 kΩ	贴片电阻，0402，1/16 W，±5%	R15，R29	0402		2
10 kΩ	贴片电阻，0402，1/16 W，±5%	R3，R5，R7，R8，R9，R10，R11，R19，R23，R28，R34，R38，R41	0402		16
22 Ω	贴片电阻，0402，1/16 W，±5%	R12	0402		1
47 kΩ	贴片电阻，0402，1/16 W，±5%	R20	0402		1
1 kΩ	贴片电阻，0402，1/16 W，±5%	R1，R2，R21，R25，R46，R55	0402		6
20 kΩ	贴片电阻，0402，1/16 W，±5%	R22	0402		1
68 kΩ	贴片电阻，0402，1/16 W，±5%	R37	0402		1
100 kΩ	贴片电阻，0402，1/16 W，±5%	R27	0402		1
0 Ω	贴片电阻，0402，1/16 W，±5%	R13，R14，R30，R33，R39，R44，R65	0402		7
2 kΩ	贴片电阻，0402，1/16 W，±1%	R52，R58	0402		2
20 kΩ	贴片电阻，0402，1/16 W，±1%	R31	0402		1
10 kΩ	贴片电阻，0402，1/16 W，±1%	R32，R40	0402		2
560 Ω	贴片电阻，0402，1/16 W，±5%	R49	0402		1
100 kΩ	贴片电阻，0402，1/16 W，±1%	R51，R57	0402		2

续表

规格	描述	位置	封装形式	厂商	数量
100 Ω	贴片电阻，0402，1/16 W，±5%	R53，R54	0402	韩国世化（STD）	2
0.02 Ω	贴片电阻，1206，1/2 W，±1%	R16	1206		1
USB_micro	Micro USB，SMD	J1	USB_MICRO		1
NCP18XH103F03RB	NTC 热敏电阻	J2	NTC	日本村田（muRata）	1
PS1240P02CT3	压电蜂鸣器	LS1	ϕ12.2×T3.5（mm）	日本东电化（TDK）	1
A11-type	WPC A11 型线圈	P1	50 mm×50 mm		1
AO3401	30V P 沟道 MOSFET	Q5	SOT23	美国 AOS	1
BC857	PNP 型通用晶体管	Q6	SOT23	荷兰恩智浦（NXP）	1
AO4616	P 沟道和 N 沟道 NexFET 功率 MOSFET	Q8，Q9	SOP8	美国 AOS	2
PT5110-3.3	LDO，6.0 V 输入电压，150 mA	U1	SOT23	华润微电子	1
TP1541-TR	6 V，RRIO 运算放大器	U3	SOT23-5	恩瑞浦微电子	1
CS4269	双输入双输出 1.5 A 高速低端驱动器	U5	MSOP10	华润微电子	1
CS4968	Qi 标准无线功率传输控制器	U6	QFN48L		1
1 μF	陶瓷电容，0402，10 V，±10%	C1，C3，C29	0402	韩国世化（STD）	3
0.1 μF	陶瓷电容，0402，10 V，±10%	C2，C4，C8，C10，C12，C15，C17，C23，C27，C33，C42，C43，C44，C45，C46，C47，C87	0402		17
4.7 nF	陶瓷电容，0402，50 V，±10%	C20，C28，C31，C32，C40	0402		5
1 nF	陶瓷电容，0402，10 V，±10%	C30	0402		1
100 pF	陶瓷电容，0402，10 V，±10%	C48，C49	0402		2
10 μF	陶瓷电容，0603，10 V，±10%	C7，C9，C11，C13，C14，C16，C22，C25，C26，C34，C35	0603		11

7. 无线充电接收系统设计

1）接收系统电路

接收系统采用串联谐振电路接收能量，主控芯片为 CS4978 集成电路，适用于便携式应

用无线电源传输的接收电路系统，其不但提供 AC/DC 电源转换，同时还集成符合 WPC Qi 1.2.3 BPP 标准所需的数字控制功能。其与发送控制模块相结合，可为无线充电系统提供完整的电磁感应式电源传输。无线充电接收系统电路如图 5-52 所示。

2）PCB 设计

最后完成的无线充电接收系统的 PCB 如图 5-53 所示。

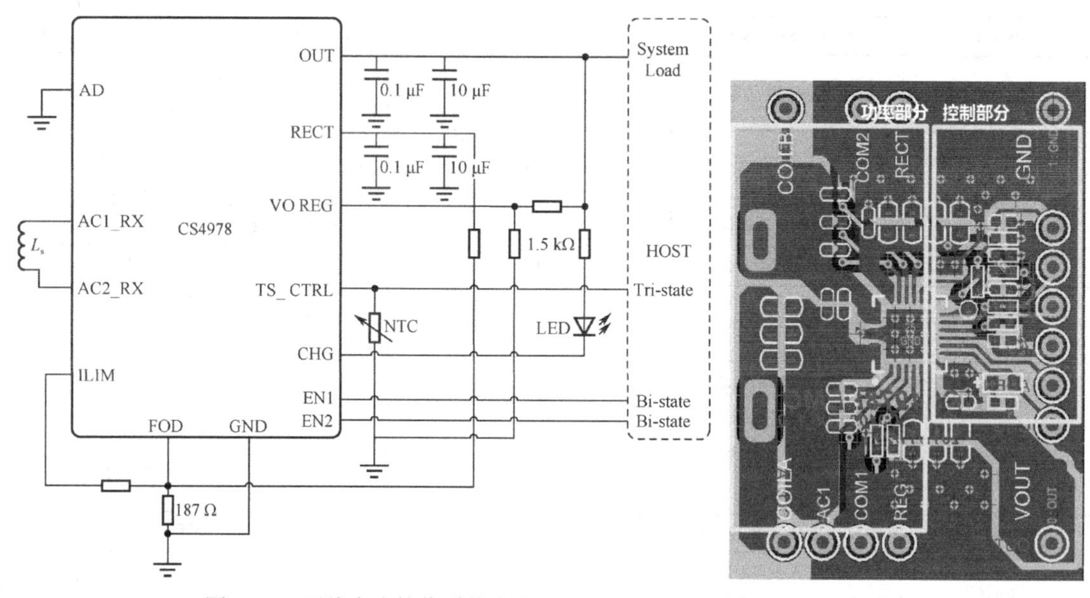

图 5-52　无线充电接收系统电路

图 5-53　无线充电接收系统的 PCB

3）BOM 表

如图 5-53 所示的无线充电接收系统的 BOM 表，如表 5-52 所示。

表 5-52　无线充电接收系统的 BOM 表

规格	额定电压	描述	位置	封装形式	厂商	数量
0.1 μF	25 V	陶瓷电容，25 V，10%，0402	C1	C0402	日本村田（muRata）	1
0.1 μF	10 V	陶瓷电容，10 V，10%，0402	C2，C3	C0402		2
2.2 nF	10 V	陶瓷电容，10 V，10%，0402	C17	C0402		
10 μF	25 V	陶瓷电容，25 V，10%，0603	C4，C5，C6，C7	C0603		4
10 μF	10 V	陶瓷电容，10 V，10%，0603	C8，C9，C10	C0603		3
33 nF	25 V	陶瓷电容，25 V，10%，0402	C11，C16	C0402		2
0.47 μF	25 V	陶瓷电容，25 V，10%，0402	C12，C15	C0402		2
10 nF	25 V	陶瓷电容，25 V，10%，0402	C13，C14	C0402		2
2.2 nF	50 V	陶瓷电容，50 V，10%，0402	Cd1	C0402		1
NC	50 V	陶瓷电容，50 V，10%，0402	Cd2	C0402		
68 nF	50 V	陶瓷电容，50 V，10%，0603，X7R	CS1，CS2，CS3	C0603		3

续表

规格	额定电压	描述	位置	封装形式	厂商	数量
100 kΩ/NC		贴片电阻，0402，1/10 W，5%	R1，R2	R0402	中国台湾厚声（UniOhm）	
180 kΩ		贴片电阻，0402，1/10 W，1%	R3	R0402		1
30.9 kΩ		贴片电阻，0402，1/10 W，1%	R4	R0402		1
62 Ω		贴片电阻，0402，1/10 W，1%	R5	R0402		1
187 Ω		贴片电阻，0402，1/10 W，1%	R6	R0402		1
30 kΩ		贴片电阻，0402，1/10 W，1%	R7	R0402		1
3.3 kΩ		贴片电阻，0402，1/10 W，5%	R8	R0402		1
0 Ω		贴片电阻，0402，1/10 W，5%	R9	R0402		1
Charge		SMD LED，0603，绿色	LED1	LED0603	中国台湾亿光电子（Everlight）	1
12 μH		无线充电系统接收线圈 E	LS1			1
CS4978EN		Qi 标准无线充电系统接收线圈	U1	QFN24	华润微电子	1

思考与练习题 5

1. 简述 CD7388 集成电路电源电压与静态电流之间的关系。
2. 简述 CD7388 集成电路电源电压与输出功率之间的关系。
3. 简述 BUCK 电路的工作原理。
4. 利用 Altium Designer 设计 LED 照明驱动电路原理图和 PCB。
5. 简述典型的电磁感应式无线充电系统的工作原理。

全国职业技能大赛集成电路开发与应用赛项包括集成电路设计与仿真、集成电路工艺仿真、集成电路测试、集成电路分选、集成电路应用等内容。笔者多次参加该技能大赛积累了一些经验，通过下面的实例，简要介绍数字集成电路的设计与仿真、集成电路测试和集成电路应用等方面的一些内容。

6.1 数字集成电路的设计与仿真

要求利用指定的 PMOS 管和 NMOS 管作为基本元器件设计指定功能的数字电路，并通过仿真进行功能验证。仿真软件采用 Multisim 或 Proteus，主要从功能实现和 MOS 管数量这两个方面进行考核。在讨论数字电路的设计方法时，主要分析实现数字电路基本功能的方法，限于篇幅未考虑数字电路的其他特性。

触发器是时序电路最基本的组成部分，而 D 触发器是数字电路设计中最常用的一种触发器，下面先介绍 D 触发器的设计与仿真。

6.1.1 D 触发器的设计与仿真

如图 6-1 所示为 D 触发器的逻辑图。D 触发器是由主锁存器和从锁存器组成的。这两个锁存器中的时钟信号是互补的，内部结构相同。

当时钟信号 CLK 为低电平时，三态门 tri_1 和 tri_4 处于导通状态，而三态门 tri_2 和 tri_3 处于高阻态，DATA 信号经过 tri_1、inv_2、inv_3 传输到 M 点。inv_6、tri_4、inv_7 构成一个正反馈回路，使 Q 端和 QN 端信号处于维持状态。因为 tri_3 处于高阻态，M 点信号不能进入从锁存器，从锁存器的输入端处于阻塞状态。

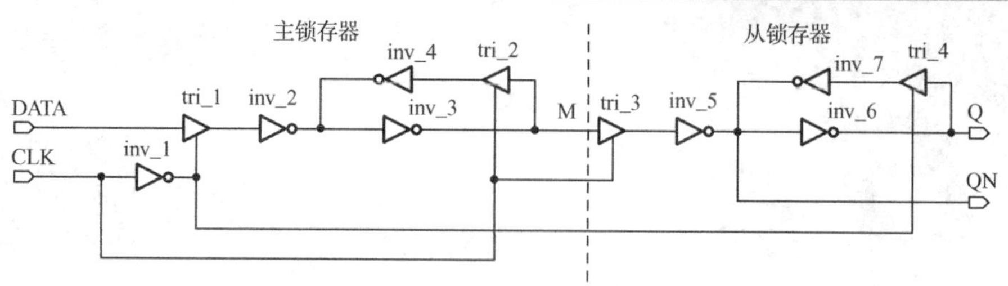

图 6-1　D 触发器的逻辑图

当时钟信号 CLK 由低电平变为高电平时，三态门 tri_2 和 tri_3 处于导通状态，三态门 tri_1 和 tri_4 处于高阻态。M 点的信号经过 tri_3、inv_5、inv_6 到达 Q 端，inv_3、tri_2、inv_4 构成一个正反馈回路，使 M 点信号处于维持状态。因为 tri_1 处于高阻态，DATA 信号不能进入主锁存器，D 触发器的 DATA 输入端处于阻塞状态。如果用传输门替代三态门，工作原理基本相同。

D 触发器的电路原理如图 6-2 所示，该 D 触发器电路一共用了 11 个 NMOS 管和 11 个 PMOS 管。该电路的 Multisim 仿真波形如图 6-3 所示。如果在 D 触发器电路设计中采用由 NMOS 管和 PMOS 构成的传输门结构，用 9 个 NMOS 管和 9 个 PMOS 管就能完成电路设计，但在仿真时 MOS 管模型不支持这种传输门结构的电路。

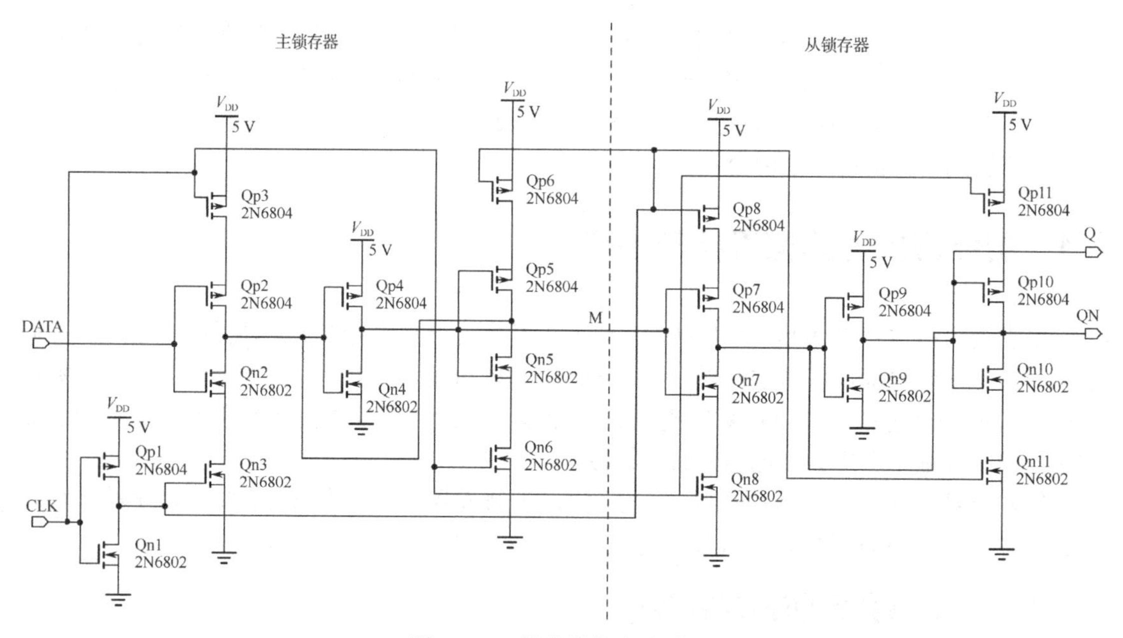

图 6-2　D 触发器的电路原理

6.1.2　带清零功能的两位二进制计数器的设计与仿真

1. 用 Moore（摩尔）状态机设计带清零功能的两位二进制计数器

有 4 个状态分别用 S0、S1、S2、S3 表示。在 Moore 状态机中，输出与状态有关，S0、S1、S2、S3 这 4 个状态对应的两位二进制计数器输出分别为 00、01、10、11。在 Moore 状态机中，一般用一个圆表示某个状态，用一段直线把圆分成两部分，上面部分表示状态，下面部分表示在这个状态下的输出，如S0/00所表示的状态为 S0，在 S0 这个状态输出为 00；用一段带箭头的弧线表示在一定的输入条件下，当时钟信号处于有效边沿时，当前状态变化至下一个状态；弧线的箭头指向下一个状态，弧线上标有输入条件，弧线上如果不标输入条件，表示在时钟信号处于有效边沿时，当前状态无条件变化至下一个状态。

在清零端无效（R=0）时，两位二进制计数器的输出每个时钟信号变化一次，依次输出 00、01、10、11，循环进行。如果现态是 S0，在清零端无效（R=0）时，次态是 S1。在清零端有效（R=1）时，当时钟信号处于有效边沿时，变化至状态 S0，也就是说，不管现态是哪一个状态，如果清零端有效（R=1），次态就是 S0，如图 6-4 所示。

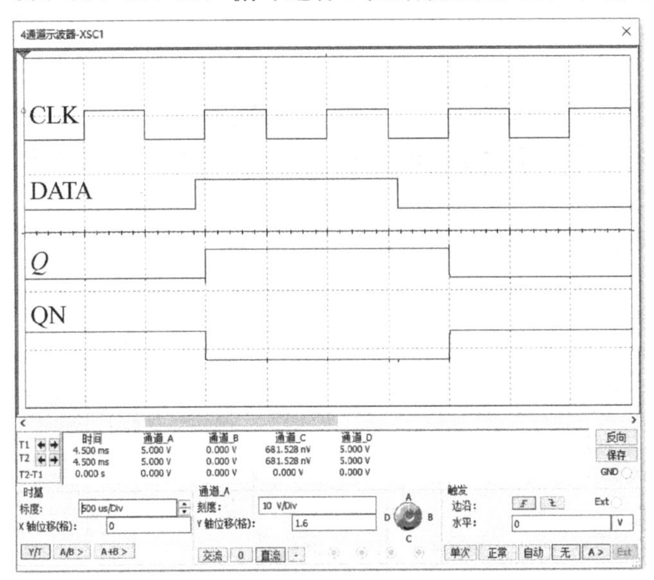

图 6-3　D 触发器的仿真波形

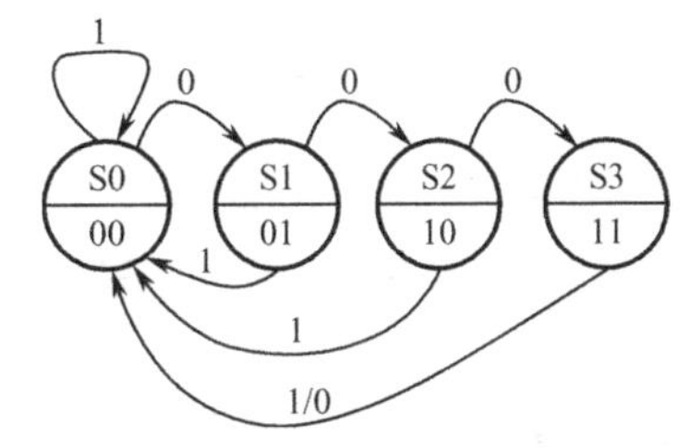

图 6-4　带清零功能的两位二进制计数器状态转移图（Moore 状态机）

根据图 6-4，可以得到该计数器的次态/输出，如表 6-1 所示。表中说明了次态（NS）与清零端（R）、现态（PS）的关系，以及输出（OUT）与清零端（R）、现态（PS）的关系。次态/输出表也称为状态转移表。

用两位二进制数输出 00、01、10、11 表示 S0、S1、S2、S3 这 4 种状态。用 Q_1、Q_0 表示现态，Q_1^*、Q_0^* 表示次态，Y_1、Y_0 分别表示高位和低位的输出。从表 6-2 得到：$Y_0=Q_0$，$Y_1=Q_1$。

表 6-1　次态/输出（状态用字母表示）

R	PS	NS	OUT	
0	S0	S1	0	0
1	S0	S0	0	0
0	S1	S2	0	1
1	S1	S0	0	1
0	S2	S3	1	0
1	S2	S0	1	0
0	S3	S0	1	1
1	S3	S0	1	1

表 6-2　次态/输出（状态用数字表示）

R	Q_1	Q_0	Q_1^*	Q_0^*	Y_1	Y_0
0	0	0	0	1	0	0
1	0	0	0	0	0	0
0	0	1	1	0	0	1
1	0	1	0	0	0	1
0	1	0	1	1	1	0
1	1	0	0	0	1	0
0	1	1	0	0	1	1
1	1	1	0	0	1	1

根据表 6-2，可以得到次态Q_0^*、Q_1^*与输入和现态的关系，分别如图 6-5 和图 6-6 所示。

R	Q_1Q_0			
	00	01	11	10
0	1	0	0	1
1	0	0	0	0

图 6-5　Q_0^*的卡诺图

R	Q_1Q_0			
	00	01	11	10
0	0	1	0	1
1	0	0	0	0

图 6-6　Q_1^*的卡诺图

通过图 6-5 得到：$Q_0^*=\overline{R}\,\overline{Q_0}=\overline{R+Q_0}$。

通过图 6-6 得到：$Q_1^*=\overline{R}\,\overline{Q_1}Q_0+\overline{R}Q_1\overline{Q_0}=\overline{\overline{\overline{R}\,\overline{Q_1}Q_0+\overline{R}Q_1\overline{Q_0}}}=\overline{\overline{\overline{R}\,\overline{Q_1}Q_0}\;\overline{\overline{R}Q_1\overline{Q_0}}}$。

通过Q_0^*和Q_1^*的逻辑表达式可以得到如图 6-7 所示的逻辑图。通过仿真得到如图 6-8 所示的波形图。从波形图可以看到，该计数器具有同步清零功能。清零端 R 变为高电平时，输出不会立刻变为零，一定要等到时钟信号的有效边沿，输出才会变为零。

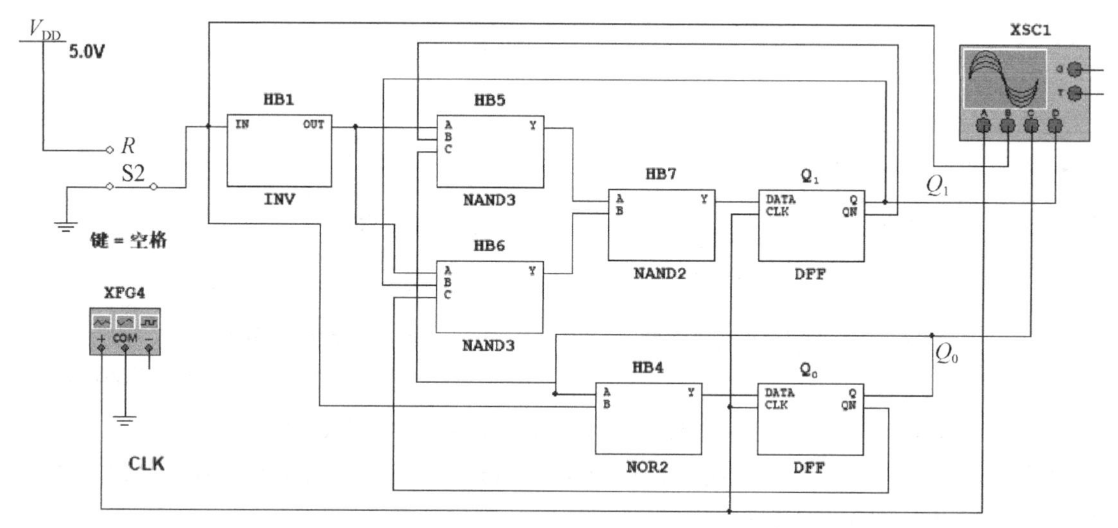

图 6-7　带清零功能的两位二进制计数器逻辑图（Moore 状态机）

2. 用 Mealy（米莉）状态机设计带清零功能的两位二进制计数器

有 4 个状态分别用 S0、S1、S2、S3 表示，如图 6-9 所示。在 Mealy 状态机中，输出与状态和输入有关，Mealy 状态机的状态转移图一般用一个圆表示某个状态，如ⓢ⓪表示的状态为 S0；用一段带箭头的弧线表示在一定的输入条件下，当时钟信号处于有效边沿时，当前状态变化至下一个状态，弧线的箭头指向下一个状态，弧线上标有输入和输出，用斜杠分开，斜杠左边为输入，右边为输出。例如，1/00 表示清零端 R=1 时，输出为 00；0/10 表示清零端 R=0 时，输出为 10。

Mealy 状态机和 Moore 状态机的不同之处在于：Moore 状态机的输出仅与状态有关，而 Mealy 状态机的输出与状态和输入有关。在 Moore 状态机中输入和现态决定次态，输入变化不会立即影响输出，一定要等到时钟信号的有效边沿，输入端的变化才能在输出端体现出来。而在 Mealy 状态机中，输入和现态同样决定次态，但输入端变化能立即影响输出。所以同步清零是采用 Moore 状态机，异步清零是采用 Mealy 状态机。

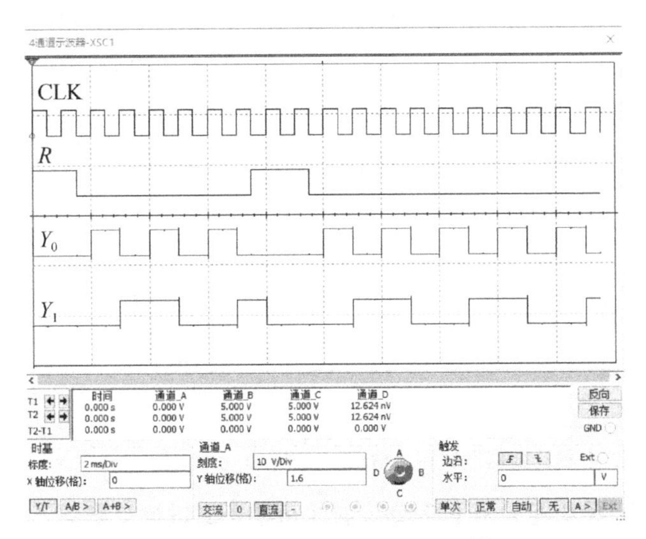

图 6-8　带清零功能的两位二进制计数器波形（Moore 状态机）

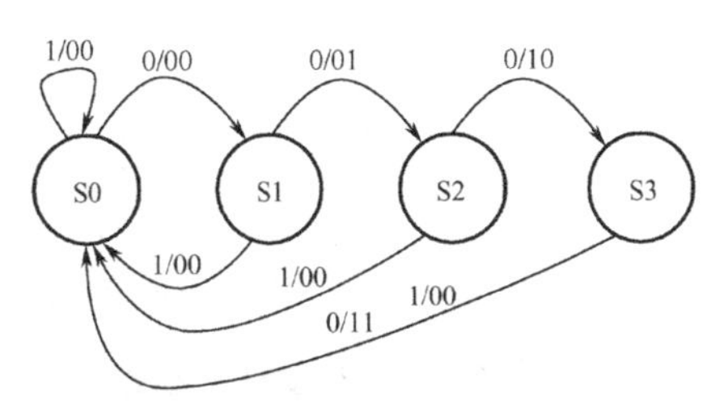

图 6-9　带清零功能的两位二进制计数器状态转移（Mealy 状态机）

通过图 6-9 可以得到表 6-3。

与表 6-1 进行比较，表 6-3 中的次态没有变化，Y_1 和 Y_0 发生了变化。因此可以得到：

$$Q_0^* = \overline{R}\,\overline{Q_0} = \overline{R+Q_0}$$

$$Q_1^* = \overline{R}\,\overline{Q_1}Q_0 + \overline{R}Q_1\overline{Q_0} = \overline{\overline{\overline{R}\,\overline{Q_1}Q_0 + \overline{R}Q_1\overline{Q_0}}} = \overline{\overline{\overline{R}\,\overline{Q_1}Q_0}\;\overline{\overline{R}Q_1\overline{Q_0}}}$$

通过表 6-3，可以得到 Y_0 和 Y_1 的卡诺图，分别如图 6-10 和图 6-11 所示。

通过 Y_0 的卡诺图可以得到：

$$Y_0 = \overline{R}Q_0$$

通过 Y_1 的卡诺图可以得到：

$$Y_1 = \overline{R}Q_1$$

表 6-3　次态/输出

R	Q_1	Q_0	Q_1^*	Q_0^*	Y_1	Y_0
0	0	0	0	1	0	0
1	0	0	0	0	0	0
0	0	1	1	0	0	1
1	0	1	0	0	0	0
0	1	0	1	1	1	0
1	1	0	0	0	0	0
0	1	1	0	0	1	1
1	1	1	0	0	0	0

R \ Q_1Q_0	00	01	11	10
0	0	0	1	1
1	0	0	0	0

图 6-10　Y_0 的卡诺图

R \ Q_1Q_0	00	01	11	10
0	0	1	1	0
1	0	0	0	0

图 6-11　Y_1 的卡诺图

通过 Q_0^*、Q_1^*、Y_0、Y_1 的逻辑表达式就能得到该计数器的逻辑图，如图 6-12 所示。通过仿真得到如图 6-13 所示的波形。从波形图可以看到，该计数器具有异步清零功能，当清零端 R 变为高电平时，输出立刻变为零。

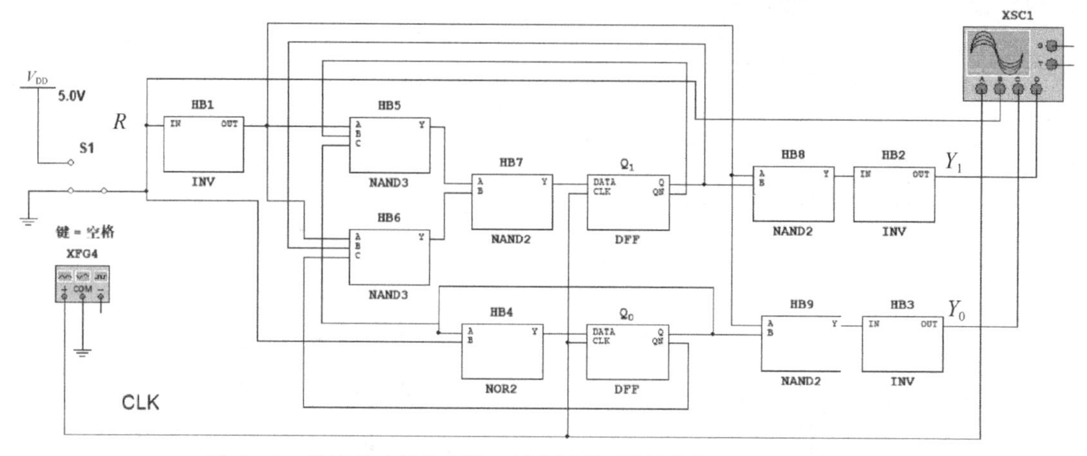

图 6-12　带清零功能的两位二进制计数器逻辑图（Mealy 状态机）

3. 用 Moore（摩尔）状态机设计带清零功能的两位递增/递减（可逆）二进制计数器

设计一个两位二进制计数器，具备同步递增/递减计数、同步清零等功能。该计数器的状态转移如图 6-14 所示。清零端为 R，时钟信号为 CLK，递增/递减计数控制端为 $D/\overline{U}$（D），输出端为 Y_0 和 Y_1。为便于公式推导，在电路设计过程中，把递增/递减计数控制端 $D/\overline{U}$ 用 D 表示。次态和输出的情况如表 6-4 所示。

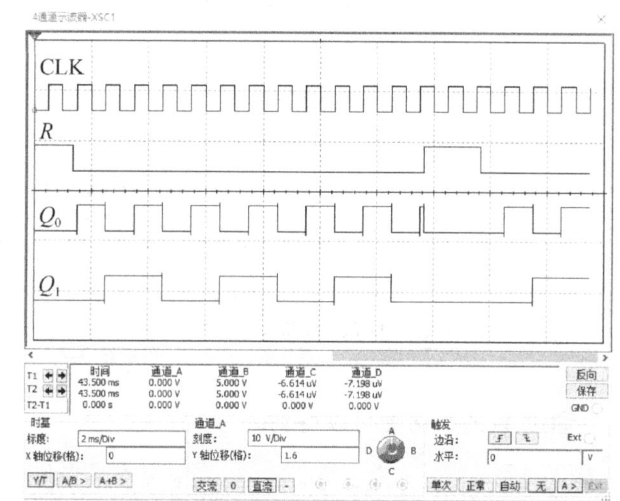

图 6-13　带清零功能的两位二进制计数器（Mealy 状态机）波形

通过表 6-4 可得到：$Y_0 = Q_0$，$Y_1 = Q_1$。通过表 6-4 也可以得到 Q_0^*、Q_1^* 的卡诺图，分别如图 6-15 和图 6-16 所示。为简化设计过程，在卡诺图中先不考虑 R 的作用，在通过卡诺图得到次态的逻辑表达式后，再考虑 R 的作用。

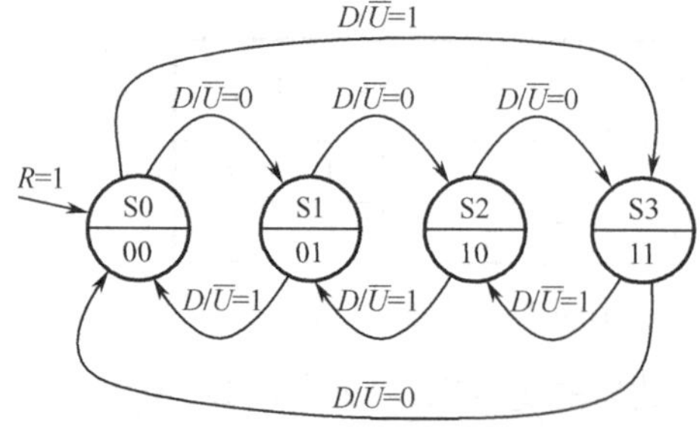

图 6-14　带清零功能的两位递增/递减二进制计数器状态转移（Moore 状态机）

表 6-4　次态/输出

清零端	$D/\overline{U}$	PS（现态）		NS（次态）		OUT（输出）	
R	D	Q_1	Q_0	Q_1^*	Q_0^*	Y_1	Y_0
1	×	Q_1	Q_0	0	0	Q_1	Q_0
0	0	0	0	0	1	0	0
0	1	0	0	1	1	0	0
0	0	0	1	1	0	0	1
0	1	0	1	0	0	0	1
0	0	1	0	1	1	1	0
0	1	1	0	0	1	1	0
0	0	1	1	0	0	1	1
0	1	1	1	1	0	1	1

D	Q_1Q_0			
	00	01	11	10
0	1	0	0	1
1	1	0	0	1

图 6-15　Q_0^* 的卡诺图

D	Q_1Q_0			
	00	01	11	10
0	0	1	0	1
1	1	0	1	0

图 6-16　Q_1^* 的卡诺图

通过 Q_0^* 的卡诺图，可以得到 Q_0^* 逻辑表达式：

$$Q_0^* = \overline{Q_0}$$

考虑到 R 的作用，Q_0^* 的表达式改为：

$$Q_0^* = \overline{R}\,\overline{Q_0} + \overline{R+Q_0}$$

通过 Q_1^* 的卡诺图可以得到 Q_1^* 的逻辑表达式：

$$Q_1^* = \overline{D}\,\overline{Q_1}Q_0 + \overline{D}Q_1\overline{Q_0} + D\overline{Q_1}\,\overline{Q_0} + DQ_1Q_0$$

考虑到 R 的作用，把 R 功能加到次态的逻辑表达式中，Q_1^* 的表达式改为：

$$Q_1^* = \overline{R}\,\overline{D}\,\overline{Q_1}Q_0 + \overline{R}\,\overline{D}Q_1\overline{Q_0} + \overline{R}D\overline{Q_1}\,\overline{Q_0} + \overline{R}DQ_1Q_0 = \overline{R}(D \oplus Q_1 \oplus Q_0)$$

$$Q_1^* = \overline{\overline{\overline{R}(D \oplus Q_1 \oplus Q_0)}} = \overline{\overline{\overline{R}}\,\overline{(D \oplus Q_1 \oplus Q_0)}} = \overline{R + \overline{(D \oplus Q_1 \oplus Q_0)}}$$

$$\begin{aligned}
Q_1^* &= \overline{R}\,\overline{D}\,\overline{Q_1}Q_0 + \overline{R}\,\overline{D}Q_1\overline{Q_0} + \overline{R}D\overline{Q_1}\,\overline{Q_0} + \overline{R}DQ_1Q_0 \\
&= \overline{(R+D+Q_1+\overline{Q_0})} + \overline{(R+D+\overline{Q_1}+Q_0)} + \overline{(R+\overline{D}+Q_1+Q_0)} + \overline{(R+\overline{D}+\overline{Q_1}+\overline{Q_0})} \\
&= \overline{(R+D+Q_1+\overline{Q_0})(R+D+\overline{Q_1}+Q_0)(R+\overline{D}+Q_1+Q_0)(R+\overline{D}+\overline{Q_1}+\overline{Q_0})}
\end{aligned}$$

上面的逻辑表达式用 16 对 MOSFET 构成的电路实现：

$$\begin{aligned}
Q_1^* &= \overline{R}\,\overline{D}\,\overline{Q_1}Q_0 + \overline{R}\,\overline{D}Q_1\overline{Q_0} + \overline{R}D\overline{Q_1}\,\overline{Q_0} + \overline{R}DQ_1Q_0 \\
&= \overline{R}\left(\overline{D}\,\overline{Q_1}Q_0 + \overline{R}\,\overline{D}Q_1\overline{Q_0} + \overline{R}D\overline{Q_1}\,\overline{Q_0} + \overline{R}DQ_1Q_0\right) \\
&= \overline{(R+D+Q_1+\overline{Q_0})} + \overline{(R+D+\overline{Q_1}+Q_0)} + \overline{(R+\overline{D}+Q_1+Q_0)} + \overline{(R+\overline{D}+\overline{Q_1}+\overline{Q_0})} \\
&= \overline{R}\,\overline{(D+Q_1+\overline{Q_0})(D+\overline{Q_1}+Q_0)(\overline{D}+Q_1+Q_0)(\overline{D}+\overline{Q_1}+\overline{Q_0})} \\
&= \overline{R+(D+Q_1+\overline{Q_0})(D+\overline{Q_1}+Q_0)(\overline{D}+Q_1+Q_0)(\overline{D}+\overline{Q_1}+\overline{Q_0})}
\end{aligned}$$

上面的逻辑表达式用 13 对 MOSFET 构成的电路实现：

$$\begin{aligned}
Q_1^* &= \overline{R}\,\overline{D}\,\overline{Q_1}Q_0 + \overline{R}\,\overline{D}Q_1\overline{Q_0} + \overline{R}D\overline{Q_1}\,\overline{Q_0} + \overline{R}DQ_1Q_0 \\
&= \overline{\overline{\overline{R}\,\overline{D}\,\overline{Q_1}Q_0 + \overline{R}\,\overline{D}Q_1\overline{Q_0} + \overline{R}D\overline{Q_1}\,\overline{Q_0} + \overline{R}DQ_1Q_0}} \\
&= \overline{\left(\overline{\overline{R}\,\overline{D}\,\overline{Q_1}Q_0}\right)\left(\overline{\overline{R}\,\overline{D}Q_1\overline{Q_0}}\right)\left(\overline{\overline{R}D\overline{Q_1}\,\overline{Q_0}}\right)\left(\overline{\overline{R}DQ_1Q_0}\right)}
\end{aligned}$$

为简化设计，Q_1^* 逻辑电路采用 5 个 4 输入端的与非门，共用 20 对 MOSFET。

通过 Q_0^*、Q_1^*、Y_0、Y_1 的逻辑表达式就能得到该计数器的逻辑图，如图 6-17 所示。通过仿真得到如图 6-18 所示的波形。从波形图中可以看到，在 R=0、$D/\overline{U}=0$ 时递增计数，在 R=0、$D/\overline{U}=1$ 时递减计数；在 R=1 时，在时钟信号有效边沿清零。

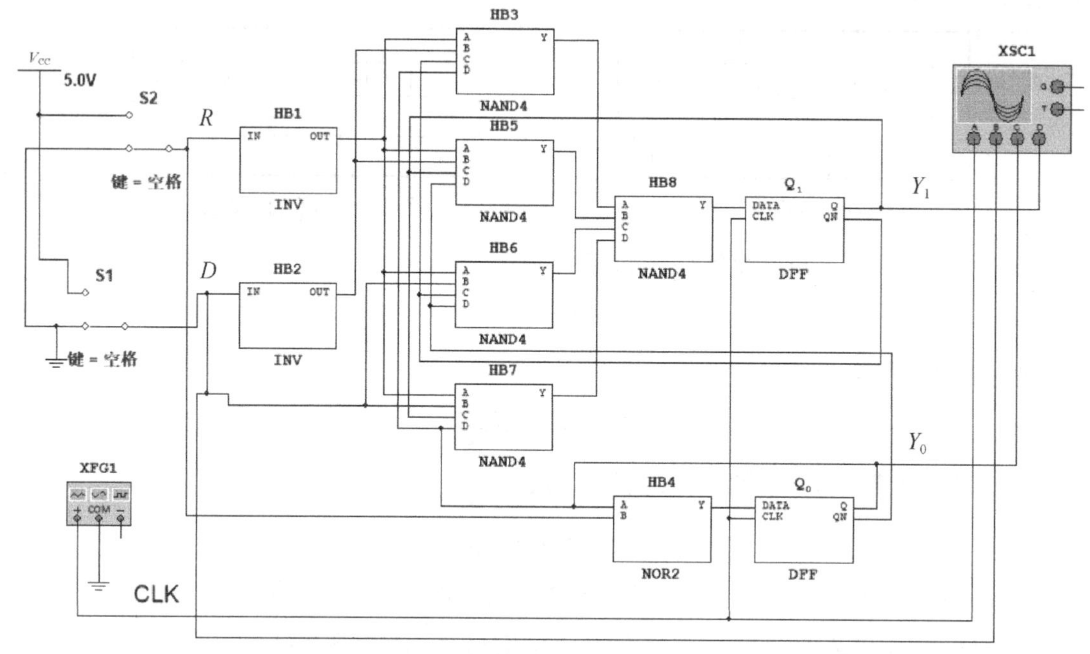

图 6-17　带清零功能的两位递增/递减计数器逻辑图

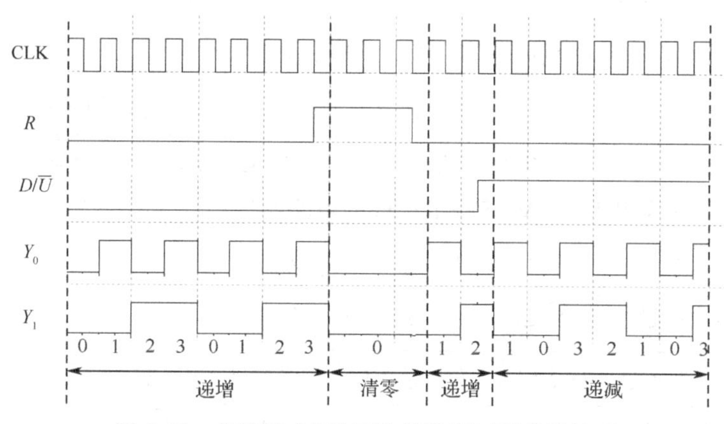

图 6-18　带清零功能的两位递增/递减计数器波形

6.1.3　4 位递增/递减（可逆）二进制计数器的设计与仿真

设计一个 4 位二进制计数器，具备同步递增/递减计数、异步置数、最大/最小计数值输出标志、行波时钟信号输出等功能。置数控制端为 $\overline{\text{LOAD}}$（S），置数数据输入端为 D_0、D_1、D_2、D_3，时钟信号为 CLK，递增/递减计数控制端为 $\text{D}/\overline{\text{U}}$（D），计数使能端为 $\overline{\text{CTEN}}$（C），计数器由低位至高位的 4 个输出端分别为 Y_0、Y_1、Y_2、Y_3，最大/最小计数值输出标志为 MAX/MIN（M），行波时钟信号输出为 $\overline{\text{RCO}}$（R）。

为便于公式推导，在电路设计过程中，置数控制端 $\overline{\text{LOAD}}$ 用 S 表示，递增/递减计数控制端 $\text{D}/\overline{\text{U}}$ 用 D 表示，计数使能端 $\overline{\text{CTEN}}$ 用 C 表示，最大/最小计数值输出标志 MAX/MIN 用 M 表示，行波时钟信号输出 $\overline{\text{RCO}}$ 用 R 表示。

为简化电路设计方法，在设计该计数器状态转移（如图 6-19 所示）时，仅考虑正常递增/

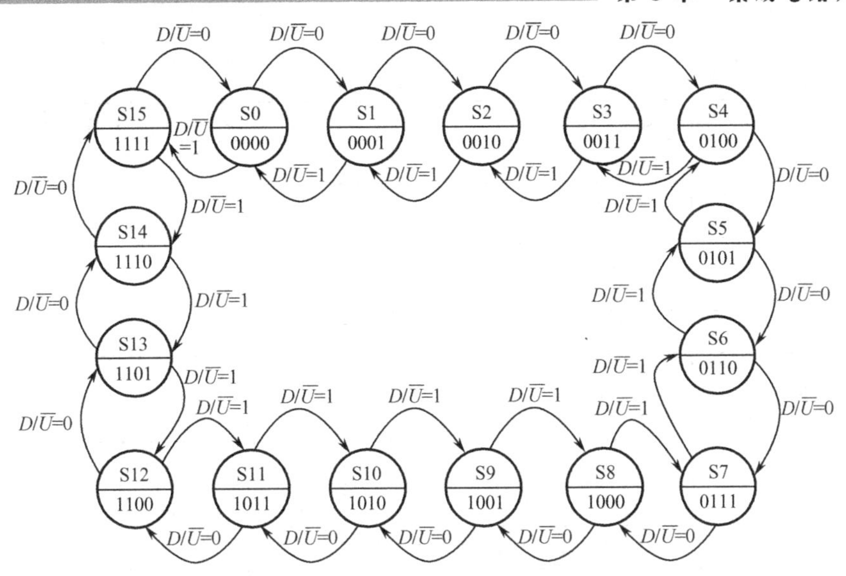

图 6-19　4 位递增/递减二进制计数器状态转移

递减计数功能。在递增/递减计数功能实现后，再考虑置数、计数使能、最大/最小计数值输出标志和行波时钟信号输出等功能。根据状态转移图可以得到次态/输出表，如表 6-5 所示。

表 6-5　4 位递增/递减二进制计数器次态/输出

递增/递减	PS（现态）				NS（次态）				OUT（输出）			
D	Q_3	Q_2	Q_1	Q_0	Q_3^*	Q_2^*	Q_1^*	Q_0^*	Y_3	Y_2	Y_1	Y_0
0	0	0	0	0	0	0	0	1	0	0	0	0
0	0	0	0	1	0	0	1	0	0	0	0	1
0	0	0	1	0	0	0	1	1	0	0	1	0
0	0	0	1	1	0	1	0	0	0	0	1	1
0	0	1	0	0	0	1	0	1	0	1	0	0
0	0	1	0	1	0	1	1	0	0	1	0	1
0	0	1	1	0	0	1	1	1	0	1	1	0
0	0	1	1	1	1	0	0	0	0	1	1	1
0	1	0	0	0	1	0	0	1	1	0	0	0
0	1	0	0	1	1	0	1	0	1	0	0	1
0	1	0	1	0	1	0	1	1	1	0	1	0
0	1	0	1	1	1	1	0	0	1	0	1	1
0	1	1	0	0	1	1	0	1	1	1	0	0
0	1	1	0	1	1	1	1	0	1	1	0	1
0	1	1	1	0	1	1	1	1	1	1	1	0
0	1	1	1	1	0	0	0	0	1	1	1	1
1	0	0	0	0	1	1	1	1	0	0	0	0
1	0	0	0	1	0	0	0	0	0	0	0	1

续表

递增/递减	PS（现态）	NS（次态）	OUT（输出）
D	Q_3 Q_2 Q_1 Q_0	Q_3^* Q_2^* Q_1^* Q_0^*	Y_3 Y_2 Y_1 Y_0
1	0 0 1 0	0 0 0 1	0 0 1 0
1	0 0 1 1	0 0 1 0	0 0 1 1
1	0 1 0 0	0 0 1 1	0 1 0 0
1	0 1 0 1	0 1 0 0	0 1 0 1
1	0 1 1 0	0 1 0 1	0 1 1 0
1	0 1 1 1	0 1 1 0	0 1 1 1
1	1 0 0 0	0 1 1 1	1 0 0 0
1	1 0 0 1	1 0 0 0	1 0 0 1
1	1 0 1 0	1 0 0 1	1 0 1 0
1	1 0 1 1	1 0 1 0	1 0 1 1
1	1 1 0 0	1 0 1 1	1 1 0 0
1	1 1 0 1	1 1 0 0	1 1 0 1
1	1 1 1 0	1 1 0 1	1 1 1 0
1	1 1 1 1	1 1 1 0	1 1 1 1

通过表 6-5 可得到：$Y_3 = Q_3$、$Y_2 = Q_2$、$Y_1 = Q_1$、$Y_0 = Q_0$。通过表 6-5 也可以得到Q_3^*、Q_2^*、Q_1^*、Q_0^*的卡诺图，分别如图 6-20、图 6-21、图 6-22、图 6-23 所示。

D Q_3 Q_2	Q_1Q_0 00	01	11	10
0 0 0	0	0	0	0
0 0 1	0	0	1	0
0 1 1	1	1	0	1
0 1 0	1	1	1	1
1 0 0	1	0	0	0
1 0 1	0	0	0	0
1 1 1	1	1	1	1
1 1 0	0	1	1	1

图 6-20　Q_3^* 的卡诺图

D Q_3 Q_2	Q_1Q_0 00	01	11	10
0 0 0	0	0	1	0
0 0 1	1	1	0	1
0 1 1	1	1	0	1
0 1 0	0	0	1	0
1 0 0	1	0	0	0
1 0 1	0	1	1	1
1 1 1	0	1	1	1
1 1 0	1	0	0	0

图 6-21　Q_2^* 的卡诺图

D Q_3 Q_2	Q_1Q_0 00	01	11	10
0 0 0	0	1	0	1
0 0 1	0	1	0	1
0 1 1	0	1	0	1
0 1 0	0	1	0	1
1 0 0	1	0	1	0
1 0 1	1	0	1	0
1 1 1	1	0	1	0
1 1 0	1	0	1	0

图 6-22　Q_1^* 的卡诺图

D Q_3 Q_2	Q_1Q_0 00	01	11	10
0 0 0	1	0	0	1
0 0 1	1	0	0	1
0 1 1	1	0	0	1
0 1 0	1	0	0	1
1 0 0	1	0	0	1
1 0 1	1	0	0	1
1 1 1	1	0	0	1
1 1 0	1	0	0	1

图 6-23　Q_0^* 卡诺图

通过 Q_3^* 的卡诺图可以得到 Q_3^* 的逻辑表达式：

$$Q_3^* = \overline{D}\left(Q_3\overline{Q_2} + Q_3\overline{Q_1} + Q_3\overline{Q_0} + \overline{Q_3}Q_2Q_1Q_0\right) + D\left(Q_3Q_2 + Q_3Q_1 + Q_3Q_0 + \overline{Q_3}\,\overline{Q_2}\,\overline{Q_1}\overline{Q_0}\right)$$

$$= \overline{D}\left(Q_3\left(\overline{Q_2Q_1Q_0}\right) + \overline{Q_3}Q_2Q_1Q_0\right) + D\left(Q_3\left(Q_2 + Q_1 + Q_0\right) + \overline{Q_3}\left(\overline{Q_2 + Q_1 + Q_0}\right)\right)$$

考虑置数端 S 的作用得：

$$Q_3^* = S\overline{D}\left(Q_3\left(\overline{Q_2Q_1Q_0}\right) + \overline{Q_3}Q_2Q_1Q_0\right) + SD\left(Q_3\left(Q_2 + Q_1 + Q_0\right) + \overline{Q}_3\left(\overline{Q_2 + Q_1 + Q_0}\right)\right) + \overline{S}D_3$$

$$Q_3^* = S\left(\overline{D}\left(Q_3 \oplus \left(Q_2Q_1Q_0\right)\right) + D\left(\overline{Q_3 \oplus \left(Q_2 + Q_1 + Q_0\right)}\right)\right) + \overline{S}D_3$$

$$Y_3 = SQ_3 + \overline{S}D_3$$

通过 Q_2^* 的卡诺图可以得到 Q_2^* 的逻辑表达式：

$$Q_2^* = \overline{D}\left(Q_2\overline{Q_0} + Q_2\overline{Q_1} + \overline{Q_2}Q_1Q_0\right) + D\left(Q_2Q_0 + Q_2Q_1 + \overline{Q_2}\,\overline{Q_1}\,\overline{Q_0}\right)$$

$$= \overline{D}\left(Q_2\left(\overline{Q_1Q_0}\right) + \overline{Q_2}Q_1Q_0\right) + D\left(Q_2\left(Q_1 + Q_0\right) + \overline{Q_2}\left(\overline{Q_1 + Q_0}\right)\right)$$

$$= \overline{D}\left(Q_2 \oplus \left(Q_1Q_0\right)\right) + D\left(\overline{Q_2 \oplus \left(Q_1 + Q_0\right)}\right)$$

考虑置数端 S 的作用得：

$$Q_2^* = S\left(\overline{D}\left(Q_2 \oplus \left(Q_1Q_0\right)\right) + D\left(\overline{Q_2 \oplus \left(Q_1 + Q_0\right)}\right)\right) + \overline{S}D_2$$

$$Y_2 = SQ_2 + \overline{S}D_2$$

通过 Q_1^* 的卡诺图可以得到 Q_1^* 的逻辑表达式：

$$Q_1^* = \overline{D}\left(\overline{Q_1}Q_0 + Q_1\overline{Q_0}\right) + D\left(\overline{Q_1}\,\overline{Q_0} + Q_1Q_0\right)$$

$$= \overline{D}\left(Q_1 \oplus Q_0\right) + D\left(\overline{Q_1 \oplus Q_0}\right)$$

$$= D \oplus \left(Q_1 \oplus Q_0\right)$$

考虑置数端 S 的作用得：

$$Q_1^* = S\left(D \oplus \left(Q_1 \oplus Q_0\right)\right) + \overline{S}D_1$$

$$Y_1 = SQ_1 + \overline{S}D_1$$

通过 Q_0^* 的卡诺图可以得到 Q_0^* 的逻辑表达式：

$$Q_0^* = \overline{Q_0}$$

考虑置数端 S 的作用得：

$$Q_0^* = S\overline{Q_0} + \overline{S}D_0$$

$$Y_0 = SQ_0 + \overline{S}D_0$$

根据输出标志 MAX/MIN（M）功能，可得到如下表达式：

$$M = S\overline{D}Y_3Y_2Y_1Y_0 + SD\overline{Y_3}\,\overline{Y_2}\,\overline{Y_1}\,\overline{Y_0} = S\left(\overline{D}Y_3Y_2Y_1Y_0 + D\overline{Y_3 + Y_2 + Y_1 + Y_0}\right)$$

根据行波时钟信号输出 $\overline{\text{RCO}}$（R）功能，可得到如下表达式：

$$R = \overline{\overline{\text{CLK}}M}$$

通过控制时钟信号来实现计数使能 $\overline{\text{CTEN}}$（C），CLK1 为状态触发器的时钟信号状态：

$$\text{CLK1} = \overline{C}\text{CLK}$$

这样，就得到该计数器所有的逻辑表达式：

$$Q_0^* = S\overline{Q_0} + \overline{S}D_0$$

$$Q_1^* = S\left(D \oplus \left(Q_1 \oplus Q_0\right)\right) + \overline{S}D_1$$

$$Q_2^* = S\left(\overline{D}\left(Q_2 \oplus \left(Q_1Q_0\right)\right) + D\left(\overline{Q_2 \oplus \left(Q_1 + Q_0\right)}\right)\right) + \overline{S}D_2$$

$$Q_3^* = \mathrm{S}\left(\overline{D}\left(Q_3 \oplus \left(Q_2Q_1Q_0\right)\right) + D\left(\overline{Q_3 \oplus \left(Q_2 + Q_1 + Q_0\right)}\right)\right) + \overline{S}D_3$$

$$Y_0 = SQ_0 + \overline{S}D_0$$

$$Y_1 = SQ_1 + \overline{S}D_1$$

$$Y_2 = SQ_2 + \overline{S}D_2$$

$$Y_3 = SQ_3 + \overline{S}D_3$$

$$M = S\left(\overline{D}Y_3Y_2Y_1Y_0 + D\overline{Y_3 + Y_2 + Y_1 + Y_0}\right)$$

$$R = \overline{\overline{\overline{\mathrm{CLK}}}M}$$

$$\mathrm{CLK1} = \overline{C}\mathrm{CLK}$$

通过这些逻辑表达式就能得到该计数器的逻辑图，如图 6-24 所示。在该逻辑图中，逻辑模块 A04 表示 $Y = AB + CD$，Y 为输出，A、B、C、D 为输入。

通过仿真得到如图 6-25 所示的波形，从波形图中可以看到计数器实现了以下功能。

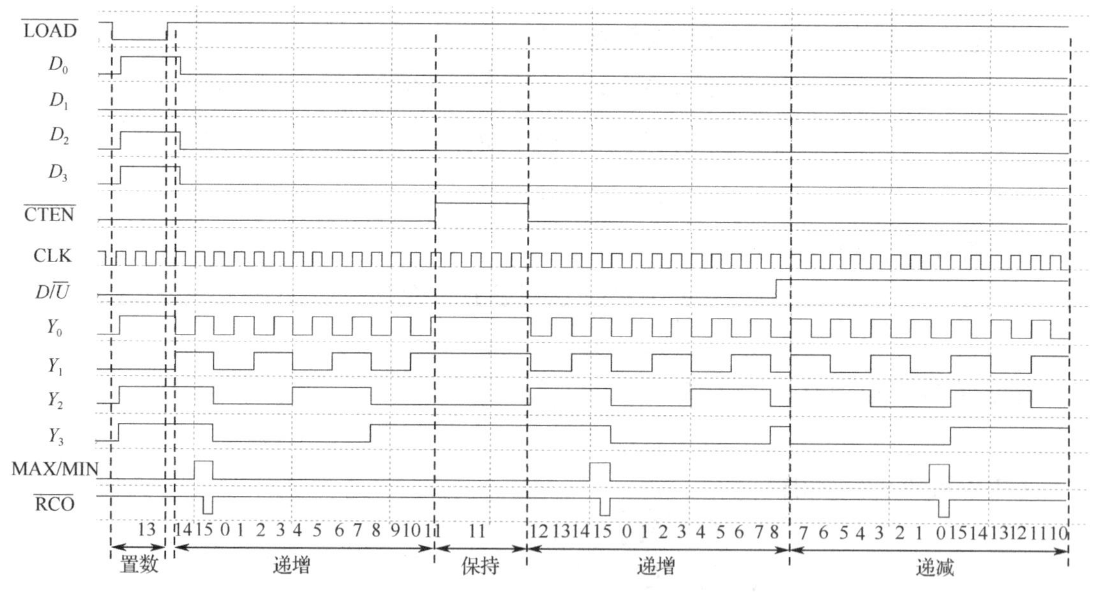

图 6-25　4 位递增/递减（可逆）二进制计数器波形

（1）在置数端有效（$\overline{\mathrm{LOAD}} = 0$）时，输出 13。

（2）当 $\overline{\mathrm{LOAD}} = 1$、$\overline{\mathrm{CTEN}} = 0$、$D/\overline{U} = 0$ 时，递增计数。

（3）当 $\overline{\mathrm{LOAD}} = 1$、$\overline{\mathrm{CTEN}} = 0$、$D/\overline{U} = 1$ 时，递减计数。

（4）当 $\overline{\mathrm{CTEN}} = 1$ 时，停止计数。

（5）递增计数至 15 时，或递减计数至 0 时，MAX/MIN=1。

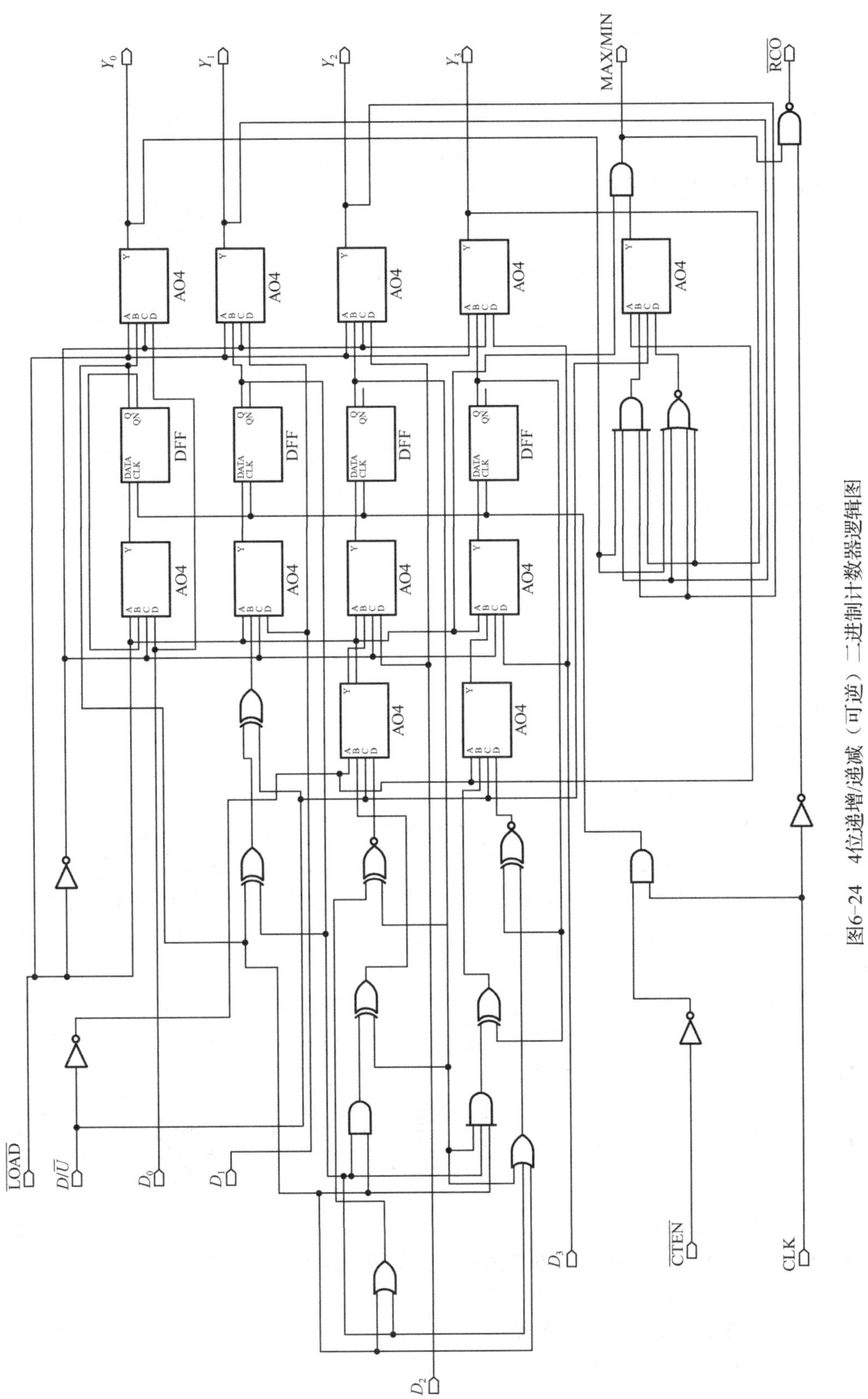

图6-24　4位递增/递减（可逆）二进制计数器逻辑图

（6）当 MAX/MIN=1、CLK = 0 时，$\overline{\text{RCO}} = 0$。

仿真结果表明该 4 位递增/递减（可逆）二进制计数器的所有功能正确，符合设计要求。

扫一扫看微课视频：555 定时器的基本介绍

扫一扫看微课视频：555 定时器主要功能与结构

6.2 数字集成电路的特性分析与测试

扫一扫看教学课件：NE555 集成电路的特性分析与测试（1）

扫一扫看教学课件：NE555 集成电路的特性分析与测试（2）

6.2.1 NE555 集成电路的特性分析与测试

1. NE555 集成电路的特性分析

NE555 是一种应用特别广泛的集成电路，在很多电子产品中都有应用。NE555 集成电路的作用是用内部的定时器来构成时基电路，给其他的电路提供时序脉冲。

NE555 集成电路的功能框图如图 6-26 所示，结构可分为分压器、比较器、RS 触发器、输出级、放电开关等部分。

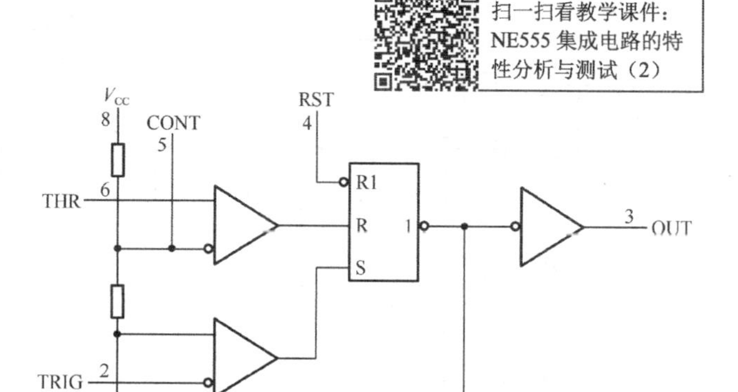

图 6-26　NE555 集成电路的功能框图

（1）分压器：通过 3 个 5 kΩ 电阻串联分压，将 $2V_{CC}/3$ 电压提供给上比较器反相输入端，将 $V_{CC}/3$ 电压提供给下比较器同相输入端。

（2）比较器：NE555 集成电路内部共有两个比较器，当集成电路接通电源时，上比较器反相输入端电压直接达到 $2V_{CC}/3$，下比较器同相输入端电压直接达到 $V_{CC}/3$，引脚 2（TRIG）是下比较器的反相输入端，引脚 6（THR）是上比较器的同相输入端。当比较器同相输入端电压高于反向输入端的时输出高电平，反向输入端电压高于同相输入端的时输出低电平。

（3）输出级：将 RS 触发器的输出电平经过一个反相器作为集成电路的输出。

（4）放电开关：将 RS 触发器的输出电平作为开关电平，控制 DISC 引脚（引脚 7）与地之间的导通开关。NE555 集成电路的具体功能如表 6-6 所示。

2. NE555 集成电路的测试

扫一扫看微课视频：555 定时器芯片的验证

扫一扫看 Multisim 虚拟仿真：555 定时器电路的功能测试

1）NE555 集成电路测试板分析

对照功能表 6-6 中的特性，把集成电路的引脚与测试板的相关引脚相连，如图 6-27 所示。集成电路的引脚连线情况如表 6-7 所示。在集成电路的 V_{CC} 与 DISC 端之间加了一个电阻，用于测试 DISC 端能否正常工作。当 DISC 端处于导通状态时，流过电阻的电流通过 DISC 端流入 GND，此时 DISC 端为低电平。当 DISC 端处于关闭状态时，DISC 端与 GND 之间不导通，此时 DISC 端为高电平。

表 6-6　NE555 集成电路的具体功能

引脚编号	引脚名称				
	RST 复位	TRIG 触发	THR 阈值	OUTPUT 输出	DISC 放电
1	低	无关	无关	低	导通
2	高	$<V_{CC}/3$	无关	高	关闭
3	高	$>V_{CC}/3$	$>2V_{CC}/3$	低	导通
4	高	$>V_{CC}/3$	$<2V_{CC}/3$	保持不变	

表 6-7　NE555 集成电路的引脚连线

集成电路引脚编号	集成电路引脚名称	测试板引脚名称
1	GND	GND
2	TRIG	PIN1
3	OUT	PIN3
4	RST	PIN4
5	CONT	—
6	THR	PIN6
7	DISC	PIN7
8	V_{CC}	FORCE1

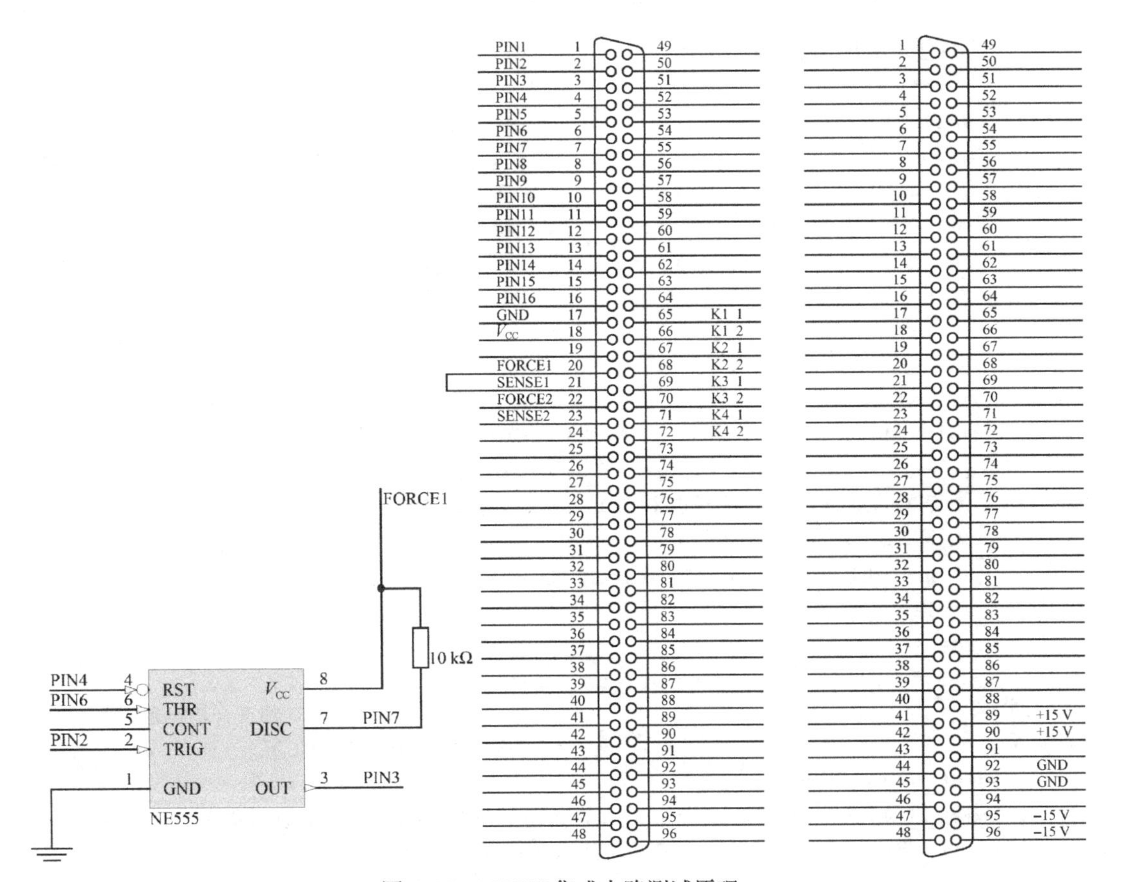

图 6-27　NE555 集成电路测试原理

2）NE555 集成电路开短路测试程序分析

```
//测试 PIN2、PIN3、PIN4 和 PIN6 的开短路特性
float V[17];      //定义一个浮点数数组，用于存放电压值
int i;            //定义一个整型变量 i，i 表示 PIN 脚，如 i=2，表示测试板上的引脚 PIN2
for(i=2;i<=6;i++)
 {
```

```
        if(i==5)
            continue;
        V[i-1]=_pmu_test_iv(i,2,-100,2);      //加电流，测电压，被测端流出 0.1 mA
                                              //电流，测到的电压存于 V[i-1]
        if(V[i-1]<-1.2||V[i-1]>-0.3)          //所测电压为-1.2 V～-0.3 V 为正常，
                                              //否则为错误
            Mprintf("\tPIN=%d\t,V=%2.2fv\t error\n",i,V[i-1]);
                                                          //显示：电压值 error
        else
            Mprintf("\tPIN=%d\t,V=%2.2fv\t pass\n",i,V[i-1]);
                                                          //显示：电压值 pass
    }
```

3）NE555 集成电路功能测试的测试程序分析

```
    //测试功能表中第 1 行的功能
    _reset();                           //测试机复位
    _wait(10);                          //等待 10 ms
    _on_vpt(1,3,5);                     //FORCE1 输出 5 V 电压，电流挡位为 3，为被测集
                                          成电路提供电源
    _set_logic_level(5,0,4,1.2);        //设置参考电压，依次为输入高低电平、输出高低电平
    _sel_drv_pin(2,4,6,0);              //设置驱动（输入）引脚，设置 PIN2（TRIG）、
                                        //PIN4（RST）、PIN6（THR）为输入端
        _sel_comp_pin(3,7,0);           //设置比较（输出）引脚，设置 PIN3（OUT）和
                                        //PIN7（DISC）为输出端
    _set_drvpin("L",4,0);               //在 PIN4（RST）端施加低电平
    _wait(5);                           //等待 5 ms
    if(_read_comppin("L",3,0) ||_read_comppin("L",7,0))
      //若 OUT 端（PIN3）为低电平，_read_comppin("L",3,0)函数返回值为 0，否则返回 1
      //若 DIS 端（PIN7）为低电平，_read_comppin("L",7,0)函数返回值为 0，否则返回 1
        Mprintf("\t\tVout=L DIS=on  test error\n");
                                        //RST=L 时，OUT 或 DIS 不符合功能表要求
    else
        Mprintf("\t\tVout=L DIS=on  test OK\n");
                                        //RST=L 时，OUT 和 DIS 都符合功能表要求
                                        //测试功能表中第 2 行的功能
    _set_drvpin("H",4,0);               //在 RST 端施加高电平
    _set_drvpin("L",2,6,0);             //在 TRIG 端和 THR 端施加低电平
    _wait(5);                           //等待 5 ms
    if(_read_comppin("H",3,0) ||_read_comppin("H",7,0))
      //若 OUT 端（PIN3）为高电平，_read_comppin("H",3,0)函数返回值为 0，否则返回 1
      //若 DIS 端（PIN7）为高电平，_read_comppin("H",7,0)函数返回值为 0，否则返回 1
        Mprintf("\t\tVout=H DIS=off  test error\n");
                            //当 RST=H、TRIG=L、THR=L 时，OUT 或 DIS 不否符合功能表要求
    else
        Mprintf("\t\tVout=H DIS=off  test OK\n");
                            //当 RST=H、TRIG=L、THR=L 时，OUT 和 DIS 都符合功能表要求
```

```
    _set_drvpin("H",6,0);            //在 THR 端施加高电平
    _wait(5);                        //等待 5 ms
    if(_read_comppin("H",3,0) ||_read_comppin("H",7,0))
     //若 OUT 端（PIN3）为高电平，_read_comppin("H",3,0)函数返回值为 0，否则返回 1
     //若 DIS 端（PIN7）为高电平，_read_comppin("H",7,0)函数返回值为 0，否则返回 1
       Mprintf("\t\tVout=H DIS=off  test error\n");
                  //当 RST=H、TRIG=L、THR=H 时,OUT 或 DIS 不否符合功能表要求
    else
       Mprintf("\t\tVout=H DIS=off  test OK\n");
                //当 RST=H、TRIG=L、THR=H 时，OUT 和 DIS 都符合功能表要求
                //测试功能表中第 3 行的功能
    _set_drvpin("H",2,0);                        //在 TRIG 端施加高电平
    _set_drvpin("H",6,0);                        //在 THR 端施加高电平
    _wait(5);                                    //等待 5 ms
    if(_read_comppin("L",3,0) ||_read_comppin("L",7,0))
       Mprintf("\t\tVout=L DIS=on  test error\n");
    else
       Mprintf("\t\tVout=L DIS=on  test OK\n");
                //当 RST=H、TRIG=H、THR=H 时，OUT 和 DISC 都符合功能表要求
                //测试功能表中第 4 行的功能
    _set_drvpin("H",2,0);                        //在 TRIG 端施加高电平
    _set_drvpin("L",6,0);                        //在 THR 端施加低电平
    _wait(5);                                    //等待 5 ms
    if(_read_comppin("L",3,0) ||_read_comppin("L",7,0))
       Mprintf("\t\tVout=L DIS=on  test error\n");
    else
       Mprintf("\t\tVout=L DIS=on  test OK\n");
                //RST=H、TRIG=H、THR=L 时，OUT 与 DISC 都保持不变
```

6.2.2 74LS191 集成电路的特性分析与测试

扫一扫看微课视频：555 定时器芯片的验证

1. 74LS191 集成电路的特性分析

扫一扫看教学课件：74LS191 集成电路的特性分析与测试（1）

扫一扫看教学课件：74LS191 集成电路的特性分析与测试（2）

74LS191 集成电路是一种 4 位二进制计数器，具备异步置数、同步递增/递减计数、保持、最大/最小计数值输出标志、行波时钟信号输出等功能。

2. 74LS191 集成电路的测试

扫一扫看微课视频：74LS191 芯片的功能验证

扫一扫看微课视频：555 定时器芯片的验证

1）74LS191 集成电路测试板分析

根据集成电路的功能，把集成电路的引脚与测试板的相关引脚相连，如图 6-28 所示。因为测试板上的引脚排列与图 6-27 中的情况相同，所以在其余的测试原理图中省略了测试板的引脚排列图。集成电路引脚的连线情况如表 6-8 所示。

2）74LS191 集成电路开短路测试程序分析

```
    // 测试 PIN1～PIN14 的开短路特性
    float V[17];      //定义一个浮点数数组用来存放电压值
```

```
int i;              //定义一个整型变量i，i表示PIN脚，如i=2表示测试板的引脚PIN2
_reset();           //复位
_wait(5);           //等待5 ms
Mprintf("\n.........Openshort test............\n");
for(i=1;i<15;i++)
{
   V[i-1]=_pmu_test_iv(i,2,-100,2);        //被测端流出100 μA电流，测电压并将
                                           //电压值储存在V[i-1]中
   if(V[i-1]<-1.2||V[i-1]>-0.3)            //判断被测端电压是否在正常范围内
      Mprintf("\tPIN=%d\t,V=%2.2fv\t error\n",i,V[i-1]);
                                           //显示电压值error，超过正常范围
   else
      Mprintf("\tPIN=%d\t,V=%2.2fv\t pass\n",i,V[i-1]);
                                           //显示电压值pass，在正常范围内
}
```

图6-28　74LS191集成电路测试原理

表6-8　74LS191集成电路引脚连线

集成电路引脚编号	集成电路引脚名称	测试板引脚名称
15	D_0	PIN1
1	D_1	PIN2
10	D_2	PIN3
9	D_3	PIN4
3	Y_0	PIN5
2	Y_1	PIN6
6	Y_2	PIN7
7	Y_3	PIN8
11	$\overline{LOAD}$	PIN9
4	$\overline{CTEN}$	PIN10
5	$D/\overline{U}$	PIN11
14	CLK	PIN12
13	$\overline{RCO}$	PIN13
12	MAX/MIN	PIN14
16	V_{CC}	FORCE1
8	GND	GND

3）74LS191集成电路功能测试程序分析

```
//置数功测试
int i;
Mprintf("............Function test............\n");
_reset();                        //复位
_wait(10);                       //等待10 ms
_on_vpt(1,2,5);        //FORCE1输出5 V电压，电流挡位为2，为被测集成电路提供电源
_set_logic_level(5,0,4,1); //设置参考电压，依次为输入高低电平，输出高低电平
_sel_drv_pin(9,10,11,12,1,2,3,4,0);       //设置驱动（输入）引脚
_sel_comp_pin(5,6,7,8,0);                 //设置比较（输出）引脚
```

```
    _set_drvpin("H",1,0);              //PIN1 (D0) 施加高电平
    _set_drvpin("L",2,3,4,0);          //PIN2 (D1)、PIN3 (D2)、PIN4 (D3) 施加低电平
                                       //数据输入端为 0001
    _set_drvpin("L",10,11,12,0);       //PIN10 (CTEN)、PIN11 (D/U)、PIN12 (CLK)
                                       //施加低电平
    _set_drvpin("L",9,0);              //PIN9 (LOAD) 脚设施加低电平，使计数器置数
    _wait(5);                          //等待 5 ms
    for(i=8;i>=5;i--)
        Mprintf("%2.2fv ",_read_pin_voltage(i,2));
        //将输出端 Y3、Y2、Y1、Y0 的电压值依次打印出来，输出电压值依次为低、低、低、高
    Mprintf("\n");
    //递增功能的测试
    _set_drvpin("H",9,0);              //PIN9(LOAD)施加高电平，置数端无效
    _wait(5);                          //等待 5 ms
    _set_drvpin("H",12,0);             //PIN12(CLK)高电平，模拟一个上升沿
    _wait(5);                          //等待 5 ms
    for(i=8;i>=5;i--)
        Mprintf("%2.2fv ",_read_pin_voltage(i,2));
                //将输出端的电压值依次打印出来，输出电压值依次为低、低、高、低
    Mprintf("\n");
    //递减功能的测试
    _set_drvpin("H",11,0);             //PIN11 (D/U) 施加高电平，递减计数
    _set_drvpin("L",12,0);             //PIN12 (CLK) 施加低电平
    _wait(5);                          //等待 5 ms
    _set_drvpin("H",12,0);             //PIN12 (CLK) 高电平，模拟一个上升沿
    _wait(5);                          //等待 5 ms
    for(i=8;i>=5;i--)
        Mprintf("%2.2fv ",_read_pin_voltage(i,2));
                //将输出端的电压值依次打印出来，输出电压值依次为低、低、低、高
    Mprintf("\n");
    //保持功能的测试
    _set_drvpin("H",10,0);             //PIN10 (CTEN) 施加高电平
    _set_drvpin("L",12,0);             //PIN12 (CLK) 施加低电平
    _wait(5);                          //等待 5 ms
    _set_drvpin("H",12,0);             //PIN12 (CLK) 施加高电平，模拟一个上升沿
    _wait(5);                          //等待 5 ms
    for(i=8;i>=5;i--)
        Mprintf("%2.2fv ",_read_pin_voltage(i,2));
                //将输出端的电压值依次打印出来，输出电压值依次为低、低、低、高
    Mprintf("\n");
```

6.2.3　74LS151 集成电路的特性分析与测试

扫一扫看微课视频：74LS151 芯片介绍

1. 74LS151 集成电路的特性分析

扫一扫看教学课件：74LS151 集成电路的特性分析与测试（1）

扫一扫看教学课件：74LS151 集成电路的特性分析与测试（2）

74LS151 集成电路为互补输出的 8 选 1 数据选择器，功能如表 6-9 所示。选择控制端（地址端）为 S2、S1、S0，按二进制译码，从 8 个输入数据 I0～I7 中，选择一个需要的数据送到输出端 Z，$\overline{E}$ 为使能端，低电平有效。当 $\overline{E}=0$ 、$S2$=0、$S1$=0、$S0$=0 时，Z=I0；当 $\overline{E}=0$ 、$S2$=0、$S1$=0、$S0$=1 时，Z=I1。

表 6-9　74LS151 集成电路的功能

引脚编号 \ 引脚名称	$\overline{E}$	S2	S1	S0	I0	I1	I2	I3	I4	I5	I6	I7	$\overline{Z}$	Z
1	H	×	×	×	×	×	×	×	×	×	×	×	H	L
2	L	L	L	L	L	×	×	×	×	×	×	×	H	L
3	L	L	L	L	H	×	×	×	×	×	×	×	L	H
4	L	L	L	H	×	L	×	×	×	×	×	×	H	L
5	L	L	L	H	×	H	×	×	×	×	×	×	L	H
6	L	L	H	L	×	×	L	×	×	×	×	×	H	L
7	L	L	H	L	×	×	H	×	×	×	×	×	L	H
8	L	L	H	H	×	×	×	L	×	×	×	×	H	L
9	L	L	H	H	×	×	×	H	×	×	×	×	L	H
10	L	H	L	L	×	×	×	×	L	×	×	×	H	L
11	L	H	L	L	×	×	×	×	H	×	×	×	L	H
12	L	H	L	H	×	×	×	×	×	L	×	×	H	L
13	L	H	L	H	×	×	×	×	×	H	×	×	L	H
14	L	H	H	L	×	×	×	×	×	×	L	×	H	L
15	L	H	H	L	×	×	×	×	×	×	H	×	L	H
16	L	H	H	H	×	×	×	×	×	×	×	L	H	L
17	L	H	H	H	×	×	×	×	×	×	×	H	L	H

2. 74LS151 集成电路的测试

扫一扫看 Multisim 虚拟仿真：基于 74LS151 的三人投票表决电路

扫一扫看微课视频：74LS151 的测试

1）74LS151 集成电路的测试板分析

根据集成电路的功能，把集成电路的引脚与测试板的相关引脚相连，如图 6-29 所示。集成电路的引脚的连线情况如表 6-10 所示。为了方便测试板连线，集成电路的引脚 1～7 分别与测试板的引脚 PIN1～PIN7 相连，集成电路的引脚 9～15 分别与测试板的引脚 PIN9～PIN15 相连。集成电路的引脚 8、引脚 16 分别与测试板的 GND、V_{CC} 相连。

表 6-10　74LS151 集成电路的引脚连线

集成电路的引脚编号	集成电路的引脚名称	测试板引脚名称
1	I3	PIN1
2	I2	PIN2
3	I1	PIN3
4	I0	PIN4
5	Z	PIN5
6	$\overline{Z}$	PIN6
7	$\overline{E}$	PIN7
8	GND	GND
9	S2	PIN9
10	S1	PIN10
11	S0	PIN11
12	I7	PIN12
13	I6	PIN13
14	I5	PIN14
15	I4	PIN15
16	V_{CC}	V_{CC}

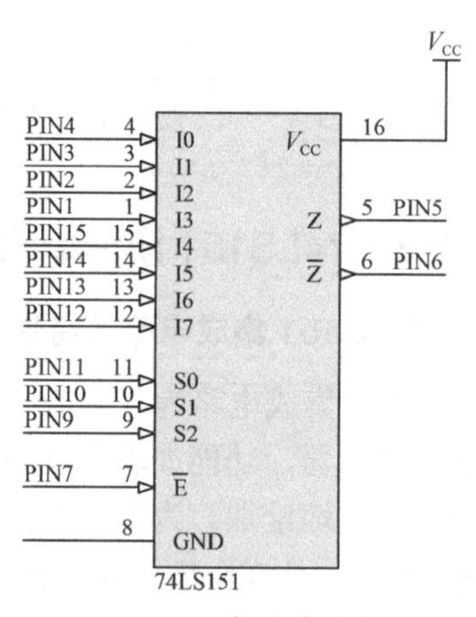

图 6-29　74LS151 集成电路的测试原理

2）74LS151 集成电路的直流参数测试程序分析

```
float i;                        //定义一个实型变量，用于存放所测电流值或电压值
_reset();
_wait(50);
_set_logic_level(5,0,4,1); //设置参考电压，依次为输入高低电平，输出高低电平
_sel_drv_pin(1,2,3,4,7,9,10,11,12,13,14,15,0); //设置驱动（输入）引脚
_sel_comp_pin(5,6,0);                          //设置比较（输出）引脚
i=_pmu_test_vi(4,2,2,0,2); //PIN4 (I0) 由通道 2（电流挡位为 2）施加 0 V 电压，
                           //测电流
Mprintf("I0_IIL=%5.3fuA\n",i);      //显示 I0 端的输入低电平电流 IIL
i=_pmu_test_vi(4,2,2,5,2);          //PIN4 (I0)由通道 2（电流挡位为 2）施加 5 V
                                    //电压，测电流
Mprintf("I0_IIH=%5.3fuA\n",i);      //显示 I0 端的输入高电平电流 IIH
i=_pmu_test_vi(11,2,2,5,2);         //PIN11 (S0) 由通道 2（电流挡位为 2）施加
                                    //5 V 电压，测电流
Mprintf("S0_IIH=%5.3fuA\n",i);      //显示 S0 端的输入高电平电流 IIH
i=_pmu_test_vi(11,2,2,0,2);         //PIN11 (S0) 由通道 2（电流挡位为 2）施加
                                    //0 V 电压，测电流
Mprintf("S0_IIL=%5.3fA\n",i);       //显示 S0 端的输入低电平电流 IIL
_set_drvpin("L",4,7,9,10,11,0);
                    //I0、E、S0、S1、S2 端施加低电平，此时 Z=I0，即 Z 端输出低电平
i=_pmu_test_iv(5,2,0,2);    //PIN5 由通道 2 施加 0 μA 电流，测电压
Mprintf("VOL=%5.3fV\n",i);  //显示 Z 端的输出低电平 VOL
                            //施加 0 μA 电流，相当于输出端不加负载
                            //若要考虑带负载，在输出低电平的情况下，施加正电流
                            //施加正电流后，VOL 的电压值会增加
_set_drvpin("H",4,0)        //I0 端施加高电平，此时 Z=I0，即 Z 端输出高电平
i=_pmu_test_iv(5,2,0,2);    //PIN5 由通道 2 施加 0 μA 电流，测电压
Mprintf("VOH=%5.3fV\n",i);  //显示 Z 端的输出高电平 VOH
                            //施加 0 μA 电流，相当于输出端不加负载
                            //若要考虑带负载，在输出高电平的情况下，施加负电流
                            //施加负电流后，VOH 的电压值会减小

_wait(50);
_reset();
_wait(10);
```

3）74LS151 集成电路的功能测试程序分析

```
float V,V0;
_reset();
_wait(50);
_set_logic_level(5,0,4,1); //设置参考电压，依次为输入高低电平，输出高低电平
_sel_drv_pin(1,2,3,4,7,9,10,11,12,13,14,15,0); //设置驱动（输入）引脚
_sel_comp_pin(5,6,0);                          //设置比较（输出）引脚
//测试功能表第 1 行的功能
_set_drvpin("H",7,0);                          //PIN7（E̅）施加高电平
```

```
V=_pmu_test_iv(5,2,0,2);         //PIN5（Z）由电源通道2施加0 μA电流，测电压，
                                 //并赋值给V
V0=_pmu_test_iv(6,2,0,2);        //PIN6（Z̄）由电源通道2施加0 μA电流，测电压，
                                 //并赋值给V0
Mprintf("Z=%5.3fV    Z!=%5.3V\n",V,V0); //显示Z和Z̄端的电压
//测试功能表第2行的功能
_set_drvpin("L",7,0);                          //PIN7（Ē）施加低电平
_set_drvpin("L",4,9,10,11,0);
              //PIN4（I0）、PIN9（S2）、PIN10（S1）、PIN11（S0）施加低电平
V=_pmu_test_iv(5,2,0,2);         //PIN5（Z）由电源通道2施加0 μA电流，测电压，
                                 //并赋值给V
V0=_pmu_test_iv(6,2,0,2);        //PIN6（Z̄）由电源通道2施加0 μA电流，测电压，
                                 //并赋值给V0
Mprintf("Z=%5.3fV    Z!=%5.3V\n",V,V0); //显示Z和Z̄端的电压
//测试功能表第3行的功能
_set_drvpin("H",4,0);            //PIN4（I0）施加高电平
V=_pmu_test_iv(5,2,0,2);         //PIN5（Z）由电源通道2施加0 μA电流，测电压，
                                 //并赋值给V
V0=_pmu_test_iv(6,2,0,2);        //PIN6（Z̄）由电源通道2施加0电流，测电压，
                                 //并赋值给V0
Mprintf("Z=%5.3fV    Z!=%5.3V\n",V,V0); //显示Z和Z̄端的电压
//测试功能表第4行的功能
_set_drvpin("H",11,0);           //PIN11（S0）施加高电平
_set_drvpin("L",3,9,10,0);       //PIN3（I1）、PIN9（S2）、PIN10（S1）
                                 //施加低电平
V=_pmu_test_iv(5,2,0,2);         //PIN5（Z）由电源通道2施加0 μA电流，测电压，
                                 //并赋值给V
V0=_pmu_test_iv(6,2,0,2);        //PIN6（Z̄）由电源通道2施加0 μA电流，测电压，
                                 //并赋值给V0
Mprintf("Z=%5.3fV    Z!=%5.3V\n",V,V0); //显示Z和Z̄端的电压
//测试功能表第5行的功能
_set_drvpin("H",3,0);            //PIN3（I1）施加高电平
V=_pmu_test_iv(5,2,0,2);         //PIN5（Z）由电源通道2施加0 μA电流，测电压，
                                 //并赋值给V
V0=_pmu_test_iv(6,2,0,2);        //PIN6（Z̄）由电源通道2施加0 μA电流，测电压，
                                 //并赋值给V0
Mprintf("Z=%5.3fV    Z!=%5.3V\n",V,V0); //显示Z和Z̄端的电压
_reset();
wait(10);
```

6.2.4 74HC158 集成电路的特性分析与测试

扫一扫看教学课件：74HC158集成电路的特性分析与测试（1）

扫一扫看教学课件：74HC158集成电路的特性分析与测试（2）

1. 74HC158 集成电路的特性分析

74HC 系列集成电路是高速 CMOS 器件，与 TTL（LSTTL）兼容。74HC158 集成电路由 4 个完全相同的 2 选 1 数据选择器构成。它有 1 个公共数据选择地址输入端 SEL，1 个控制输入端 $\overline{OE}$，每个 2

选 1 数据选择器有 2 个数据输入端、一个数据输出端。数据输出端以所选数据的反相形式输出。当控制输入端 $\overline{OE}$ 为低电平，4 个数据选择器能正常工作。当 $\overline{OE}$ 为高电平时，所有输出端（$\overline{Y}1$～$\overline{Y}4$）都被强制输出为高电平，而与其他所有输入条件无关。表 6-11 是它的功能表。

表 6-11　74HC158 集成电路功能

引脚编号	引脚名称													
	$\overline{OE}$	SEL	A0	B0	A1	B1	A2	B2	A3	B3	$\overline{Y}0$	$\overline{Y}1$	$\overline{Y}2$	$\overline{Y}3$
1	H	×	×	×	×	×	×	×	×	×	H	H	H	H
2	L	L	L	×	L	×	L	×	L	×	H	H	H	H
3	L	L	H	×	H	×	H	×	H	×	L	L	L	L
4	L	H	×	L	×	L	×	L	×	L	H	H	H	H
5	L	H	×	H	×	H	×	H	X	H	L	L	L	L

2. 74HC158 集成电路的测试

扫一扫看微课视频：74HC158 芯片介绍

扫一扫看微课视频：74HC158 芯片测试

1）74HC158 集成电路测试板分析

根据集成电路功能，把集成电路的引脚与测试板的相关引脚相连，如图 6-30 所示。芯片引脚的连线情况如表 6-12 所示。集成电路的引脚 1～7 分别与测试板的引脚 PIN1～PIN7 相连，集成电路的引脚 9～15 分别与测试板的引脚 PIN9～PIN15 相连。集成电路的引脚 8、引脚 16 分别与测试板的 GND、FORCE1 相连。

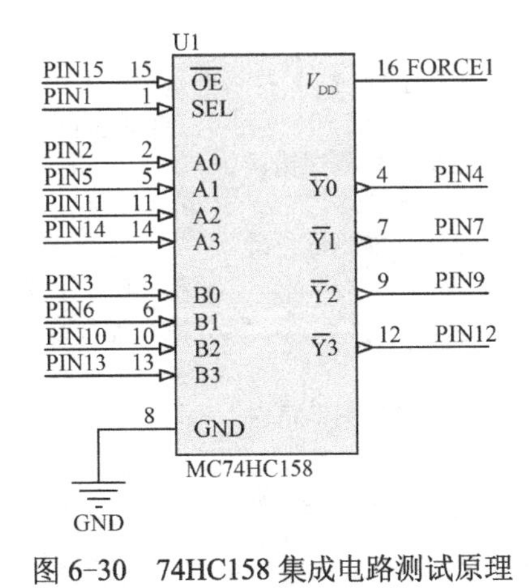

图 6-30　74HC158 集成电路测试原理

表 6-12　74HC158 集成电路引脚连线

集成电路引脚编号	集成电路引脚名称	测试板引脚名称
1	SEL	PIN1
2	A0	PIN2
3	B0	PIN3
4	$\overline{Y}0$	PIN4
5	A1	PIN5
6	B1	PIN6
7	$\overline{Y}1$	PIN7
8	GND	GND
9	$\overline{Y}2$	PIN9
10	B2	PIN10
11	A2	PIN11
12	$\overline{Y}3$	PIN12
13	B3	PIN13
14	A3	PIN14
15	$\overline{OE}$	PIN15
16	V_{DD}	FORCE1

2）74HC158 集成电路开短路测试程序分析

```
//测试集成电路引脚 1～7、9～15 的开短路特性
float V[17];      //定义一个浮点数数组用来存放电压值
```

```
int i;             //定义一个整型变量i，i表示PIN脚，如i=2表示测试板引脚PIN2
_reset();                                        //复位
_wait(5);                                        //等待5ms
Mprintf("\n.........Openshort test............\n");
for(i=1;i<15;i++)
{
   if (i==8)
      continue;                                  //跳过PIN8
   V[i-1]=_pmu_test_iv(i,2,-100,2);              //被测端流出100 μA电流，测电压并将
                                                 //电压值储存在V[i-1]中
   if(V[i-1]<-1.2||V[i-1]>-0.3)                  //判断被测端电压是否在正常范围
      Mprintf("\tPIN=%d\t,V=%2.2fv\t error\n",i,V[i-1]);
                                                 //显示电压值error，超过正常范围
   else
      Mprintf("\tPIN=%d\t,V=%2.2fv\t pass\n",i,V[i-1]);
                                                 //显示电压值pass，在正常范围内
}
```

3）74HC158集成电路功能测试程序分析

```
//测试功能表中第1行的功能
Mprintf("............Function test............\n");
_reset();              //复位
_wait(10);             //等待10 ms
_on_vpt(1,2,5);        //FORCE1输出5 V电压，电流挡位为2，为集成电路工作提供电压
_set_logic_level(5,0,4.5,1);//设置参考电压，依次为输入高低电平，输出高低电平
_sel_drv_pin(1,2,3,5,6,10,11,13,14,15,0);        //设置驱动（输入）引脚
_sel_comp_pin(4,7,9,12,0);                        //设置比较（输出）引脚
_set_drvpin("H",15,0);                         //在IN15（OE）输入端施加高电平
_set_drvpin("L",1,2,3,5,6,10,11,13,14,0);//将除PIN15外所有输入端施加低电平
_wait(5);                                      //等待5 ms
if(_read_comppin("H",4,7,9,12,0))
   //判断PIN4（Y0）、PIN7（Y1）、PIN9（Y2）、PIN12（Y3）是否都是高电平
   //如果都是高电平，函数_read_comppin("H",4,7,9,12,0)返回0，否则返回1
   Mprintf("\n\t\t  H  test error\n"); //显示功能测试错误
else
   Mprintf("\n\t\t  H  test OK\n");      //显示功能测试正确
//测试功能表中第2行的功能
_set_drvpin("L",15,0);                         //在PIN15（OE）输入端施加低电平
if(_read_comppin("H",4,7,9,12,0) )
   Mprintf("\n\t\t  H  test error\n"); //显示功能测试错误
else
   Mprintf("\n\t\t  H  test OK\n");      //显示功能测试正确
//测试功能表中第3行的功能
_set_drvpin("H",2,5,11,14,0);
      // 在PIN2（A0）、PIN5（A1）、PIN11（A2）、PIN14（A3）输入端施加高电平
if(_read_comppin("L",4,7,9,12,0) )
      //判断PIN4（Y0）、PIN7（Y1）、PIN9（Y2）、PIN12（Y3）是否都是低电平
      //如果都是低电平，函数_read_comppin("H",4,7,9,12,0)返回0，否则返回1
```

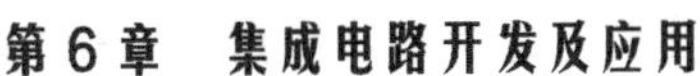

```
        Mprintf("\n\t\t  L  test error\n");       //显示功能测试错误
    else
        Mprintf("\n\t\t  L  test OK\n");          //显示功能测试正确
    //测试功能表中第 4 行的功能
    _set_drvpin("H",1,0);                         //在 PIN1 (SEL) 输入端施加高电平
    if(_read_comppin("H",4,7,9,12,0) )
        Mprintf("\n\t\t  H  test error\n");       //显示功能测试错误
    else
        Mprintf("\n\t\t  H  test OK\n");          //显示功能测试正确
    //测试功能表中第 5 行的功能
    _set_drvpin("H",3,6,10,13,0);
            //在 PIN3 (B0)、PIN5 (B1)、PIN10 (B2)、PIN13 (B3) 输入端施加高电平
    if(_read_comppin("L",4,7,9,12,0) )
        Mprintf("\n\t\t  L  test error\n");       //显示功能测试错误
    else
        Mprintf("\n\t\t  L  test OK\n");          //显示功能测试正确
```

扫一扫看微课视频：LM324 芯片的介绍

6.3　模拟集成电路的特性分析与测试

6.3.1　LM324 集成电路的特性分析

扫一扫看教学课件：模拟集成电路的特性分析与测试（1）

扫一扫看教学课件：模拟集成电路的特性分析与测试（2）

扫一扫看 Multisim 虚拟仿真：LM324 反相比例放大电路

LM324 集成电路由 4 个独立运放构成。可在单电源或双电源条件下工作，单电源的电压范围是 3.0～32 V，双电源的电压范围是±1.5～±16 V。LM324 集成电路的应用领域广泛，使用单电源运放电路就能实现许多传统的放大电路的功能。

6.3.2　LM324 集成电路的应用与测试

1. LM324 减法电路的设计

扫一扫看 Multisim 虚拟仿真：LM324 同相比例放大电路

使用 LM324 和其他元器件设计一个由两级运放组成的高输入电阻的减法电路，且输出与输入之间满足 $u_o=3u_{i1}-4u_{i2}$ 的关系，u_o 为输出端的电压，u_{i1}、u_{i2} 为输入端的电压，u_{i1}=3 V、u_{i2}=2 V，并测试和验证该减法电路的特性。

因为要求输入端具备高阻特性，所以应采用同相输入电路，即 u_{i1}、u_{i2} 应加在两个运放的同相输入端，其电路原理如图 6-31 所示。根据输出与输入之间满足 $u_o=3u_{i1}-4u_{i2}$ 的关系，u_{i1} 作为第二级的同相输入信号，u_{i2} 作为第一级的同相输入信号，该信号被放大后，输出信号 u_{o1} 作为第二级的反相输入

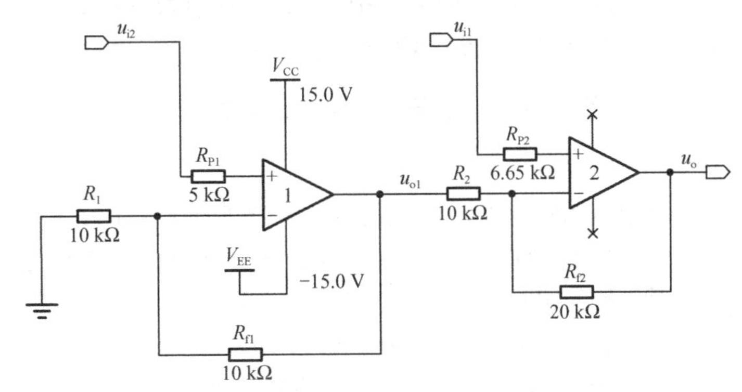

图 6-31　双运放高输入电阻减法电路原理

信号。

第一级同相比例电路输出电压为：

$$u_{o1}=\left(1+\frac{R_{f1}}{R_2}\right)u_{i2}$$

根据叠加定理，第二级输出电压为：

$$u_o=\left(1+\frac{R_{f2}}{R_2}\right)u_{i2}-\frac{R_{f2}}{R_2}u_{o1}=\left(1+\frac{R_{f2}}{R_2}\right)u_{i1}-\frac{R_{f2}}{R_2}\left(1+\frac{R_{f1}}{R_1}\right)u_{i2}$$

$$1+\frac{R_{f2}}{R_2}=3$$

从而得出：

$$\frac{R_{f2}}{R_2}\left(1+\frac{R_{f1}}{R_1}\right)=4$$

得到当 $R_{f2}=2R_2$、$R_{f1}=R_1$ 时，$u_o=3u_{i1}-4u_{i2}$。

在测试电路中设定 $R_{f2}=20\,\mathrm{k\Omega}$、$R_2=10\,\mathrm{k\Omega}$、$R_{f1}=10\,\mathrm{k\Omega}$、$R_1=10\,\mathrm{k\Omega}$，从而得到双运放、高输入电阻减法电路的测试电路原理，如图 6-32 所示。通过电阻分压可以得到 u_{i1}=3 V、u_{i2}=2 V。

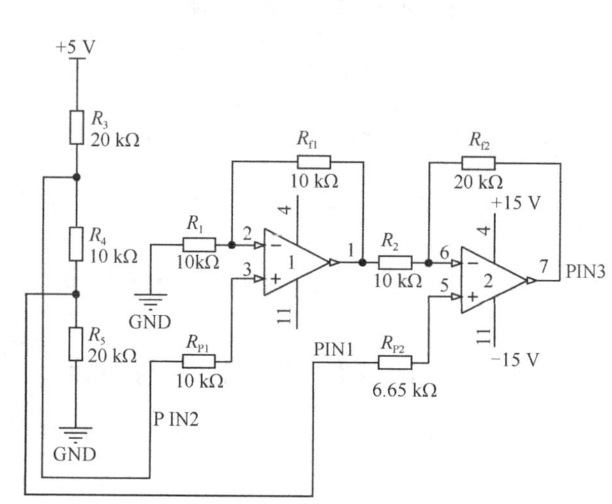

图 6-32　双运放高输入电阻减法电路测试电路原理

2. LM324 减法电路功能测试程序

```
Mprintf("ui1=%2.2f\n", _pmu_test_iv(1,2,0,2)); //显示 PIN1 的电压（ui1）
Mprintf("ui2=%2.2f\n", _pmu_test_iv(2,2,0,2)); //显示 PIN2 的电压（ui2）
Mprintf("uo=%2.2f\n", _pmu_test_iv(3,2,0,2));  //显示 PIN3 的电压（uo）
```

典型案例 7　电子铃声电路的设计

扫一扫看教学课件：电子铃声电路的设计（2）

在前面学习了计数器电路的设计方法以及几种集成电路的特性和测试方法。下面应用这些集成电路来设计电子铃声电路。

1. 声音的特性与电子铃声电路设计思路

扫一扫看微课视频：电子铃声电路介绍

1）声音

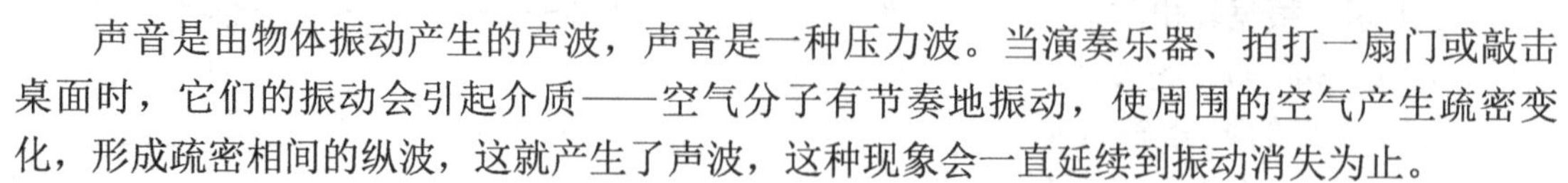

声音是由物体振动产生的声波，声音是一种压力波。当演奏乐器、拍打一扇门或敲击桌面时，它们的振动会引起介质——空气分子有节奏地振动，使周围的空气产生疏密变化，形成疏密相间的纵波，这就产生了声波，这种现象会一直延续到振动消失为止。

声音作为波的一种，频率和振幅就成了描述波的重要属性，频率的大小与日常所说的音调高低对应，而振幅影响声音的大小。声音可以被分解为不同频率、不同振幅的正弦波的叠加。

2）声音的特性

响度：人主观上感觉声音的大小（俗称音量），由振幅和人离声源的距离决定，振幅越大响度越大，人和声源的距离越小，响度越大。

音调：声音的高低（高音、低音），由频率决定，频率越高音调越高，频率的单位为 Hz，人耳的听觉范围为 20～20 000 Hz。20 Hz 以下的声波称为次声波，20 000 Hz 以上的声波称为超声波。音乐中的每个音符对应一个频率的声波。

音色：又称音质，波形决定了声音的音色。声音因不同物体材料的特性而具有不同的音色，音色本身是一个抽象的概念，但波形是这个抽象概念的直观表现。音色不同时，波形则不同。典型的音色波形有方波、锯齿波、正弦波、脉冲波等，不同音色通过波形是完全可以分辨的。

3）电子铃声的节拍与音符

本应用电路中的电子铃声，共有 16 个节拍、4 种音符（对应于 4 个频率的声波），如表 6-13 所示。

表 6-13　电子铃声的节拍、音符、频率

节拍	0	1	2	3	4	5	6	7	8	9	10	11	12	13	14	15
音符（D 调）	$\dot{3}$	$\dot{1}$	$\dot{2}$	5	0	5	$\dot{2}$	$\dot{3}$	$\dot{1}$	0	5	0	5	0	5	0
频率/Hz	740	587	659	440	—	440	659	740	587	—	440	—	440	—	440	—

4）电子铃声电路设计思路

使用 NE555 集成电路产生 4 个音符频率（740 Hz、587 Hz、659 Hz、440 Hz）和一个控制时钟频率（0.2～1 Hz）的信号，使用一块 74LS191 集成电路、一块 74HC158 集成电路和两块 74LS151 集成电路组合成一个有序的 16 选 1 的控制电路。16 个音符信号按照一定的节奏顺序输出到音频放大电路，就可以作为电子铃声播放了。可以用双极型晶体管构成单管放大电路，也可以用集成运放构成放大电路，作为音频放大电路。

2. 音符频率和节拍频率生成电路设计

扫一扫看微课视频：铃声固定频率和节拍频率，控制和音频放大

1）频率的生成

在本应用电路的设计中，NE555 定时器采用无稳态工作模式。无稳态振荡电路亦称自激多谐振荡器。其生成的脉冲具有高、低两种状态并交替转换，即只有两个暂稳态。该电路中需要 4 个固定频率的脉冲信号用于生成不同音符的音乐和一个可调频率的脉冲信号用于控制音乐的节拍。实际电路采用的典型电路如图 6-33 所示。

正脉冲宽度：$t_H = 0.693(R_A + R_B)C$。

负脉冲宽度：$t_L = 0.693 R_B C$。

周期：$T = 0.693(R_A + 2R_B)C$。

频率：$f \approx \dfrac{1.44}{(R_A + 2R_B)C}$。

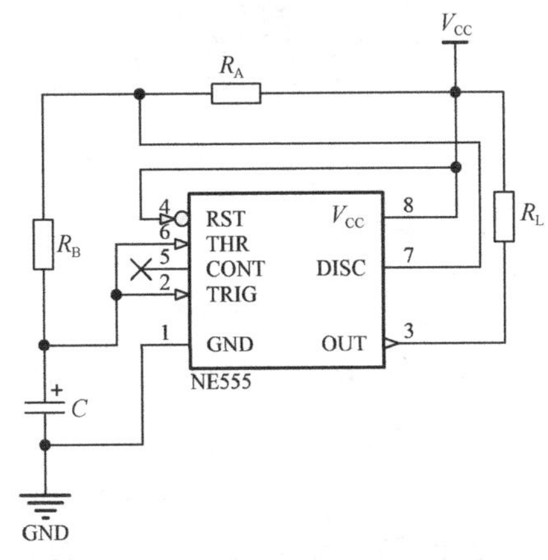

图 6-33　NE555 无稳态振荡电路

正占空比：$+\text{Duty}=\dfrac{t_{\text{H}}}{t_{\text{L}}+t_{\text{H}}}=1-\dfrac{R_{\text{B}}}{R_{\text{A}}+2R_{\text{B}}}$。

2）音符频率信号生成电路

在音符频率信号生成电路中，电容选用容量为 0.01 μF 的，R_{A} 选用阻值为 1 kΩ 的电阻，使占空比接近 50%。如果 R_{A} 太小时电路将不能正常工作。根据频率计算公式 $f\approx\dfrac{1.44}{(R_{\text{A}}+2R_{\text{B}})C}$，对应不同的音符计算得到 R_{B} 的阻值如下。

音符 $\dot{3}$：f=740 Hz，R_{B}=96.79 kΩ。

音符 $\dot{2}$：f=659 Hz，R_{B}=108.75 kΩ。

音符 $\dot{1}$：f=587 Hz，R_{B}=122.15 kΩ。

音符 5：f=440 Hz，R_{B}=163.14 kΩ。

这 4 个音符频率信号的生成电路分别如图 6-34、图 6-35、图 6-36、图 6-37 所示。

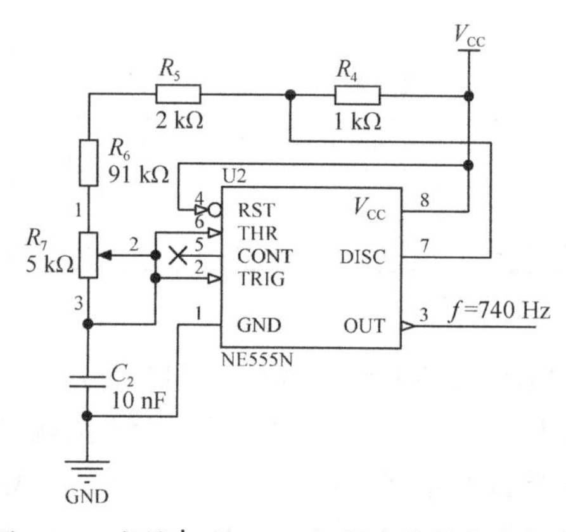

图 6-34 音符 $\dot{3}$（740 Hz）频率信号生成电路

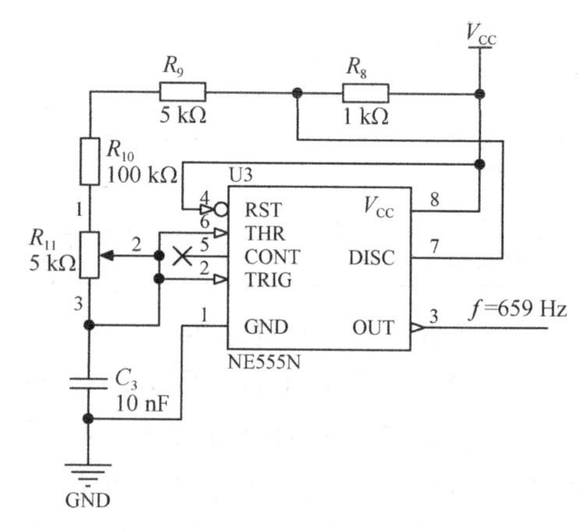

图 6-35 音符 $\dot{2}$（659 Hz）频率信号生成电路

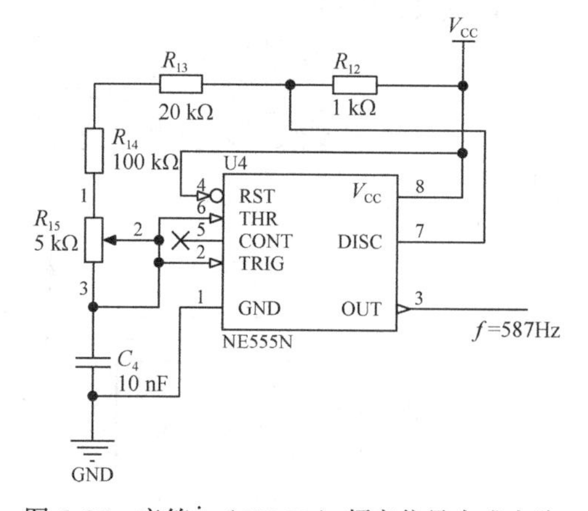

图 6-36 音符 $\dot{1}$（587 Hz）频率信号生成电路

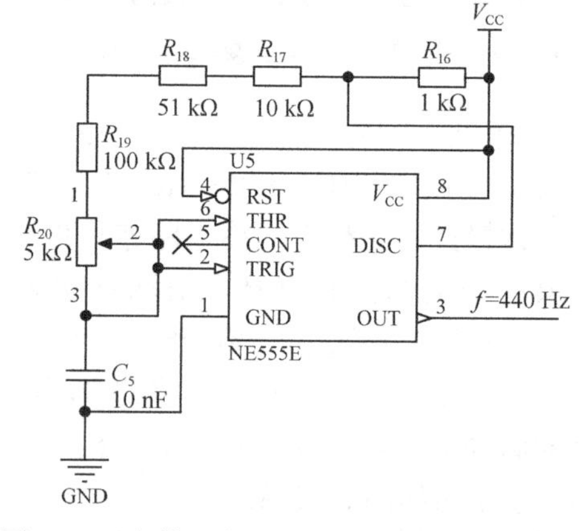

图 6-37 音符 5（440 Hz）频率信号生成电路

3）节拍频率信号生成电路

节拍频率信号（时钟控制）为 0.2～1 Hz 可调的，所以 R_{B} 为可调电阻。电容选用容量为 33 μF 的，R_{A} 选用阻值为 1 kΩ 的。根据频率可求出电阻的范围为 21.31～108.6 kΩ，实际电路中采用可调电阻和固定电阻组合使用，如图 6-38 所示。

3. 控制和音频放大电路的设计

采用一块 74LS191、一块 74HC158 和两块 74LS151 组合成一个有序的 16 选 1 的控制电路，如图 6-39～图 6-42 所示。表 6-13 中第 0 个节拍至第 15 个节拍的音符分别与集成电路 U7 的 I0～I7、U8 的 I0～I7 相连接。当电路正常工作时，循环发出这些音符的音乐。

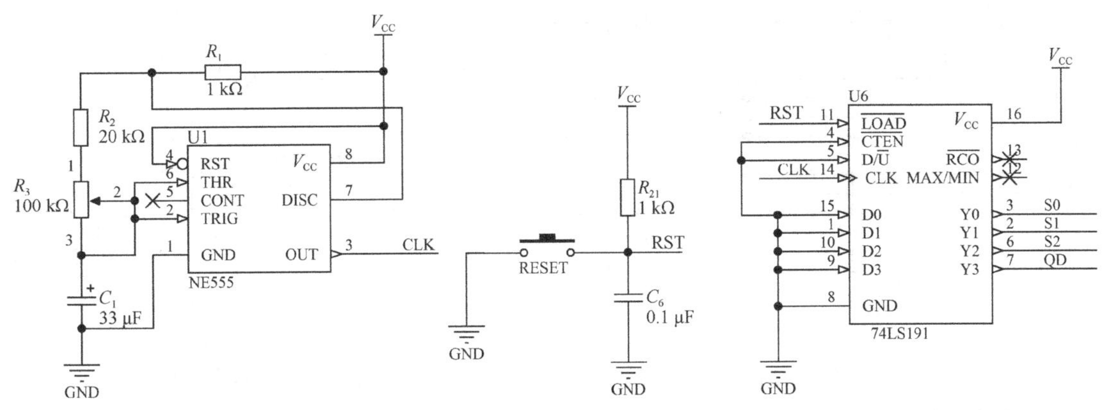

图 6-38　节拍频率信号生成电路

图 6-39　74LS191 构成的十六进制计数器电路

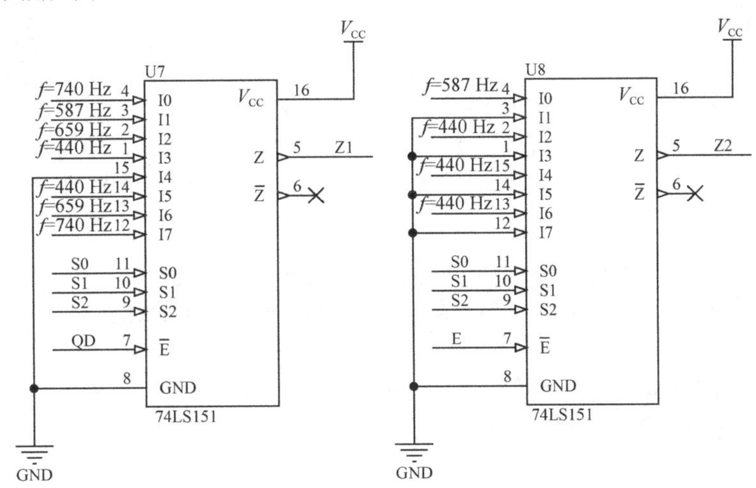

图 6-40　74LS151 构成的 8 选 1 控制电路

音乐中有 16 个节拍，使用 74LS191 构成一个十六进制计数器。将 QA（Y0）、QB（Y1）、QC（Y2）依次接到两块 74HC151 的地址选择端 S0、S1、S2。时钟信号由节拍频率电路生成。

两块 74LS151 和一块 74HC158 组成 16 选 1 的数据选择器。当 74LS191 依次输出为 0～7 时，QD=0，U7 的 $\overline{E}$=0（输出使能端有效），U7 的 Z1 端依次输出第 0～7 节拍的音符，又因为 74HC158 的 SEL=0，所以 74HC158 的引脚 4 就输出 Z1 端的音符。而此时 74HC158 的引脚 7（E）为高电平，从而使 U8 的引脚 7（$\overline{E}$）为高电平（输出使能端无效）。

当 74LS191 依次输出为 8～15 时，QD=1，U7 的引脚 7（$\overline{E}$）为高电平（输出使能端无效）。74HC158 的 SEL=1，74HC158 的引脚 7 为低电平，使 U8 引脚 7（$\overline{E}$）为低电平（输出使能端有效），这样 U8 的 Z2 端依次输出第 8～15 节拍的音符，74HC158 的引脚 4 输出

Z2 端的音符。

可以使用晶体管构成的单管放大电路作为音频放大电路，也可以使用 LM324 构成一个音频放大电路。当正常工作时电路就能循环发出电子铃声。

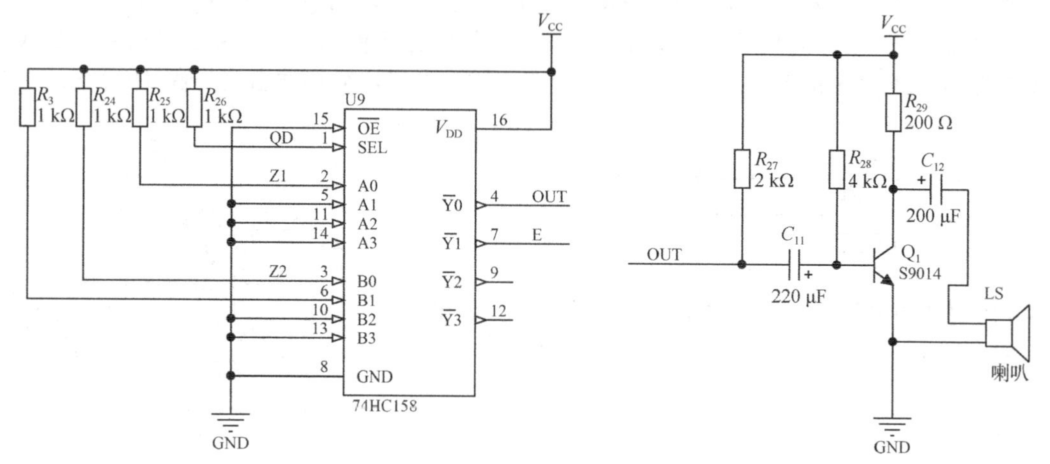

图 6-41　74HC158 构成的 2 选 1 控制电路　　　图 6-42　音频放大电路

思考与练习题 6

1．使用 Multisim 设计 CMOS D 触发器，设计要求如下：

（1）选用 ZVP2106G（PMOS 管）和 ZVN2106G（NMOS 管）两种元器件进行设计。

（2）所设计的 D 触发器包含一个 CP 时钟输入端，两个信号输出端 Q 和 QN，$QN=\overline{Q}$。

（3）添加电源、信号源、仪表，标注 Q、QN、CP 信号标号。

2．根据如图 6-43 所示的状态转移图，使用 Multisim 设计 CMOS 数字电路，设计要求如下：

（1）选用 ZVP2106G（PMOS 管）和 ZVN2106G（NMOS 管）两种元器件进行设计。

（2）所设计的电路包含一个 CP 时钟输入端，两个信号输出端 Q_1 和 Q_0，状态与输出的关系如表 6-14 所示。

（3）添加电源、信号源、仪表，标注 Q_1、Q_0、CP 信号标号。

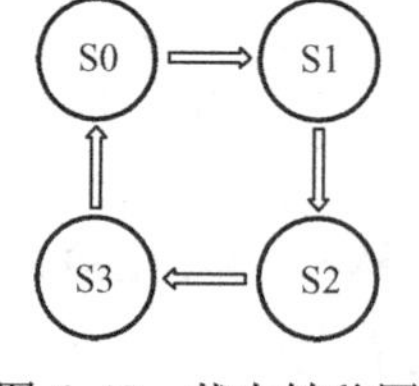

图 6-43　状态转移图

表 6-14　状态/输出

状态	Q_1	Q_0
S0	0	0
S1	1	0
S2	1	1
S3	0	1

3．参考 CD4007 集成电路工作手册，利用该芯片设计制作一个 CMOS D 触发器，使用仪器测试该触发器的功能。

4．参考 CD4051 和 TDA7388 集成电路工作手册，先利用 CD4051 构成 8 选 1 电路、利用 TDA7388 构成音频放大电路，再设计制作 6.4 节中的电子铃声电路。